高等教育工程造价专业系列教材

GAODENG JIAOYU GONGCHENG ZAOJIA ZHUANYE XILIE JIAOCAI

建筑电气工程预(结)算

JIANZHU DIANQI GONGCHENG YU(JIE)SUAN

主　编○郭远方　张会利

参　编○熊　平　朱卫卫

主　审○许光毅

重庆大学出版社

内容提要

本书取建筑电气分部工程的防雷及接地、(变配电、供电干线、电气动力)供电、电气照明三大系统独立成"章",同时简要介绍了智能建筑分部工程的电视和电话系统,以及综合布线系统涉及的弱电工程的相关知识。本书对传统的安装工程识图与施工工艺、安装工程计量与计价(或安装工程概预算)、安装工程软件应用、BIM 技术基础、安装工程课程设计等专业课程进行了重组,以适应模块化、项目化教学模式,活页式教材等教学改革的需要。本书各章的初识、识图实践、识图理论对应于安装工程识图与施工工艺课程,各章的计价定额和清单计价理论、投标预算书的编制、手工计量、招标工程量清单的编制对应于安装工程计量与计价(或安装工程概预算)课程和安装工程课程设计课程,各章的 BIM 建模实务、BIM 建模实训对应于安装工程软件应用和 BIM 技术基础课程,既可灵活组合使用,也可按本书独立设置课程。

本书可作为应用型本科、高等职业院校工程造价专业的教材,也适合初学工程预(结)算编制的人员自学使用。

图书在版编目(CIP)数据

建筑电气工程预(结)算／郭远方,张会利主编
.--重庆:重庆大学出版社,2019.8(2021.8 重印)
高等教育工程造价专业系列教材
ISBN 978-7-5689-1732-2

Ⅰ.①建…　Ⅱ.①郭…　②张…　Ⅲ.①房屋建筑设备
—电气设备—建筑安装—建筑经济定额—高等职业教育—
教材　Ⅳ.①TU723.3

中国版本图书馆 CIP 数据核字(2019)第 172049 号

高等教育工程造价专业系列教材
建筑电气工程预(结)算
主编　郭远方　张会利
主审　许光毅
责任编辑:刘颖果　　版式设计:刘颖果
责任校对:邹　忌　　责任印制:赵　晟

*

重庆大学出版社出版发行
出版人:饶帮华
社址:重庆市沙坪坝区大学城西路 21 号
邮编:401331
电话:(023)88617190　88617185(中小学)
传真:(023)88617186　88617166
网址:http://www.cqup.com.cn
邮箱:fxk@cqup.com.cn(营销中心)
全国新华书店经销
重庆巍承印务有限公司印刷

*

开本:787mm×1092mm　1/16　印张:20.5　字数:488 千
2019 年 8 月第 1 版　　2021 年 8 月第 3 次印刷
ISBN 978-7-5689-1732-2　定价:49.00 元

前　言

为响应教育部提出的"产教融合、校企合作、工学结合、知行合一"的"四合"要求,创新改革应用技术教育体系下的教学机制,针对适应"模块化集成、水平和垂直结合式教学机制"(Modular integration, horizontal and vertical integration teaching mechanism,简称 MHV 教制)的需要,满足"网络课程支持的互动教学法"(Interactive teaching methods supported by online courses,核心词为 Interactive Teaching & Online Courses,简称 I&O 教法),以《建筑工程施工质量验收统一标准》(GB 50300—2013)和相应各分部工程对应的施工质量验收规范、《建设工程工程量清单计价规范》(GB 50500—2013)和《通用安装工程工程量计算规范》(GB 50856—2013)、《重庆市建设工程费用定额》(CQFYDE—2018)和《重庆市通用安装工程计价定额》(CQAZDE—2018)等标准和规范为依据编写本书。

本书依据"项目全过程集成暨五步逆作教学法"的思路,以子分部或分项工程为"项目任务模块(对象)"构建为"章"。各"章"按照初识→计价→建模→识图→手算的五大步骤,遵循"素不相识→似曾相识→了如指掌→刻骨铭心"的认识规律,由具体至抽象,再从抽象至具体,循序渐进地学习。

"项目全过程集成暨五步逆作教学法"(Project whole process integration and five step inverse teaching method,简称 P&F 教法)是符合初学者认识规律的一种学习方法。它针对一个明确的子分部工程或分项工程,首先通过对工程实体及项目名称的初次接触和了解,让学习者建立一个新事物的概念;然后站在工程造价人员的角度,学习并掌握计价的知识和技能,快速构建起操作计价软件的能力和理解计价定额知识的能力。在此基础上,通过 BIM 技术(建筑信息模型)建模知识和技能的掌握,形成"三维立体空间"的理解能力。然后再学习工程识图与施工工艺的知识,这样更有利于学习者站在工程造价计量立项的角度去把握学习的切入点和要点。最后采用"手算"方式深刻地理解并掌握"计量规则"。这是一种循序渐进的学习方法,学习者能够体会到"我的成功是我成功之母"的学习乐趣。它着眼于知识与技能的结合,且着重于落实培养技能的应用技术教育理念。本书内容逻辑构成如下:

(1)初识——系统原理介绍、设备材料及图例展示、施工质量验收规范相关条文说明和简化施工图介绍。

(2)计价——清单计价知识和计价定额知识的说明。采用提供的"招标工程量清单",使用计价软件编制"投标预算书"来让学生操作练习。同时,让学生建立清单项目、项目特征、工程量三者关联的概念。

（3）建模——采用提供的"学生宿舍 D 栋建模基础数据表"，选择 BIM 建模软件，由教师引领学生建立 BIM 模型，学生学会整理工程量表并理解"学生宿舍 D 栋建模基础数据表"。

（4）识图——利用前述建模的成果，由教师引领学生识读学生宿舍 D 栋施工图，掌握运用相关标准图集对主要节点大样图进行识读的技巧，明确与计价定额项目对应的识图关系，学会利用相关的技术规范和图集查询相关信息。

（5）手算——选择工程量表格计算软件，利用建模的成果，采取对照方式说明手工计算原则，引导学生深入理解"工程量计算规则"，掌握不便于建模表达项目的手工计量技巧和再次采用计价软件编制"招标工程量清单"，最终达成培养学生操作技能的目标。

本教材推荐采用"一套施工图用于教学引导，另一套施工图用于学生练习"的教学方法。在教学过程中，教师用某学校学生宿舍 D 栋（地上 6 层，建筑最大高度 23 m，建筑面积 9 887.43 m²）施工图，引导学生开展计价与计量的学习；另采用某办公楼（地上 3 层，建筑最大高度 12.6 m，建筑面积 2 566.23 m²）施工图，由学生为主进行实训。通过"一教一练"，帮助学习者掌握知识、达成技能，具备初步职业能力。

本教材宜配套实行"I&O 教法"，即以互动式教学法之"主题探讨式互动"理论为基础，运用"网络私播课"的形式为支持，采用"学习小组"的组织方式为保障，依托学校由教师主导的"网络课程支持的互动教学法"开展学习。学习者通过小组合作，不仅能学习知识、掌握技能，还能提高其沟通与协调能力、分析与判断能力、快速学习能力、创新工作能力、承受压力能力这五大基本职业能力，达到培养学习者具备进入职场所需综合能力的应用技术教育目标。

本书宜与重庆大学出版社的"课书房教学云平台"配套使用。选用本书的学校，可获得配套的教学 PPT、教学日历、教学组织管理文件、教师参考资料等系列化"三维立体教案"。通过对教材对应的"完整视频课件"的学习，可满足学生预习和复习的需要，培养学生提出有效质疑的能力和快速学习能力、沟通与协调能力。学习所需的施工图和各类表格等基础文件资料均可在重庆大学出版社网站下载，教师也可到工程造价教学交流群（QQ:238703847）下载本书配套的基础教学资源包。同时，强调课堂实行"主题互动式教学法"的重要性，推荐的学习程序如下图所示。

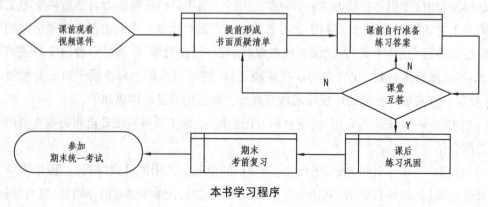

本书学习程序

　　本书强调引导学生掌握相关国家标准、规范、图集的识读与应用，着重培养学生从工程预(结)算的角度掌握"BIM 建模"条件下的施工图"立项与计量"技能，为学生从事工程造价职业奠定基础，进而培养造价工程师助手。

　　本书为适应当前建筑市场发承包模式下的一般水电工程之"电"，分为防雷及接地系统、供电系统、电气照明系统和弱电工程四大部分。各章既可相对独立形成一门课程，也可一起组成"建筑电气工程预(结)算"一门课程。学生通过其中任一章的学习，可相对全面、系统地掌握某一分项工程预(结)算的基本技能，具备前往施工项目部实习的知识体系，体现了知识与技能的对象化、模块化、快捷化、系统化的新型应用技术教育理念。

　　重庆许建业企业管理咨询有限公司的执行董事许光毅组织《建筑管道工程预(结)算》《建筑电气工程预(结)算》《建筑消防工程预(结)算》三本书的编写和审定；重庆房地产职业学院的郭远方、张会利、江丹迪老师，重庆科创职业学院的刘玲老师，重庆交通职业学院的杜玲玲、朱卫卫、胡璐老师，重庆大学城市科技学院的史玲老师，长江师范学院的熊平老师共同承担三本书的编写。其中，本书防雷及接地系统由郭远方负责，供电系统由朱卫卫负责，电气照明系统由张会利负责，弱电工程的综合布线系统由郭远方负责，室内电视和电话系统由熊平负责。全书由许光毅负责制定编写大纲、提供基础资料、编写各章导论和最终审核定稿。

　　编者愿意全心全意地为读者服务，但限于知识、环境条件等约束，错误在所难免，恳请广大同行和读者批评指正。

编　者

2019 年 6 月

目 录

第1章 防雷及接地系统

1.1 本章导论

1.1.1 防雷及接地系统的含义

依据《建筑工程施工质量验收统一标准》(GB 50300—2013)附录 B"建筑工程的分部工程、分项工程划分"的规定,本章所指的"防雷及接地系统"包括:"建筑电气"分部工程中的"防雷及接地系统"子分部工程的全部分项工程;"变配电室"子分部工程中的接地装置安装分项工程、接地干线分项工程;"供电干线"子分部工程中的接地干线分项工程;"备用和不间断电源"子分部工程中的接地装置安装分项工程;"智能建筑"分部工程中的"防雷与接地"子分部工程的全部分项工程和"机房"子分部工程中的防雷与接地系统分项工程。

1.1.2 本章的学习内容及要求

本章将围绕防雷及接地系统的概念、构成、常用材料与设备、主要施工工艺及设备,以及防雷及接地系统对应项目的计价定额与工程量清单计价、施工图识读、BIM 模型的建立、手工算量的技巧等一系列知识点,形成一个相对闭合的学习环节,从而全面解读防雷及接地系统工程预(结)算文件编制的全过程。学习完本章内容后,学习者应掌握防雷及接地系统工程预(结)算的相关知识,具备计价、识图、BIM 建模和计算工程量的技能,拥有编制防雷及接地系统工程预(结)算的能力。

1.2 初识防雷及接地系统

1.2.1 防雷及接地系统概述

1)雷电的形成

雷电是一种自然现象,是雷云之间或雷云对大地的放电现象,具有极强的破坏作用。

2)雷电的种类及危害

雷电按危害方式分为以下几类:

(1)直击雷

雷电直接击打在建筑物和设备上,发生了机械效应和热效应。直击雷可瞬间击伤、击毙人畜。直击雷的破坏最为严重。

(2)感应雷

感应雷是雷电流产生的电磁感应和静电感应。感应雷将引起高电压,损坏电气设备,特别是电子元器件;感应雷也可能引起火花放电,造成火灾或爆炸,危及人身安全。

(3)雷电波入侵

雷电波入侵是由雷云引起,在电气线路或金属等导电管道上形成,使束缚电荷被释放成自由电荷,向通路两端行进产生的很高过电压的现象。它会沿着架空线路或金属管道引入室内。供电系统中的雷电波入侵事故占整个雷害事故的50%~70%。

3)建筑物防雷的措施

建筑物防雷的主要措施是防雷和过电压保护。防雷可分为外部防雷系统和内部防雷装置,如图1.2.1所示。

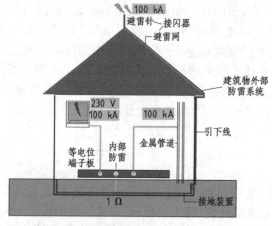

图1.2.1 建筑物防雷措施示意图

(1)外部防雷系统

外部防雷系统由接闪器、引下线和接地装置组成。

①接闪器。在建筑物的顶部女儿墙、屋顶构架、屋面处往往敷设避雷针、避雷带、避雷线、避雷网等,其作用是引雷或截获闪电,即把雷电流引下。避雷针、避雷带、避雷线、避雷网统称为接闪器。

②引下线。接闪器接收的雷电通过引下线传给接地装置,因此引下线上与接闪器连接,下与接地装置连接。

③接地装置。在大地一定深度范围内往往敷设接地装置,它的作用是使雷电流顺利流散到大地中去。因此,大地的电阻一般不能太大,否则雷电无法消散。

外部防雷系统的主要作用是避免直击雷引起的电效应、建筑物热效应、机械效应。

(2)内部防雷装置

内部防雷装置主要指等电位联结系统、共用接地系统、屏蔽系统等构造。其主要作用是避免建筑物内因雷电感应和高电位反击而出现危险火花。在实际应用中,内部防雷装置的应用更为普遍。

(3)过电压保护

过电压是指在电气设备上或线路上出现的超过正常工作要求的电压。其主要种类是瞬态过电压和暂态过电压或称短时过电压。瞬态过电压是由雷电过电压或雷击过电压引起的;而暂态过电压是由电气回路运行失稳所产生的危险过电压。

过电压保护主要采用电涌防护。浪涌保护器
（图1.2.2）也称为防雷器，是一种为各种电子设备、仪器
仪表、通信线路提供安全防护的电子装置。当电气回路
或者通信线路中因为外界的干扰突然产生尖峰电流或者
电压时，浪涌保护器能在极短的时间内导通分流，从而避
免浪涌对回路中其他设备的损害。

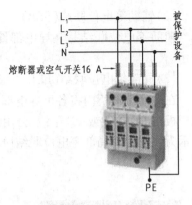

图1.2.2　浪涌保护器

4) 建筑物防雷等级划分

按《建筑物防雷设计规范》（GB 50057—2010）的规
定，将建筑物防雷等级分为以下3类：

第一类防雷建筑物——防范具有重大危害隐患的雷
电灾害。

第二类防雷建筑物——防范国家级需要重点保护的或易遭受雷害的雷电灾害。

第三类防雷建筑物——防范省级需要重点保护或较易遭受雷害的雷电灾害。

在《民用建筑电气设计规范》（JGJ 16—2008）中，其三级划分有不同的标准，两个标准可
参照执行。

5) 等电位联结

（1）总等电位联结（MEB）

总等电位联结作用于整体建筑物，它在一定程度上可降低建筑物内间接的接触电压和不
同金属物间的电位差，并消除来自建筑物外，经电气线路和各种金属管道引入的危险故障电
压的危害。总等电位联结（MEB）将可导电部分进线配电箱的 PE(PEN) 母排、公用设施的金
属管道、建筑物金属结构、人工接地板"引线"相互连通，如图1.2.3所示。

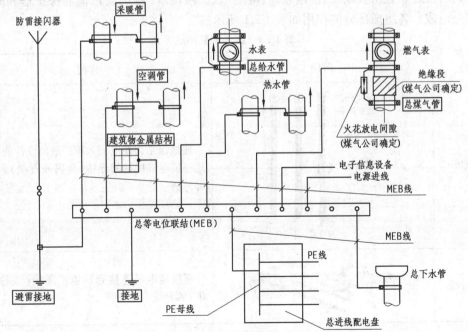

图1.2.3　总等电位联结（MEB）示意图

（2）辅助等电位联结（SEB）

辅助等电位联结是在导电部件之间用导线直接连通,使其电位相等或接近,如图1.2.4所示。

（3）局部等电位联结（LEB）

在一局部场所内将各可导电部分连通,称为局部等电位联结。它可通过局部等电位联结端子板将 PE 母线或 PE 干线、公用设施的金属管道、建筑物金属结构等相互连通。如图1.2.5所示为某卫生间局部等电位联结（LEB）。

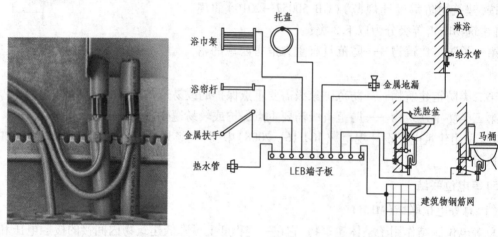

图1.2.4　辅助等电位联结（SEB）　　　　图1.2.5　局部等电位联结（LEB）

6) 接地装置

广义的接地装置由接地极、接地导线、接地母线、断接卡（测试点）、浪涌保护器和降阻剂几个部分组成。各组成部分的作用如表1.2.1所示。

表1.2.1　接地装置组成

名称	图片	作用
接地极	驱动头　连接器　①　连接器　②　钻头　组合式	接地极是为使电流入地扩散而设计的,与大地连成电气接触的导体（金属或石墨）部件及部件群
接地导线		把接地电极连接到接地汇集线（或称汇流排）的导线或导线群

续表

名称	图片	作用
接地母线		接地母线是一种扁形或棒形金属导体,接地导线和接地分配系统都连接到它上面
断接卡 (测试点)		可将避雷引下线与接地体断开,以便有利于测量接地体的接地电阻值
浪涌保护器	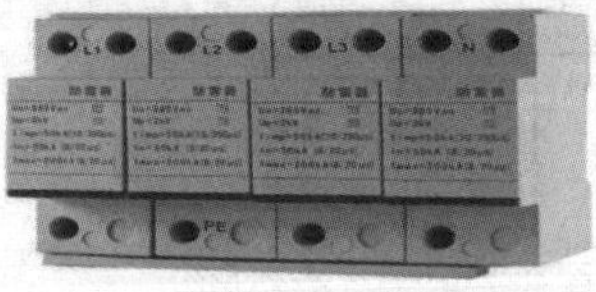	当电气回路或者通信线路中因为外界的干扰突然产生尖峰电流或者电压时,浪涌保护器能在极短的时间内导通分流,从而避免浪涌对回路中其他设备的损害
降阻剂		降阻剂由多种成分组成,其中含有细石墨、膨润土、固化剂、润滑剂、导电水泥等。它是一种良好的导电体,将它使用于接地体和土壤之间,能够与金属接地体紧密接触,形成足够大的电流流通面

1.2.2　接地系统及分类

1)接地系统的含义

接地系统是为了实现各种电气设备的零电位点与大地作良性电气连接,由金属接地体引至各种电气设备零电位部位的一切装置的总称。它常用 TT,TN,IT 两位字母的组合来表示不同的接地关系(种类)。

2)接地关系

依据电源中性点与大地连接的关系、电气设备外露可导电部分与大地连接关系的不同,通常将接地关系分为系统接地和保护接地两种。

(1)系统接地

系统接地用第一个字母表示,说明电源的带电导体与大地的关系,有 I 和 T 两种方式,如图 1.2.6 所示。

I 方式——电源与大地隔离或电源的一点经高阻抗(例如 1 000 Ω)与大地连接。

T 方式——电源的一点(通常是中性线上的一点)与大地直接连接。

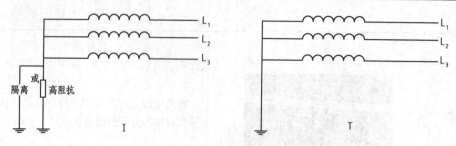

图 1.2.6　接地系统第一个字母的含义

（2）保护接地

保护接地用第二个字母表示,说明电气装置的外露导电部分与大地的关系,有 T 和 N 两种方式,如图 1.2.7 所示。

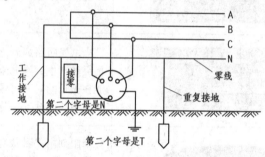

图 1.2.7　接地系统第二个字母的含义

T 方式——外露导电部分直接接大地。

N 方式——外露导电部分通过与接地的电源中性点的连接而(重复)接地。

3）接地系统的分类

依据不同接地关系的组合不同,接地系统可分为 TT,TN 和 IT 接地系统,分述如下。

（1）TT 接地系统

TT 接地系统是将系统电源端和用电设备端的金属外壳直接接地的保护系统,称为保护接地系统。第一个符号 T 表示电力系统中性点(N 线)直接接地;第二个符号 T 表示负载设备外露体不与带电体相接的金属导电部分与大地直接连接,与系统如何接地无关。在 TT 系统中负载的所有接地均称为保护接地。如图 1.2.8 所示,其中 XM 表示配电箱、XL 表示动力柜。

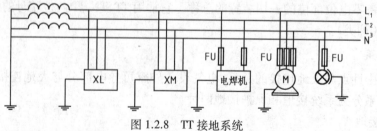

图 1.2.8　TT 接地系统

（2）TN 接地系统

TN 接地系统是将电气设备的金属外壳与工作零线相接的保护系统,称为接零保护系统。TN 接地系统中,从电源配电盘出线处算起的全系统内,按 N 线和 PE 线的不同组合分为 3 种类型,分别为 TN-C、TN-S 和 TN-C-S。

TN-C 接地系统——用工作零线兼作接零保护线,可以称为保护中性线,用 PEN 表示,如图 1.2.9 所示。

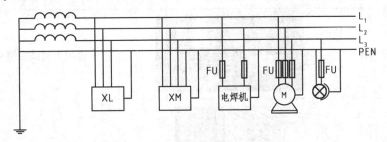

图 1.2.9　TN-C 接地系统

TN-S 接地系统——把工作零线 N 和专用保护线 PE 严格分开的供电系统,如图 1.2.10 所示。

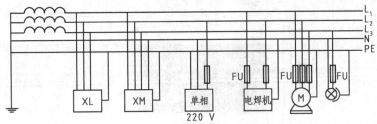

图 1.2.10　TN-S 接地系统

TN-C-S 接地系统——在建筑施工临时供电中,如果前部分是 TN-C 方式供电,而施工规范规定施工现场必须采用 TN-S 方式供电系统,则可以在 TN-C 系统中的总配电箱处分出 PE 线,这种系统称为 TN-C-S 接地系统,如图 1.2.11 所示。

(3)IT 接地系统

IT 接地的 I 表示电源侧没有工作接地,或经过高阻抗接地;T 表示负载侧电气设备外壳作接地保护,如图 1.2.12 所示。

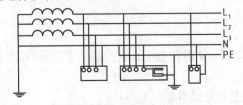
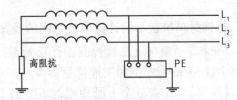

图 1.2.11　TN-C-S 接地系统　　　　图 1.2.12　IT 接地系统

1.2.3　防雷及接地系统相关材料知识

1)防雷及接地系统的材料

防雷及接地系统的材料主要是金属材料,常见的有三大类:热镀锌的钢板、型钢、钢管;铜母排(铜编织带);绝缘电线,如表 1.2.2 所示。

表 1.2.2　防雷及接地系统常见材料

序号	名称	图片	用途
1	热镀锌钢板		主要用于测试板箱盒制作
2	热镀锌型钢	 圆钢 　　扁钢	主要用于避雷针、避雷带、避雷网、引下线、接地母线等
3	热镀锌钢管	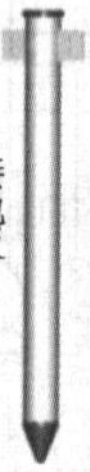  接地板　　镀锌钢管	主要用于接地极的制作
4	铜母排		接地母线
5	绝缘电线		接地线

2)钢材单价在不同计量单位之间的换算

【示例】　现有 φ12 镀锌圆钢作接地母线,已知其(含镀锌费)工地价是 3 250 元/t,求其预算中以元/m 为单位的工地价是多少?

【解答】　①查五金手册知圆钢 φ12 的单位长度质量是 0.888 kg/m。

②计算含镀锌层质量的镀锌圆钢 φ12 的单位长度质量。

$$单位长度质量(kg/m) = 0.888 \ kg/m \times (1 + 4.5\%) \approx 0.928 \ kg/m$$

③换算为长度单位下的工地价。

$$预算工地价(元/m) = 0.928 \times 3\ 250/1\ 000 \approx 3.02(元/m)$$

1.2.4　防雷及接地系统常见的设施和图例

防雷及接地系统常见的设施和图例如表 1.2.3 所示。

表 1.2.3　防雷及接地系统常见的设施和图例

名称	图片	图例	名称	图片	图例
避雷网上避雷小短针	避雷小短针	◉	圈梁钢筋均压环	圈梁焊接 与引下线柱钢筋焊接	
屋面独立避雷针		◉	圈梁钢筋与金属门窗接地	外墙门、窗框、栏杆接地采用φ10圆钢，双面焊接6d，焊接饱满，药渣去除干净　圈梁	
避雷网（明敷）	避雷带支架 水平间距0.5~1.5 m 弯曲间距0.3~0.5 m		等电位联结端子箱	TD28-A 等电位联结端子箱 Equipotential Box	▽
避雷网（暗敷）	浇筑混凝土前暗敷		接地母线	接地母线与地梁钢筋均压环连接	
柱主筋作引下线	柱钢筋作引下线		接地极	角钢接地板 桩承台接地线	
引下线断接卡			浪涌保护器		

续表

名称	图片	图例	名称	图片	图例
接地 测试板		CJ	接地系 统测试		

1.2.5　初识某学校校门防雷接地施工图

1)某学校校门建筑施工图

由图 1.2.13 至图 1.2.17 可知:主屋顶标高 6.500 m,屋顶四周女儿墙高 0.6 m,标高7.100 m;校门左侧校名上方有 11.100 m 和 13.600 m 两个标高。建筑图纸中的标高信息与防雷接地施工图密切相关,是图纸阅读的重点,特别是敷设接闪器的屋顶女儿墙,它的标高是计算屋顶避雷带标高的基础。

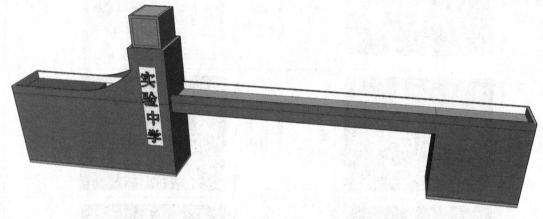

图 1.2.13　某学校校门建筑模型

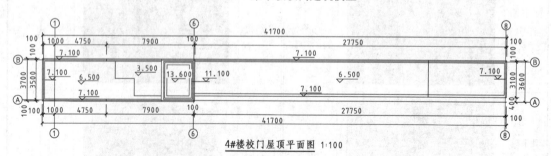

4#楼校门屋顶平面图 1:100

图 1.2.14　某学校校门屋顶建筑平面图

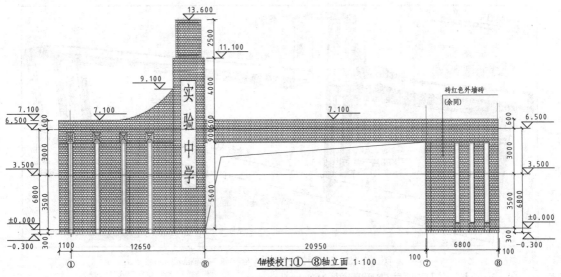

图 1.2.15 某学校校门建筑正立面图

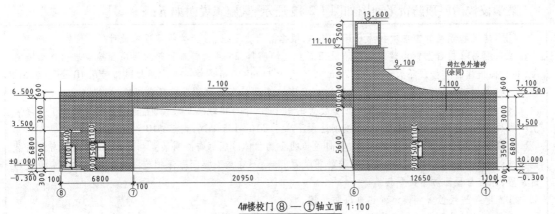

图 1.2.16 某学校校门建筑背立面图

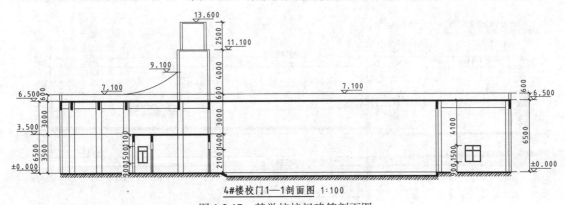

图 1.2.17 某学校校门建筑剖面图

2)某学校校门防雷及接地施工图

由防雷接地三维模型图 1.2.18 可知,该校门的防雷接地系统由屋顶避雷带、柱钢筋引下线、接地母线、等电位端子箱和电阻测试点等组成。

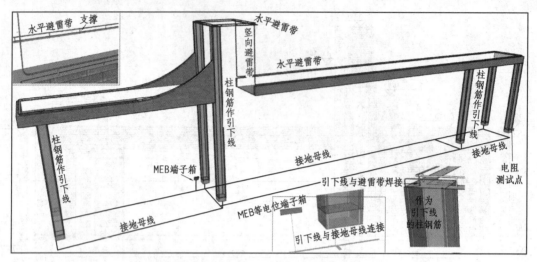

图 1.2.18　某学校校门防雷及接地三维模型

（1）某学校校门屋顶防雷平面图的施工说明

某学校校门屋顶防雷平面图如图 1.2.19 所示，其施工说明如下：

①本建筑物年预计雷击次数为 0.108 次/A，根据防雷办要求，按三类防雷设施设计。

②采用 ϕ12 镀锌圆钢沿建筑物屋顶及四周女儿墙明敷，25×4 镀锌扁钢暗敷于屋面抹灰层内作为避雷带，将屋面避雷带连接成不大于 20 m×20 m 或不大于 24 m×16 m 网格。所有明敷避雷带用 10 cm 长的 ϕ12 镀锌圆钢作为支撑卡，支撑的转弯处角度应大于 90°，不同标高的避雷带应可靠焊接。

③利用建筑物柱内两根主钢筋作防雷装置的引下线，下与接地装置焊接，上与避雷带焊接。引下线须上下贯通，形成良好的电气通路，引下线钢筋须不小于 ϕ16(小于 ϕ16，大于 ϕ10 为 4 根以上)。

④建筑物屋内各种竖向金属管道、竖向通长的金属物体除底部与防雷装置相连外，顶部也应与防雷装置相连；所有凸出屋面的金属物体均应与防雷装置相连；不在屋面接闪器保护范围的非金属物体应设置防雷装置，并应与屋面防雷装置相连。

⑤配电箱进线位置装设浪涌过电压防护器。

⑥所有材料必须进行防腐处理，材料之间连接必须采用焊接。

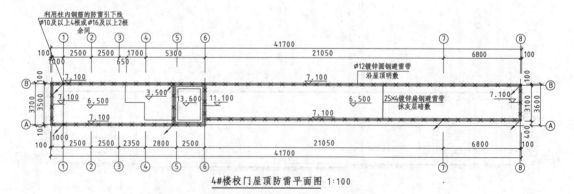

图 1.2.19　某学校校门屋顶防雷平面图

（2）某学校校门防雷接地平面图的施工说明

某学校校门防雷接地平面图如图 1.2.20 所示，其施工说明如下：

①本建筑物防雷接地电气设备工作接地、保护接地及弱电设备接地系统共用一组接地装置,其接地电阻不大于4Ω。若实测时达不到所需电阻,要适当增加接地极。

②当建筑基础无地梁时,使用40×4镀锌扁钢焊接成环网,与地梁内主钢筋连为一体作为接地装置。当地梁内主钢筋直径大于φ16时,采用2根为一组焊接;当直径小于φ16时,大于φ10时,采用4根为一组焊接。所有连接必须形成电气通路,具体做法详见国标D501-3。

③作为接地电阻测试点的引下线钢筋,其下部在室外地坪下0.8~1.0 m处焊出一根40×4镀锌扁钢,此扁钢伸向室外距墙皮的距离不小于1.0 m,作为散流点,扁钢埋设深度为室外地坪下1 m,电阻测试点的做法详见国标D501。

④进入本建筑物的各种线路及各种金属管道在入户端均应与防雷接地装置相连,正常不带电的电气设备金属外壳应可靠接地。

⑤总等电位端子箱(MEB)的做法见国标D501-2第33,34页。

⑥所有材料必须进行防腐处理,材料之间连接必须采用焊接,圆钢单面焊不得小于12D,双面焊不得小于6D。

⑦本工程防雷装置的施工需配合土建施工,同步预留预埋,详见国标D501-3,D501-4,D501-1。

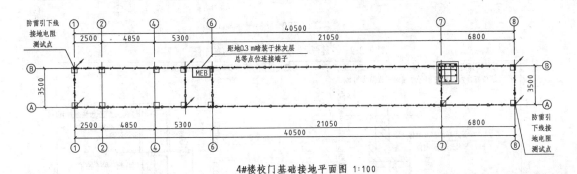

图1.2.20 某学校校门接地平面图

由图1.2.19和图1.2.20可知,图纸阅读的重点是防雷接地系统的组成、材质、安装位置及安装方式等。正确阅读和理解图纸是BIM建模的基础,图纸阅读信息要点详见表1.2.4所示。

表1.2.4 某学校校门防雷及接地系统图纸阅读信息

名称		材质	安装方式	安装高度/m
接闪器	明敷避雷带	镀锌圆钢φ12	明敷女儿墙上,镀锌圆钢φ12 支撑高度100 mm	7.100+0.100 11.100+0.100
	暗敷避雷带	镀锌扁钢-25×4	暗敷屋面抹灰层	6.500(屋面标高)
引下线		柱钢筋φ18两根	上端用暗敷于女儿墙的避雷带焊接联通;下端与接地母线用-40×4镀锌扁钢焊接	起点/终点标高 -0.300/6.500 (-0.300/11.100)
接地母线		镀锌扁钢-40×4	地下600 mm以下无地梁	-0.900
MEB等电位端子箱		按图集15D502第15,16和17页	安装墙面抹灰层	0.300
电阻测试板		做法按图集15D503第28,29页	做法按图集15D503第28,29页	0.500(经验标高)

注:表中材质、安装方式主要来自图纸说明和相关图集;安装高度要结合建筑图和结构图进行阅读获得。

3)通过结构施工图深入识读接地装置

(1)某学校校门结构施工图

结构施工图主要提供钢筋信息,如柱钢筋和基础圈梁钢筋,以及柱底标高和基础标高信息等。根据柱的底标高和顶部标高才可以确定引下线的高度。作为引下线的柱钢筋和作为均压环的地梁钢筋,一般情况下≥φ16 的钢筋选 2 根,<φ16 的钢筋选 4 根。某学校校门部分结构施工图如图 1.2.21 和图 1.2.22 所示。

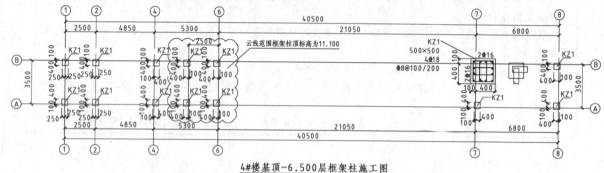

图 1.2.21　某学校校门结构柱子施工图

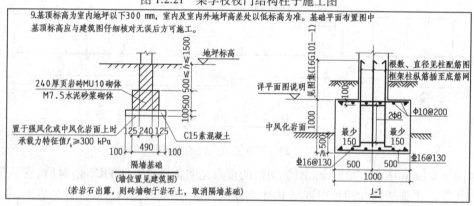

图 1.2.22　某学校校门结构基础施工图

(2)接地装置

接地装置通常是指从引下线接地测试点(或断接卡)算起,包含接地测试点(或断接卡)、接地线、接地母线、接地体相关设施的集合,如图 1.2.23 所示。

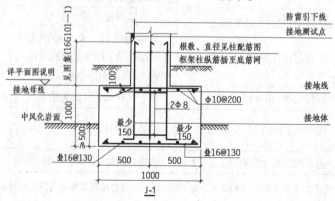

图 1.2.23　接地装置

1.2.6 施工质量验收规范对防雷及接地系统的规定

《建筑电气工程施工质量验收规范》(GB 50303—2015)对防雷及接地系统的相关规定如下。

1) 对接地装置的相关规定

对接地装置的相关规定如表 1.2.5 所示。

表1.2.5

表 1.2.5 对接地装置的相关规定(摘要)

序号	条码	知识点	页码
1.1	22.1.1	测试点不应被外墙饰面遮蔽,且应有明显标识	87
1.2	22.2.1	当设计无要求时,接地装置顶面埋设深度不应小于 0.6 m	88
1.3	22.2.4	引出线不应少于两处	89

2) 对接地干线敷设的相关规定

对接地干线敷设的相关规定如表 1.2.6 所示。

表1.2.6

表 1.2.6 对接地干线敷设的相关规定(摘要)

序号	条码	知识点	页码
2.1	23.1.1	接地干线应与接地装置可靠连接	89
2.2	23.2.3	接地干线在穿越建筑物结构后应加套管	90
2.3	23.2.4	接地干线在跨越建筑物变形缝时应采取补偿措施	91
2.4	23.2.6	室内明敷接地干线的相关要求	91

《接地装置安装》(03D501-4)关于接地线跨越建筑物伸缩缝的规定,如图 1.2.24 所示。

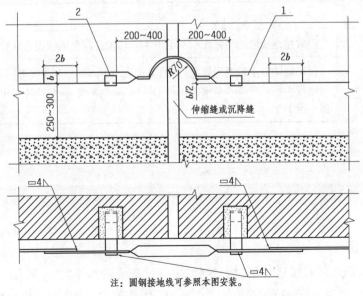

图 1.2.24 接地线跨越建筑伸缩缝、沉降缝安装要求

3) 对接闪器及防雷引下线的相关规定

对接闪器及防雷引下线的相关规定如表 1.2.7 所示。

表1.2.7

表 1.2.7　对接闪器及防雷引下线的相关规定（摘要）

序号	条码	知识点	页码
3.1	24.1.3	接闪器和引下线必须采用焊接或卡接器连接	92
3.2	24.2.5	接闪器的固定支架高度不宜小于 150 mm	93
3.3	24.2.6	接闪器或接闪网在跨越建筑物变形缝的跨接应有补偿措施	94

4) 对等电位联结的相关规定

对等电位联结的相关规定如表 1.2.8 所示。

表1.2.8

表 1.2.8　对等电位联结的相关规定（摘要）

序号	条码	知识点	页码
4.1	25.1.1	等电位联结的范围、形式、方法、部位及连接导体的材料和截面积应符合设计要求	95
4.2	25.1.2	等电位联结应可靠。采用焊接应符合本规范 22.2.2 条规定，用螺栓连接应符合本规范 23.2.1 条第 2 款规定	95

5) 对低压配电柜、箱、盘接地线的相关规定

对低压配电柜、箱、盘接地线的相关规定如表 1.2.9 所示。

表1.2.9

表 1.2.9　对低压配电柜、箱、盘接地线的相关规定（摘要）

序号	条码	知识点	页码
5.1	5.1.1	门的接地线应选用截面积不小于 4 mm² 的黄绿色绝缘铜芯软导线	25
5.2	5.1.5	保护导体最小截面积规定（相线截面积≤16 mm²，与相线等同规格；相线截面积>16 mm² 且≤35 mm²，取 16 mm²；>35 mm²，约等于相线截面积的1/2	25

习题

1.单项选择题

1)雷云与大地之间直接通过建（构）筑物、电气设备或树木等放电,称为(　　)。

　A.落地雷　　　　　　　B.感应雷　　　　　　　C.直击雷　　　　　　　D.雷电波入侵

2)雷云引起的在电气线路或金属等导电管道上形成的束缚电荷,被释放成自由电荷向通路两端行进,形成很高的过电压且会沿着架空线路或金属管道引入室内的现象,称为(　　)。

A.落地雷　　　　　　　B.感应雷　　　　　　　C.直击雷　　　　　　　D.雷电波入侵

3)电源的一点与大地直接连接,外露导电部分通过与接地的电源中性点的连接而接地的系统是(　　)。

A.IT 系统　　　　　　　B.TT 系统　　　　　　　C.IN 系统　　　　　　　D.TN 系统

4)电源与大地隔离或电源的一点经高阻抗与大地连接,外露导电部分直接接大地,它与电源侧没有工作接地的系统是(　　)。

A.IT 系统　　　　　　　B.TT 系统　　　　　　　C.IN 系统　　　　　　　D.TN 系统

5)避雷针、避雷针网、避雷针带又称为(　　)。

A.避雷器　　　　　　　B.防雷器　　　　　　　C.接闪器　　　　　　　D.接地装置

6)防雷接地的人工接地装置的接地干线埋设,经人行通道处埋地深度(　　)。

A.不应小于 0.3 m　　　B.不应小于 0.6 m　　　C.不应小于 0.9 m　　　D.不应小于 1.0 m

7)防雷接地的人工接地极埋设,其顶面埋地深度(　　)。

A.不应小于 0.3 m　　　B.不应小于 0.6 m　　　C.不应小于 0.9 m　　　D.不应小于 1.0 m

2.多项选择题

1)避雷引下线的常见形式有(　　)。

A.采用建筑结构梁中不少于两根钢筋　　　　　B.采用建筑结构柱中不少于两根钢筋

C.采用热镀锌圆钢　　　　　　　　　　　　　D.采用热镀锌扁钢

E.采用给排水管道

2)防雷系统测试点通常选择(　　)。

A.断接卡　　　　　　　B.引下线　　　　　　　C.均压环　　　　　　　D.接地测试点

E.接地母线

3)根据雷电的危害及形成原因,常将其分为(　　)。

A.高空雷　　　　　　　B.低空雷　　　　　　　C.直击雷　　　　　　　D.感应雷

E.雷电波入侵

4)当设计无要求时,接地装置的(　　)。

A.顶面埋深不应小于 0.5 m

B.顶面埋深不应小于 0.6 m

C.圆钢、角钢及钢管接地极应垂直埋入地下,间距不应小于 3.0 m

D.圆钢、角钢及钢管接地极应垂直埋入地下,间距不应小于 5.0 m

E.圆钢与扁钢搭接为圆钢直径的 6 倍,双面施焊

5)雷电及过电压保护的方式有(　　)。

A.直接防雷　　　　　　B.外部防雷　　　　　　C.内部防雷　　　　　　D.过电压保护

E.间接防雷

6)TN 接地系统的种类有(　　)。

A.TN-C　　　　　　　　B.IN　　　　　　　　　C.TN-S　　　　　　　　D.TN-C-S

7)接地线在穿越(　　　)处应加装钢套管或其他坚固的保护套管。钢套管应与接地线做电气连通。

 A.基础   B.墙壁   C.楼板   D.地坪

 E.地梁

8)在防雷接地系统中,以下(　　　)均要求有不少于两处的连接点或引出线。

 A.接地极引出线

 B.接地模块引出线

 C.变压器室、高低压开关室内的接地干线与接地装置引出干线连接

 D.变压器室、高低压开关室内的接地干线临时接地用的接线柱或接地螺栓

 E.建筑物等电位联结干线与接地装置连接的接地干线或总等电位箱引出

1.3　防雷及接地系统计价定额

1.3.1　防雷及接地系统计价前应知

1)编制工程造价文件的三个维度

计量、计价与核价是编制工程造价文件相对独立的三个环节。其中,计量既可以通过BIM建模软件计算工程量,也可以通过手工算量得到工程量。计价与核价可以分为"套用定额及取费"和"确定设备材料价格"两个维度。"套用定额及取费"即为前述的计价维度,"确定设备材料价格"即为前述的核价维度。在工程量清单计价模式下,采用"清单综合单价×工程量"得到合价,并以人工费等费用为基数乘以相应费率得到工程其他相关费用,从而最终得到工程造价,如图1.3.1所示。

在实际业务中,计量工作由专职造价人员承担,也可以由施工员等承担;计价工作只能由专职造价人员承担;核价工作可以由专职造价人员承担,也可以由采购员等承担。但采购员更合适,原因是核价不是选择当时当地的市场价格,而是在综合考虑付款条件和远期价格周期波动的情况下,从投标者角度预测的趋势性价格,即设备材料的造价信息是随市场变化的动态信息。因此,实时、及时的询价、抉价是正确核算工程造价的前提。

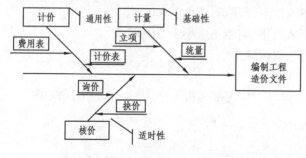

图1.3.1　编制工程造价文件的三个维度

当然,一名成熟的工程造价人员必须能够熟练地掌握软件建模计量、计价和组价,预测动态的工程造价信息。

2)重庆市2018费用定额

防雷及接地系统子分部工程常用的定额有《重庆市建设工程费用定额》(CQFYDE—2018)和《重庆市通用

安装工程计价定额》(CQAZDE—2018)第四册《电气设备安装工程》。《重庆市建设工程费用定额》(CQFYDE—2018)的主要内容详见表1.3.1。

表1.3.1 重庆市2018费用定额的主要内容

表现形式				费用指标
清单计价方式	建筑安装工程费	分部分项费用	综合单价	人工费	定额人工综合单价125元/工日
		措施项目费		材料费	划分一般风险费和其他风险费:
		其他项目费		施工机具使用费	①**一般风险费**:是指工程施工期间因停水、停电,材料设备供应,材料代用等不可预见的一般风险因素影响正常施工而又不便计算的损失费用。
		规费		企业管理费	
		税金		利润	②**其他风险费**:是指一般风险费外,招标人根据现行《建设工程工程量清单计价规范》(GB 50500—2013)、《重庆市建设工程工程量清单计价规则》(CQJJGZ—2013)的有关规定,在招标文件中要求投标人承担的人工、材料、机械价格及工程量变化导致的风险费用
				一般风险费	
一般计税和简易计税两种计税法		增值税一般计税		应纳税额=当期销项税额-当期进项税额。即一般纳税人应缴纳的当期销项税额抵扣当期进项税额后的余额	
		增值税简易计税		小规模纳税人应缴纳的按照销售额和增值税征收率计算的增值税额,不得抵扣进项税额	规费:五险一金(环境保护税按实计取)
					借用其他专业定额子目按"以主带次"原则纳入本专业工程取费
不同专业工程不同费率					二次搬运费按实计取,经验值15.5%
设备费归入材料费项目内					乙供材的采保费率:材料2%,设备0.8%
借用其他专业定额子目按"以主带次"原则					环境保护税按实计取(不在规费中)

3)出厂价、工地价、预算价的不同概念

设备和未计价材料的预算单价,是指建筑材料从其来源地运到施工工地仓库直至出库形成的综合平均单价,其内容包括材料原价、运杂费(通常是运输费和保险费)、运输损耗费、采购及保管费。当一般纳税人采用一般计税方法时,材料单价中的材料原价、运杂费等均应扣除增值税进项税额。

材料原价=出厂价

工地价=出厂价+运杂费+途中损耗费

预算价=(出厂价+运杂费+途中损耗费)×(1+采购及保管费率)

途中损耗费=(材料原价+运杂费)×运输损耗率

采购及保管费=(材料原价+运杂费)×(1+运输损耗率)×采购及保管费率

承包人采购材料、设备的采购及保管费率:材料2%,设备0.8%,预拌商品混凝土及商品湿拌砂浆、水稳层、沥青混凝土等半成品0.6%,苗木0.5%。发包人提供的预拌商品混凝土及商品湿拌砂浆、水稳层、沥青混凝土等半成品不计取采购及保管费;发包人提供的其他材料到承包人指定地点,承包人计取采购及保管费的2/3。

4)防雷及接地系统造价分析指标

(1)传统指标体系

传统指标体系是以单位面积为基数的分析方法。

$$造价指标=分部工程造价/建筑面积$$

(2)专业指标体系

专业指标体系是以本专业的"主要技术指标"为基数的分析方法。

防雷及接地计算单位面积造价指标:

$$屋面面积+接地基础面积+均压环层面积=作用面积$$

用作用面积为基数的分析思想:

$$造价指标=分部工程造价/作用面积$$

(3)建立造价分析指标制度的作用

①近期作用:是宏观评价本次造价水平(质量)的依据。

②远期作用:积累经验。

1.3.2 防雷及接地系统计价前应知的定额类别

防雷及接地系统计价定额主要来自《重庆市通用安装工程计价定额》(CQAZDE—2018)第四册《电气设备安装工程》。第四册《电气设备安装工程》包含的内容如图1.3.2所示。

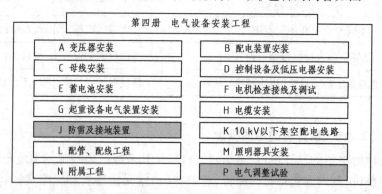

图1.3.2 第四册《电气设备安装工程》包含的内容

J 防雷及接地装置(030409)

说明

一、本章内容包括避雷针制作与安装、避雷引下线敷设、避雷网安装、接地极(板)制作与安装、接地母线敷设、接地跨接线安装、桩承台接地、设备防雷装置安装、阴极保护接地、等电位装置安装等。

二、有关说明

1.本章定额适用于建筑物与构筑物的防雷接地、变配电系统接地、设备接地以及避雷针(塔)接地等装置安装。

表 1.3.2 是防雷及接地子分部相关定额子目。

表 1.3.2　防雷及接地子分部相关定额子目

子分部定额子目	页码	子分部定额子目	页码
J 防雷及接地装置说明	243	J.6.3 独立避雷针安装	253
工程量计算规则	244	J.6.4 避雷小短针制作与安装	253
J.1 接地极	245	J.7 半导体少长针消雷装置	254
J.1.1 接地极（板）制作、安装	245	J.7.1 半导体少长针消雷装置安装	254
J.2 接地母线	246	J.8 等电位端子箱、测试板	254
J.2.1 接地母线敷设	246	J.8.1 等电位端子箱、测试板安装	254
J.3 避雷引下线	247	J.9 浪涌保护器	255
J.3.1 避雷引下线	247	J.10 降阻剂	256
J.4 均压环	248	J.11 其他项目	256
J.4.1 均压环安装	248	J.11.1 接地跨接线安装	256
J.5 避雷网	248	J.11.2 桩承台接地	257
J.5.1 避雷网安装	248	J.11.3 设备防雷装置安装	257
J.6 避雷针	249	J.11.4 阴极保护接地	258
J.6.1 避雷针制作	249	P 电气调整试验	431
J.6.2 避雷针安装	250	P.1.9 接地装置调试	441

1.3.3　与防雷及接地系统相关的定额分项

下面对防雷及接地系统常用定额子目加以解释说明，表中内容均摘自《重庆市通用安装工程计价定额》（CQAZDE—2018）第四册《电气设备安装工程》中"J 防雷及接地装置（030409）"部分。

1）J.1 接地极（见表 1.3.3、表 1.3.4）

表 1.3.3　J.1 接地极定额说明和计算规则（摘录）

表1.3.3

J 防雷及接地装置	内容	页码
定额说明	2.接地极安装与接地母线敷设定额不包括土质换土、接地电阻测定工作，工程实际发生时，按相应定额子目执行。**接地极按照设计长度计算，设计无规定时，按照每根 2.5 m 计算。**	243
定额计算规则	七、接地极制作安装根据材质，按设计图示数量以"根"计算。	244

表 1.3.4　J.1 接地极定额图解

定额名称	定额编号	图片	定额名称	定额编号	图片
钢管接地极	CD1054		接地极板铜板	CD1057	
角钢接地极	CD1055		接地极板钢板	CD1058	
圆钢接地极	CD1056				

表1.3.5

2)J.2 接地母线(见表 1.3.5、表 1.3.6)

表 1.3.5　J.2 接地母线定额说明和计算规则(摘录)

J 防雷及接地装置	内容	页码
定额说明	9.避雷网、接地母线敷设计算长度时,按照设计图示水平和垂直规定长度的 3.9%计算附加长度(包括转弯、上下波动、避绕障碍物、搭接头等长度),当设计另有规定时,按照设计规定计算。 10.利用基础梁内两根主筋焊接连通作为接地母线时,执行"均压环敷设"定额。 11.户外接地母线敷设不包括沟的挖填土或夯实工作内容,其接地沟的挖填土和夯实工作按相应专业相关定额子目执行。户外接地沟开挖量按设计尺寸计算,如设计无规定时按沟底宽 0.4 m、上宽 0.5 m,沟深 0.75 m,每米沟长的土石方量按 0.34 m³ 计算。	243
定额计算规则	九、避雷网、接地母线敷设按设计图示长度计算。 十、接地跨接线安装根据跨接线位置,结合规程规定,按设计图示跨接数量以"处"计算。	244

表 1.3.6　J.2 接地母线定额图解

定额名称	定额编号	图片	定额名称	定额编号	图片
户内接地母线敷设	CD1059		接地母线敷设铜接地绞线	CD1062	
				CD1063	

3)J.3 避雷引下线(见表 1.3.7、表 1.3.8)

表 1.3.7

表 1.3.7　J.3 避雷引下线定额说明和计算规则(摘录)

J 防雷及接地装置	内容	页码
定额说明	6.利用建筑结构钢筋作为接地引下线安装定额是按照**每根柱子内焊接两根主筋**编制的,当焊接主筋超过两根时,可按照比例调整定额安装费。 7.利用铜绞线作为接地引下线时,其配管、穿铜绞线按同规格的相应定额子目执行。	243
定额计算规则	四、避雷引下线敷设根据引下线采取的方式,按设计**图示长度**计算。	244

表 1.3.8　J.3 避雷引下线定额图解

定额名称	定额编号	图片	定额名称	定额编号	图片
利用金属构件引下	CD1064		避雷引下线敷设断接卡子制作、安装	CD1067	
沿建筑物、构筑物引下	CD1065				
利用建筑物主筋引下	CD1066	双面焊接,焊接长度为圆钢直径的6倍　在主筋接头处用≥10 mm的圆钢跨接焊　柱内两根直径≥16 mm的主筋作为引下线			

表1.3.9、表1.3.11

4)J.4 均压环(见表 1.3.9、表 1.3.10)

表 1.3.9　J.4 均压环定额说明和计算规则(摘录)

J 防雷及接地装置	内容	页码
定额说明	6.防雷均压环是利用建筑物梁内主筋作为防雷接地连接线考虑的,每一梁内按焊接两根主筋编制,当焊接主筋数超过两根时,可按比例调整定额安装费。如果采用单独扁钢或圆钢明敷设作为均压环时,可执行户内接地母线敷设相关定额。 10.利用基础梁内两根主筋焊接连通作为接地母线时,执行"均压环敷设"定额。	243
定额计算规则	六、均压环敷设按设计需要的均压接地梁中心线长度计算。	244

表 1.3.10　J.3 避雷引下线定额图解

定额名称	定额编号	图片	定额名称	定额编号	图片
均压环敷设利用圈梁钢筋	CD1068	梁钢筋作均压环	避雷网安装沿混凝土块敷设	CD1069	
			避雷网安装沿墙明敷设	CD1070	避雷带支架 水平间距0.5~1.5 m 弯曲间距0.3~0.5 m
			避雷网安装沿折板支架敷设	CD1071	

5)J.5 避雷网(见表 1.3.11、表 1.3.12)

表 1.3.11　J.5 避雷网定额说明和计算规则(摘录)

J 防雷及接地装置	内容	页码
定额说明	8.高层建筑物屋顶防雷接地装置安装应执行避雷网安装定额。避雷网安装沿折板支架敷设定额、沿墙明敷设定额包括了支架制作安装,不另行计算。电缆支架的接地线安装应按"户内接地母线敷设"定额子目执行。 9.避雷网、接地母线敷设计算长度时,按照设计图示水平和垂直规定长度的 3.9%计算附加长度(包括转弯、上下波动、避绕障碍物、搭接头等长度),当设计另有规定时,按照设计规定计算。	243
定额计算规则	九、避雷网、接地母线敷设按设计图示长度计算。	244

表 1.3.12　J.5 避雷网定额图解

定额名称	定额编号	图片
避雷网安装沿混凝土块敷设	CD1069	
避雷网安装沿墙明敷设	CD1070	避雷带支架 水平间距0.5~1.5 m 弯曲间距0.3~0.5 m
避雷网安装沿折板支架敷设	CD1071	

6）J.6 避雷针（见表 1.3.13、表 1.3.14、表 1.3.15）

表1.3.13

表 1.3.13　J.6 避雷针定额说明和计算规则（摘录）

J 防雷及接地装置	内容	页码
定额说明	**3.避雷针制作、安装定额不包括避雷针底座及埋件的制作与安装。**工程实际发生时，应根据设计划分，按相应定额子目执行。 4.避雷针安装定额综合考虑了高空作业因素，执行定额时不作调整。避雷针安装在木杆和水泥杆上时，包括了其避雷引下线安装。 5.独立避雷针安装包括避雷针塔架、避雷引下线安装，不包括基础浇筑。塔架制作按本册定额第 N 章相应定额子目执行。	243
定额计算规则	一、避雷针制作根据材质及针长，按设计图示数量以"根"计算。 二、避雷针、避雷小短针安装根据**安装地点及针长**，按设计图示数量以"根"计算。 三、独立避雷针安装根据安装高度，按设计图示数量以"基"计算。	244

表 1.3.14　J.6 避雷针定额图解

定额名称	定额编号	图片	定额名称	定额编号	图片	定额名称	定额编号	图片
钢管避雷针制作(针长 m 以内 2/5/7/10/ 12/14)	CD1079 CD1080 CD1081 CD1082 CD1083		圆钢避雷针制作(针长 m 以内)	CD1078		避雷针安装在平屋面上(针长 m 以内)	CD1085 CD1086 CD1087 CD1088 CD1089 CD1090	

表 1.3.15 J.6 避雷针及 J.8 等电位端子箱、测试板定额图解

定额名称	定额编号	图片	定额名称	定额编号	图片	定额名称	定额编号	图片
避雷针安装在平屋面上(针长 m 以内)	CD1091 CD1092 CD1093 CD1094 CD1095 CD1096		避雷小短针在避雷网上安装	CD1111		接地测试板安装	CD1115	
						等电位联结端子箱安装	CD1116	

7)J.8 等电位端子箱、测试板及 J.9 浪涌保护器(见表 1.3.15、表 1.3.16、表 1.3.17)

表1.3.16

表 1.3.16 J.8 等电位端子箱、测试板及 J.9 浪涌保护器定额说明和计算规则(摘录)

J 防雷及接地装置	内容	页码
定额说明	15.到等电位盒的接地线焊接若利用土建圈梁内主筋,可按均压环敷设定额子目基价乘以系数 0.5;若采用单独扁钢或圆钢敷设,可按**"户内接地母线敷设"**定额子目执行。	243
定额计算规则	十四、电子设备防雷接地装置安装根据需要避雷的设备,按设计图示数量以"个"计算。 十五、阴极保护接地根据设计采取的措施,按设计用量计算工程量。 十六、等电位装置安装根据接地系统布置,按设计图示数量以"套"计算。	244

表 1.3.17 J.8 等电位端子箱、测试板及 J.9 浪涌保护器定额图解

定额名称	定额编号	图片	定额名称	定额编号	图片
等电位末端金属体与绝缘导线连接	CD1117		浪涌保护器	CD1119	
等电位端子盒安装	CD1118				

8)J.10 降阻剂及 J.11 其他项目(见表 1.3.18、表 1.3.19)

表 1.3.18　J.10 降阻剂及 J.11 其他项目定额说明和计算规则(摘录)

表1.3.18

J 防雷及接地装置	内容	页码
定额说明	12.利用建(构)筑物桩承台接地时,**桩承台接地项目适用于三根桩及以上的桩承台接地**,柱内主筋与桩承台跨接不另行计算。两根桩以内的跨接按实际跨接数计算。 13.阴极保护接地定额适用于接地电阻率高的土质地区接地施工,包括挖接地井、安装接地电极、安装接地模块、换填降阻剂、安装电解质离子接地极等。 14.本章定额**不包括固定防雷接地设施所用的预制混凝土块制作(或购置混凝土块)与安装费用。**工程实际发生时,按建筑工程相应定额子目执行。	243
定额计算规则	十、接地跨接线安装根据跨接线位置,结合规程规定,按设计图示跨接数量以"处"计算。 十一、户外配电装置构架按照设计要求,**每组构架计算一处**;钢窗、铝合金窗按照设计要求,**每一樘金属窗计算一处。** 十二、柱子主筋与圈梁钢筋焊接按设计要求以"处"计算,每处按**两根主筋与两根圈梁钢筋分别焊接连接**考虑。 十三、桩承台接地根据**桩连接根数**,按设计图示数量以"基"计算。	244

表 1.3.19　J.10 降阻剂及 J.11 其他项目定额图解

定额名称	定额编号	图片	定额名称	定额编号	图片
化学降阻剂铺设	CD1120		接地跨接线	CD1121	
			构架接地	CD1122	
桩承台接地	CD1125 CD1126 CD1127		钢铝窗接地	CD1123	
			柱主筋与圈梁钢筋焊接	CD1124	

9) P.1.9 接地装置调试(见表 1.3.20、表 1.3.21)

表 1.3.20　P.1.9 接地装置调试定额说明和计算规则(摘录)

P 电气调整实验	内容	页码
定额说明	21.接地网的调试 (1)工程项目连成一个母网时,按照一个系统计算调试工程量;单项工程或单位工程自成母网、不与工程项目母网相连的独立接地网,单独计算一个系统调试工程量。 (2)大型建筑群各有自己的接地网(接地电阻设计有要求),虽然在最后也将各接地网连在一起,但应按各自的接地网计算,不能作为一个网。具体应按接地网的接地情况,按接地断接卡数量套用独立接地装置定额。利用基础钢筋作接地和接地极形成网系统的,应按接地网电阻测试,以"系统"为单位计算。 (3)建筑物、构筑物、电杆等利用户外接地母线敷设(接地电阻值设计有要求的),应按各自的接地测试点(以断接卡为准),以"组"为单位计算。	432
定额计算规则	九、接地装置调试按设计图示数量以"组、系统"计算。	244

表 1.3.21　P.1.9 接地装置调试定额图解

定额名称	定额编号	图片	定额名称	定额编号	图片
独立接地装置 6 根接地极以内	CD2273		接地网	CD2274	

习题

1.单项选择题

依据《重庆市通用安装工程计价定额》(CQAZDE—2018)第四册《电气设备安装工程》中"J 防雷及接地装置(030409)"相关规定回答下列问题。

1)接地极按照设计长度计算,设计无规定时,按照每根(　　)计算。

A.1.5 m　　　　　　B.2.0 m　　　　　　C.2.5 m　　　　　　D.3.0 m

2)接地极制作安装根据材质按设计图示数量以(　　)计算。

A.根　　　　　　　　B.m　　　　　　　　C.基　　　　　　　　D.个

3)避雷网、接地母线敷设计算长度时,按照设计图示水平和垂直规定长度的(　　)计算附加长度(包括转弯、上下波动、避绕障碍物、搭接头等长度),当设计另有规定时,按照设计规定计算。

　　A.1.5%　　　　　　　B.3.0%　　　　　　　C.3.9%　　　　　　　D.4.0%

　　4)利用地圈梁内两根主筋焊接连通作为接地母线时,执行(　　　)定额。

　　A.户内接地母线　　　　　　　　　　B.均压环敷设

　　C.户外接地母线　　　　　　　　　　D.接地母线

　　5)户外接地沟开挖量按设计尺寸计算,如设计无规定时按沟底宽(　　　)m、上宽(　　　)m,沟深(　　　)m,每米沟长的土石方量按0.34 m²计算。(　　　)

　　A.0.4　0.5　0.75　　B.0.5　0.4　0.75　　C.0.4　0.6　0.75　　D.0.4　0.6　0.8

　　6)避雷网、接地母线敷设按设计图示(　　　)计算。

　　A.长度　　　　　　B.质量　　　　　　C.根　　　　　　D.个

　　7)接地跨接线安装根据跨接线位置,结合规程规定,按设计图示跨接数量以(　　　)计算。

　　A.长度　　　　　　B.处　　　　　　C.根　　　　　　D.个

　　8)防雷均压环是利用建筑物梁内主筋作为防雷接地连接线考虑的,每根圈梁内按焊接(　　　)主筋编制,当焊接主筋数超过时,可按比例调整定额安装费。

　　A.单根　　　　　　B.两根　　　　　　C.三根　　　　　　D.一处

　　9)如果采用单独扁钢或圆钢明敷设作为均压环时,可执行(　　　)敷设相关定额。

　　A.户内接地母线　　　　　　　　　　B.均压环敷设

　　C.户外接地母线　　　　　　　　　　D.接地母线

　　10)均压环敷设按设计需要的均压接地梁(　　　)计算。

　　A.外边线　　　　　　B.内边线　　　　　　C.轴线　　　　　　D.中心线长度

　　11)避雷针、避雷小短针安装根据安装地点及针长,按设计图示数量以(　　　)计算。

　　A.长度　　　　　　B.处　　　　　　C.根　　　　　　D.个

　　12)独立避雷针安装根据安装高度,按设计图示数量以(　　　)计算。

　　A.根　　　　　　　B.m　　　　　　C.基　　　　　　D.个

　　13)到等电位盒的接地线焊接若利用土建圈梁内主筋,可按均压环敷设定额子目基价乘以系数(　　　);若采用单独扁钢或圆钢敷设,可按(　　　)定额子目执行。(　　　)

　　A.0.5　户内接地母线敷设　　　　　　B.0.6　户外接地母线敷设

　　C.0.8　户内接地母线敷设　　　　　　D.1.0　户外接地母线敷设

　　14)电子设备防雷接地装置安装根据需要避雷的设备,按设计图示数量以(　　　)计算。

　　A.根　　　　　　　B.m　　　　　　C.基　　　　　　D.个

　　15)阴极保护接地根据设计采取的措施,按(　　　)计算工程量。

　　A.设计用量　　　　B.长度　　　　　　C.重量　　　　　　D.实际用量

　　16)等电位装置安装根据接地系统布置,按设计图示数量以(　　　)计算。

　　A.根　　　　　　　B.套　　　　　　C.基　　　　　　D.个

　　17)接地网的调试:工程项目接地网连成一个母网时,按照(　　　)计算调试工程量。

　　A.一个系统单独计算　　　　　　　　B.各自系统单独计算

　　C.各自系统一个系统　　　　　　　　D.单独计算一个系统

18)大型建筑群各有自己的接地网(接地电阻设计有要求),虽然在最后也将各接地网连在一起,但应按( )计算,不能作为一个网。

A.一个系统　　　　　　　　　　　B.套

C.各自的接地网　　　　　　　　　D.系统

19)利用基础钢筋作接地和接地极形成网系统的,应按接地网电阻测试,以( )为单位计算。

A.根　　　　　　B.套　　　　　　C.基　　　　　　D.系统

20)建筑物、构筑物、电杆等利用户外接地母线敷设(接地电阻值有设计要求的),应按各自的接地测试点以断接卡数量为准,以( )为单位计算。

A.根　　　　　　B.组　　　　　　C.基　　　　　　D.系统

21)利用建(构)筑物桩承台接地时,桩承台接地项目适用于( )的桩承台接地,柱内主筋与桩承台跨接不另行计算。两根桩以内的跨接按实际跨接数计算。

A.三根柱及以上　　　　　　　　　B.两根柱及以上

C.两根柱　　　　　　　　　　　　D.系统

22)户外配电装置构架按照设计要求,每组构架( );钢窗、铝合金窗,按照设计要求,每一樘金属窗( )。

A.计算一处　计算一处　　　　　　B.计算两处　计算一处

C.计算一处　计算两处　　　　　　D.计算两处　计算两处

23)柱子主筋与圈梁钢筋焊接,按设计要求以( )计算,每处按( )主筋与( )圈梁钢筋分别焊接连接考虑。( )

A.处　两根　两根　　　　　　　　B.根　两根　两根

C.系统　一根　两根　　　　　　　D.组　一根　一根

2.多项选择题

1)下列属于《重庆市通用安装工程计价定额》(CQAZDE—2018)第四册《电气设备安装工程》中"J.1 接地极(编码:030409001)"定额子目的是( )。

A.CD1054 钢管接地极　　　　　　B.CD1055 角钢接地极

C.CD1056 圆钢接地极　　　　　　D.CD1057 接地极板铜板

E.CD1058 接地极板钢板

2)接地装置调试,按设计图示数量以( )计算。

A.根　　　　　　B.组　　　　　　C.基

D.系统　　　　　E.个

3)阴极保护接地定额适用于接地电阻率高的土质地区接地施工,包括( )、( )、( )、( )、安装电解质离子接地极等。( )

A.挖接地井　　　B.安装接地电极　　C.安装接地模块

D.换填降阻剂　　E.换填土

1.4 防雷及接地系统清单计价

1.4.1 防雷及接地系统清单计价理论

1)防雷与接地系统安装工程清单项目

防雷及接地装置工程量清单项目设置、项目特征描述的内容、计量单位及工程量计算规则,应按表 1.4.1 的规定执行,表中内容摘自《通用安装工程工程量计算规范》(GB 50856—2013)第 64,65 和 66 页。

表 1.4.1 D.9 防雷及接地装置(编码:030409)

项目编码	项目名称	项目特征	计量单位	工程量计算规则	工作内容
030409001	接地极	1.名称 2.材质 3.规格 4.土质 5.基础接地形式	根(块)	按设计图示数量计算	1.接地极(板、桩)制作、安装 2.基础接地网安装 3.补刷(喷)油漆
030409002	接地母线	1.名称 2.材质 3.规格 4.安装部位 5.安装形式			1.接地母线制作、安装 2.补刷(喷)油漆
030409003	避雷引下线	1.名称 2.材质 3.规格 4.安装部位 5.安装形式 6.断接卡子、箱材质、规格	m	按设计图示尺寸以长度计算(含附加长度) 3.9%	1.避雷引下线制作、安装 2.断接卡子、箱制作、安装 3.利用主钢筋焊接 5.补刷(喷)油漆
030409004	均压环	1.名称 2.材质 3.规格 4.安装形式			1.均压环敷设 2.钢铝窗接地 3.柱主筋与圈梁焊接 4.利用圈梁钢筋焊接 5.补刷(喷)油漆
030409005	避雷网	1.名称 2.材质 3.规格 4.安装形式 5.混凝土块标号	m	按设计图示尺寸以长度计算	1.避雷网制作、安装 2.跨接 3.混凝土块制作 4.补刷(喷)油漆

续表

项目编码	项目名称	项目特征	计量单位	工程量计算规则	工作内容
030409006	避雷针	1.名称 2.材质 3.规格 4.安装形式、高度	根	按设计图示数量计算	1.避雷针制作、安装 2.跨接 3.补刷（喷）油漆
030409007	半导体少长针消雷装置	1.型号 2.高度	套		本体安装
030409008	等电位端子箱、测试板	1.名称 2.材质 3.规格	台（块）		本体安装
030409009	绝缘垫		m²	按设计图示尺寸以展开面积计算	1.制作 2.安装
030409010	浪涌保护器	1.名称 2.规格 3.安装形式 4.防雷等级	个	按设计图示数量计算	1.本体安装 2.接线 3.接地
030409011	降阻剂	1.名称 2.类型	kg	按设计图示以质量计算	1.挖土 2.施放降阻剂 3.回填土 4.运输

注：1.利用桩基础作接地极，应描述桩台下桩的根数，每桩台下需焊接柱筋根数，其工程量按柱引下线计算；利用基础钢筋作接地极按均压环项目编码列项。
2.利用柱筋作引下线的，需描述柱筋焊接根数。
3.利用圈梁筋作均压环的，需描述圈梁筋焊接根数。
4.使用电缆、电线作接地线，应按规范附录D.8和D.12相关项目编码列项。
5.接地母线、引下线、避雷网附加长度见表1.4.2。

表1.4.2　接地母线、引下线、避雷网附加长度　　　　单位：m

项目	附加长度	说明
接地母线、引下线、避雷网附加长度	3.9%	按接地母线、引下线、避雷全长计算

防雷及接地工程施工完毕后需要进行接地电阻测试，保证接地电阻满足设计值的要求。《通用安装工程工程量计算规范》（GB 50856—2013）中，电气调整试验的接地装置项目即为接地电阻测试项目，如表1.4.3所示。

表1.4.3　D.14 电气调整试验的接地装置项目

项目编码	项目名称	项目特征	计量单位	工程量计算规则	工作内容
030411011	接地装置	1.名称 2.类别	1.系统 2.组	1.以系统计量,按设计图示系统计算 2.以组计量,按设计图示数量计算	接地电阻测试

2)防雷及接地系统涉及的建筑工程清单项目

《通用安装工程工程量计算规范》(GB 50856—2013)中"D.15 相关问题及说明"规定,挖土、填土工程,应按现行国家标准《房屋建筑与装饰工程工程量计算规范》(GB 50854)相关项目编码列项。

> D.15 相关问题及说明
>
> D.15.1 电气设备安装工程适用于 10 kV 以下变配电设备及线路的安装工程、车间动力电气设备及电气照明、防雷及接地装置安装、配管配线、电气调试等。
>
> D.15.2 挖土、填土工程,应按现行国家标准《房屋建筑与装饰工程工程量计算规范》(GB 50854)相关项目编码列项。
>
> D.15.3 开挖路面,应按现行国家标准《市政工程工程量计算规范》(GB 50857)相关项目编码列项。
>
> D.15.4 过梁、墙、楼板的钢(塑料)套管,应按本规范附录 K 采暖、给排水、燃气工程相关项目编码列项。
>
> D.15.5 除锈、刷漆(补刷漆除外)、保护层安装,应按本规范附录 M 刷油、防腐蚀、绝热工程相关项目编码列项。
>
> D.15.6 由国家或地方检测验收部门进行的检测验收应按本规范附录 N 措施项目编码列项。
>
> D.15.7 本附录中的预留长度及附加长度见表 D.15.7-1~表 D.15.7-8。

3)土石方工程

由《房屋建筑与装饰工程工程量计算规范》(GB 50854—2013)中 A.1 土方工程、A.2 石方工程的说明可知,防雷接地工程中的管沟土石方,比如接地母线的敷设需要挖管沟,应执行A.1土方工程 010101007 管沟土方清单项,表中的管外径也可以是沟底宽度,详见表 1.4.4 和表 1.4.5 所示。

表1.4.4　A.1 土方工程(编码:010101)

项目编码	项目名称	项目特征	计量单位	工程量计算规则	工作内容
010101007	管沟土方	1.土壤类别 2.管外径 3.挖沟深度 4.回填要求	1.m 2.m³	1.以米计量,按设计图示以管道中心线长度计算 2.以立方米计量,按设计图示管底垫层面积乘以挖土深度计算;无管底垫层按管外径的水平投影面积乘以挖土深度计算。不扣除各类井的长度,井的土方并入	1.排地表水 2.土方开挖 3.围护(挡土板)、支撑 4.运输 5.回填

注:管沟土方项目适用于管道(给排水、工业、电力、通信)、光(电)缆沟(包括人孔桩、接口坑)及连接井(检查井)等。

表 1.4.5　A.2 石方工程(编码:010102)

项目编码	项目名称	项目特征	计量单位	工程量计算规则	工作内容
010102005	挖管沟石方	1.岩石类别 2.管外径 3.挖沟深度	1.m 2.m³	1.以米计量,按设计图示以管道中心线长度计算 2.以立方米计量,按设计图示截面积乘以长度计算	1.排地表水 2.凿石 3.回填 4.运输

注:管沟石方项目适用于管道(给排水、工业、电力、通信)、电缆沟及连接井(检查井)等。

1.4.2　建立预算文件体系

清单计价方式使用的主要文件类型是招标工程量清单和投标预算书(或招标控制价)。它们均是建立在"预算文件体系"上的。

1)建立预算文件体系

(1)预算文件体系的概念

预算文件体系是指预算文件按照基本建设项目划分的规则,从建设项目起至分项工程止的构成关系,如表 1.4.6 所示。

表 1.4.6　预算文件体系

项目划分	软件新建工程命名	图示
建设项目	某所职业学院	
单项工程	学生宿舍 D 栋	
单位工程	建筑安装工程	

续表

项目划分	软件新建工程命名	图示
分部工程	建筑电气	
子分部工程	防雷及接地	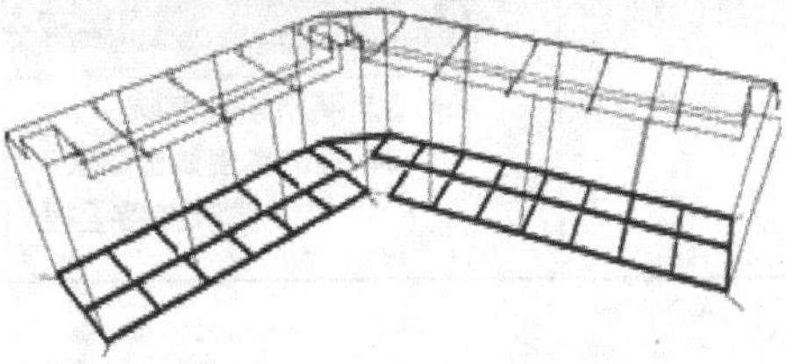
分项工程	接地装置安装、避雷引下线及接闪器安装、建筑物等电位联结等	

（2）建立预算文件夹

建立预算文件夹是指从建设项目起至完善工程信息止的相应操作流程。首先应在计算机桌面新建一个投标预算文件夹,具体操作如表 1.4.7 所示。

表 1.4.7　建立预算文件夹

步骤	工作	图标	工具→命令	说明
1.1	打开软件	GLodon广联达 云计价平台 GCCP5.0	广联达计价软件→云计价平台 GCCP5.0	
1.2	登录	离线使用	登录方式→离线使用	
1.3	新建项目	项目名称：　某所职业学院	新建→新建招投标项目→新建投标项目→项目名称:某所职业学院	

续表

步骤	工作	图标	工具→命令	说明
1.4	新建单项工程	新建单项工程	新建单项工程→单项工程名称:学生宿舍 D 栋	
1.5	修改单位工程	工程名称: 建筑安装工程	修改单位工程→工程名称:建筑安装工程	
1.6	完善信息	请输入工程信息及特征 ▲ 某所职业学院 ▲ 学生宿舍D栋 ! 建筑安装工程	工程信息及特征	全部填写

2)广联达计价软件的使用方式

①方式一:离线使用,这是初学者常用的一种方式,选择"离线使用"按钮进入,如图 1.4.1 所示。

②方式二:在线使用,其优势体现在可以使用云平台在线资源,选择"登录"按钮进入,如图 1.4.2 所示。

图 1.4.1　离线使用

图 1.4.2　在线使用

③新建项目:应依据工作任务的需要确定是建立招标项目或是投标项目,如图 1.4.3 所示。

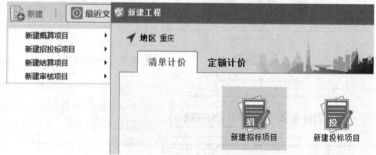

图 1.4.3　新建项目

1.4.3　编制投标预算书

在已经建立的"预算文件体系"上,以学生宿舍 D 栋(单项工程)为例,采用已知"招标工程量清单"(见本书配套教学资源包),编制投标预算书(或招标控制价)。

1)投标预算书编制的假设条件

①本工程是一栋 6 层的学生宿舍,项目所在地是市区;

②承包合同约定人工按市场价 100 元/工日调整;

③物资供应方式均选择乙供,型钢按 2 650 元/t[含税价,税率按 13% 计算,折算系数为 $1/(1+13\%)\approx0.885$]暂估价计入,其他未计价材料暂不计价;

④暂列金额 10 000 元,总承包服务费率按 11.32% 选取;

⑤计税方式采用增值税一般计税法。

2)导入工程量数据

导入工程量数据是编制投标预算书的基础工作,具体操作如表 1.4.8 所示。

表 1.4.8　导入工程量数据

步骤	工作	图标	工具→命令	说明
2.1	开始导入	导入	分部分项→导入→导入 Excel 文件	
2.2	打开	打开	导入 Excel 文件→打开招标工程量 Excel 文件	
2.3	识别行	识别行	导入 Excel 文件→识别行	
2.4	清空导入	清空导入	导入 Excel 文件→清空导入→结束导入	
2.5	解除锁定	锁定清单	分部分项→锁定清单(解除)	图像形如已经锁上
2.6	保存		分部分项→保存	

3)套用计价定额

套用计价定额是编制投标预算书的基本工作之一,具体操作如表 1.4.9 所示。

表 1.4.9　套用计价定额

步骤	工作	图标	工具→命令	说明
3.1	复制材料	 热镀锌扁钢-30*4	分部分项→Ctrl+C	
3.2	选择定额	 1　☐ 030409006001　项 ...... 定	分部分项→鼠标双击工具栏符号"⋯"处	
3.3	修改材料	 ◈编辑[名称]　热镀锌扁钢-30*4	未计价材料→Ctrl+V	修改后宜习惯性点击空格
3.4	逐步重复以上操作步骤			
3.5	逐项检查工程量表达式	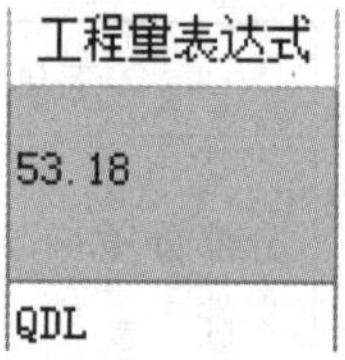 工程量表达式　53.18　QDL	分部分项→工程量表达式→(定)QDL	此软件必须执行的步骤
3.6	补充人材机	 补充		未计价材料

4) 各项费用计取

各项费用计取既包括计价定额规定的综合系数,也包括费用定额规定的取费,具体操作如表 1.4.10 所示。

表 1.4.10　各项费用计取

步骤	工作	图标	工具→命令	说明
4.1	计取安装费用	 安装费用	分部分项→安装费用→计取安装费用	勾取脚手架搭拆费
4.2	暂列金额	 ☐ 🖳 其他项目　├─☐ 暂列金额	其他项目→暂列金额	录入

续表

步骤	工作	图标	工具→命令	说明
4.3	总承包服务费	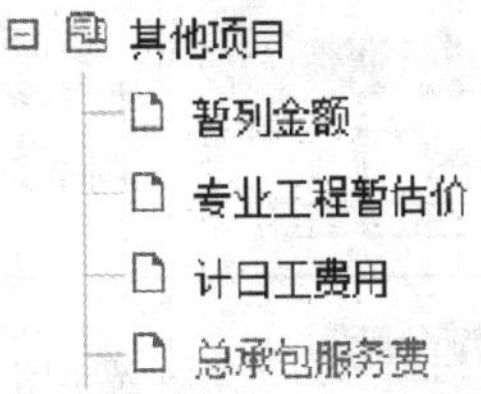 ⊟ 🖾 其他项目 　├ ▢ 暂列金额 　├ ▢ 专业工程暂估价 　├ ▢ 计日工费用 　└ ▢ 总承包服务费	其他项目→总承包服务费	(RGF+JSCS−RGF)×11.32%

5) 人材机调价

人材机调价主要是针对人工单价调整和计取设备单价、未计价材料单价,具体操作如表1.4.11 所示。

表 1.4.11 人材机调价

步骤	工作	图标	工具→命令	说明
5.1	调整人工	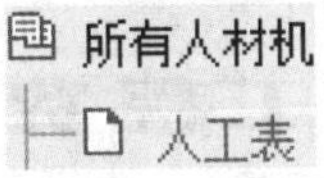 🖾 所有人材机 　├ ▢ 人工表	人材机汇总→人工表→市场价	
5.2	计入设备预算价	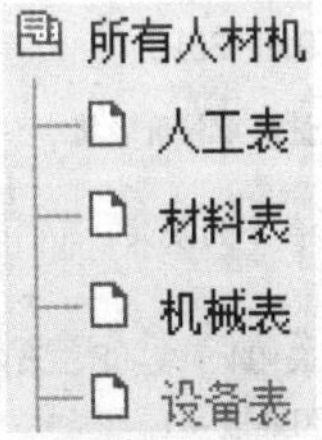 🖾 所有人材机 　├ ▢ 人工表 　├ ▢ 材料表 　├ ▢ 机械表 　└ ▢ 设备表	人材机汇总→设备表→出厂价→采保费率	
5.3	计入主材预算价	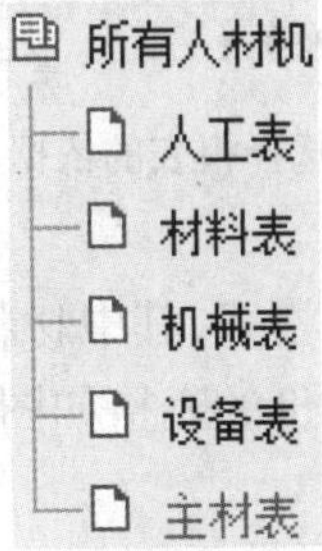 🖾 所有人材机 　├ ▢ 人工表 　├ ▢ 材料表 　├ ▢ 机械表 　├ ▢ 设备表 　└ ▢ 主材表	人材机汇总→主材表→出厂价→采保费率	
5.4	含税价调整1	 🗎↓ 调整市场价系数	人材机汇总→调整市场价系数	

续表

步骤	工作	图标	工具→命令	说明
5.5	含税价调整2	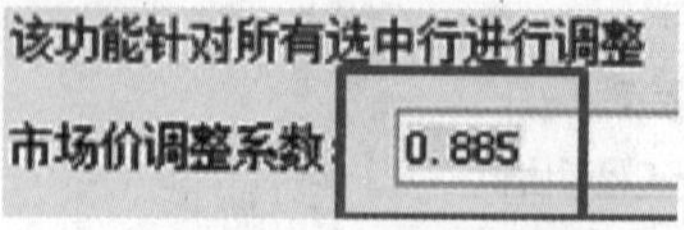 该功能针对所有选中行进行调整 市场价调整系数: 0.885	设置系数→市场价调整系数	
5.6	二次搬运费	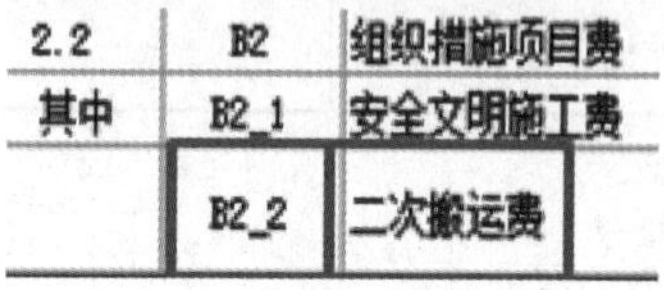 2.2 B2 组织措施项目费 其中 B2_1 安全文明施工费 B2_2 二次搬运费	费用汇总→组织措施费→插入二次搬运费	推荐系数:15.5%

6)导出报表

(1)选择报表的依据

依据《重庆市建设工程费用定额》(CQFYDE—2018)的规定选择相应的表格,如图1.4.4所示。

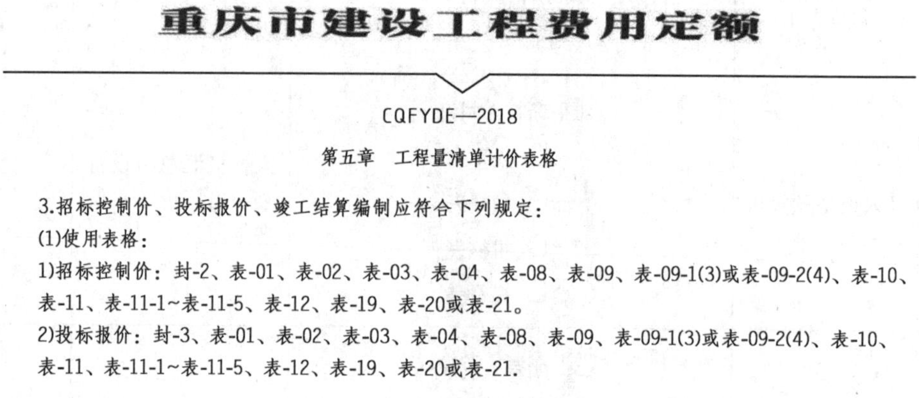

重庆市建设工程费用定额

CQFYDE—2018

第五章 工程量清单计价表格

3.招标控制价、投标报价、竣工结算编制应符合下列规定:

(1)使用表格:

1)招标控制价:封-2、表-01、表-02、表-03、表-04、表-08、表-09、表-09-1(3)或表-09-2(4)、表-10、表-11、表-11-1~表-11-5、表-12、表-19、表-20或表-21。

2)投标报价:封-3、表-01、表-02、表-03、表-04、表-08、表-09、表-09-1(3)或表-09-2(4)、表-10、表-11、表-11-1~表-11-5、表-12、表-19、表-20或表-21.

图1.4.4 选择报表的依据

(2)选择报表的种类

招标文件中为投标人指定了一系列报表格式,其中材料价格调整一般不选择"表-20",而是选择"表-21"。实务中,常常选择的投标报价的表格如图1.4.5所示。

(3)导出报表

导出报表至投标文件夹,如图1.4.6所示。

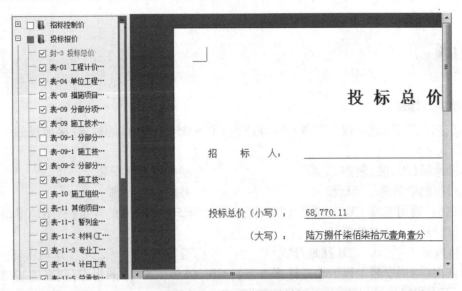

图 1.4.5 选择报表的种类

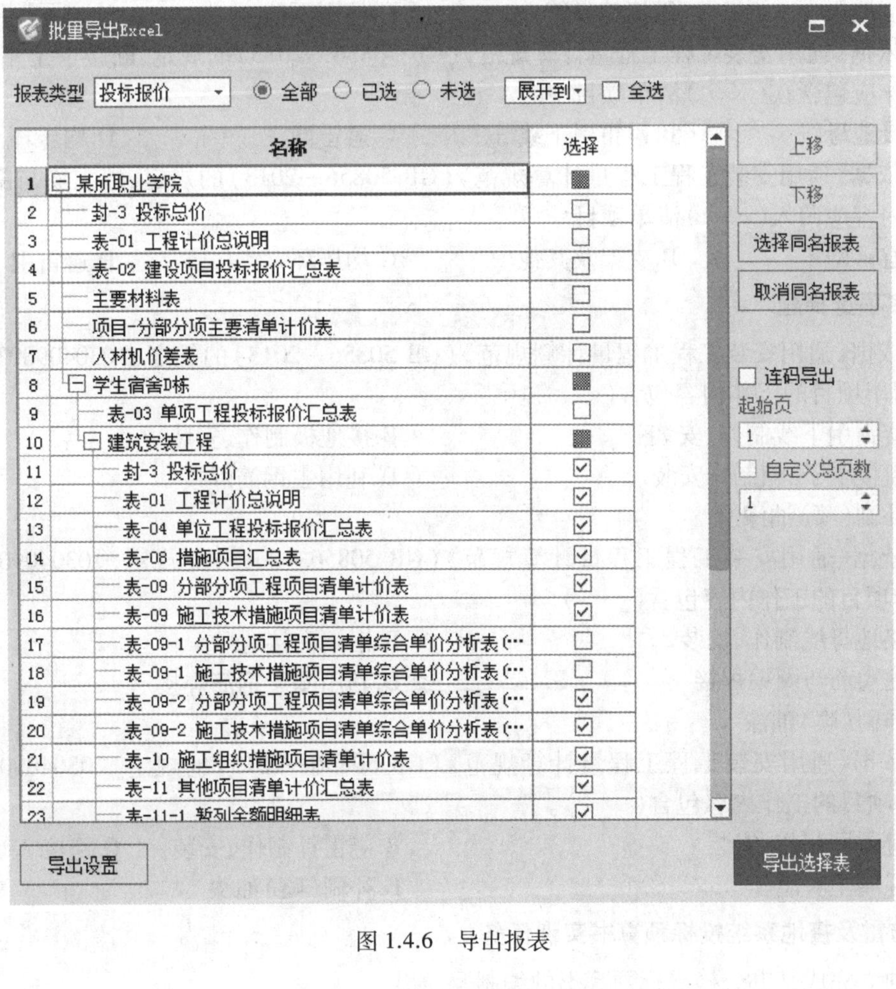

图 1.4.6 导出报表

习题

1.单项选择题

1)依据《通用安装工程工程量计算规范》(GB 50856—2013)的规定,接地极的工作内容不包含(　　)。

A.接地极(板、桩)制作、安装　　　　　　　B.基础接地网安装

C.利用地梁钢筋作接地极　　　　　　　　　D.补刷(喷)油漆

2)依据《通用安装工程工程量计算规范》(GB 50856—2013)的规定,利用地梁钢筋作接地极,应选择(　　)清单项目。

A.接地极　　　　　B.接地母线　　　　　C.避雷网　　　　　D.均压环

3)依据《通用安装工程工程量计算规范》(GB 50856—2013)的规定,利用桩基础作接地极,桩台下需焊接柱筋根数,其工程量应按照(　　)计算。

A.接地极　　　　　B.接地母线　　　　．C.柱引下线　　　　D.避雷网

4)依据《通用安装工程工程量计算规范》(GB 50856—2013)的规定,断接卡子箱制作、安装的工作应包含在(　　)清单项目中。

A.接地母线　　　　B.避雷引下线　　　　C.避雷网　　　　　D.均压环

5)依据《通用安装工程工程量计算规范》(GB 50856—2013)的规定,柱主筋与圈梁焊接的工作内容应归入(　　)清单项目。

A.避雷网　　　　　B.支架及其他　　　　C.均压环　　　　　D.避雷引下线

2.多项选择题

1)依据《通用安装工程工程量计算规范》(GB 50856—2013)的规定,"030409003 避雷引下线"清单项目的工作内容包含(　　)。

A.避雷引下线制作、安装　　　　　　　　　B.接地极制作、安装

C.断接卡子、箱制作安装　　　　　　　　　D.利用主钢筋焊接

E.补刷(喷)油漆

2)依据《通用安装工程工程量计算规范》(GB 50856—2013)的规定,"030409004 均压环"清单项目的工作内容包含(　　)。

A.接地母线制作、安装　　　　　　　　　　B.钢铝窗接地

C.柱主筋与圈梁焊接　　　　　　　　　　　D.利用圈梁钢筋焊接

E.补刷(喷)油漆

3)依据《通用安装工程工程量计算规范》(GB 50856—2013)的规定,"030409005 避雷网"清单项目的工作内容包含(　　)。

A.避雷网制作、安装　　　　　　　　　B.避雷针制作、安装　　　C.跨接

D.混凝土块制作　　　　　　　　　　　E.补刷(喷)油漆

3.防雷及接地系统投标预算书实训任务

请独立完成某办公楼投标预算书的编制及导出。

1.5　防雷及接地系统 BIM 建模实务

1.5.1　防雷及接地系统 BIM 建模前应知

1)以 CAD 为基础建立 BIM 模型

为适应当前应用环境,这里选择以 CAD 为基础建立 BIM 模型的方式。随着我国技术发展的需要,特别是设计方普遍采用 BIM 系列软件进行模型设计后,工程造价专业也将相应地改变,通过建立 BIM 模型来实现计量工作环节的立项和计量。因此,以 CAD 为基础建立 BIM 模型是一个过渡阶段。

2)BIM(建筑信息模型)建模的常用软件

按照使用目的的不同,目前常用的 3 种 BIM 建模软件主要是:

①鲁班预算软件:着重于施工阶段建模与应用;

②RIVET 软件:着重于设计阶段建模与应用;

③广联达算量软件:着重于图形计量与应用。

3)首推鲁班预算软件(免费版)的理由

从当前施工企业的软件应用来看,将鲁班预算软件用于建立 BIM 模型,既能满足工程造价的需要,又能适应工程管理的要求,做到了以下几点:

①适应设计方现阶段 CAD 施工图现状;

②初学者"零成本"入门,且具有良好的相互交流条件;

③学习资源丰富,便于理解和沟通。

4)建模操作前已知的"三张表"

建模前请下载以下三张参数表(见本书配套教学资源包)作为后续学习的基础:

①防雷及接地系统"BIM 建模楼层设置参数表"(详见电子文件表 1.5.1);

②防雷及接地系统"BIM 建模系统编号设置参数表"(详见电子文件表 1.5.2);

③防雷及接地系统"BIM 建模构件属性定义参数表"(详见电子文件表 1.5.3)。

1.5.2　防雷及接地系统鲁班 BIM 建模

1)新建子分部工程文件夹

打开鲁班安装(2018V20)软件,建立防雷及接地系统文件夹,确定相关专业,这是建模的第一步,具体操作如表 1.5.1 所示。

表 1.5.1 新建"子分部工程"文件夹

步骤	工作	图标	工具→命令	说明
1.1	打开软件	鲁班安装 2018V20	鲁班安装 2018V20	教材编写版本为鲁班安装 2018V20
1.2	新建工程	新建工程　　打开工程	新建工程	
1.3	命名与保存	文件名(N) 防雷及接地鲁班BIM模型(示例一) 保存 保存类型(T) 安装算量(*.lba) 取消	文件名:防雷及接地鲁班 BIM 模型(示例一)	保存在桌面
1.4	选择模板	用户模板　× 模板列表 安装用户模板 说明 1、算量模式:清单 2、清单库:2013建设工程工程量计算规范 3、定额库:全国统一安装定额库 4、创建版本:20.0.0 确定　取消	模板列表→安装用户模板	
1.5	工程设置	工程概况 属性名称　属性值 工程名称　某学校防雷及接地系统 地址(省)	工程名称:某学校防雷及接地系统	
1.6	模式设置	设置选择项 算量模式 ●清单　○定额 清单选择 重庆市建设工程工程量清单计价规范(2013) 定额选择 重庆市通用安装工程计价定额(2018)	清单→重庆市建设工程工程量清单计价规范(2013)→重庆市通用安装工程计价定额(2018)	
1.7	楼层设置	名称 层高(mm) 性质 楼层面标高(mm) 层数 图形文件 0 1000 基础层 -1000 1 防雷及接地鲁班BIM模型(示例二) 1 3300 首层 0 1 防雷及接地鲁班BIM模型(示例二) 2,6 3300 标准层 3300 5 防雷及接地鲁班BIM模型(示例二) 7 3300 屋顶层 19800 1 防雷及接地鲁班BIM模型(示例二)	楼层设置→增加(参考表 1.5.2)	地下层采用符号:-
1.8	专业设置	电气 1 层 防雷接地	专业选择→电气	

2)选择基点

①同一单项工程选择同一个基点。学生宿舍 D 栋确定的基点是中部楼梯间右下角外墙交点,如图 1.5.1 所示。

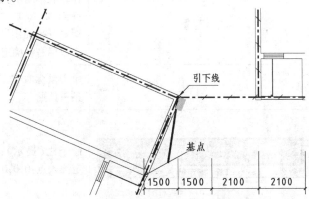

图 1.5.1　基点是中部楼梯间右下角外墙交点

②本工程第一次需要放置 CAD 图纸的楼层,如表 1.5.2 所示。

表 1.5.2　第一次需要放置 CAD 图纸的楼层

序号	施工图参数			模型参数			备注
	楼层表述	相对标高(m)	层高(mm)	楼层表述	层底标高(mm)	层高(mm)	
1	D 栋基础接地平面图	0.000	3 300	1	0.000	3 300	
7	D 栋屋顶防雷平面图	19.8	3 300	7	19 800	3 300	

3)导入 CAD 施工图

①方法一:采用此方法需要结合天正建筑软件,其优点是不需要事先对施工图进行处理,具体操作如表 1.5.3 所示。

表 1.5.3　利用 CAD 施工图带基点复制与粘贴

步骤	工作	图标	工具→命令	说明
2.1	带基点复制	⊹移动　○旋转　-/-修剪　▾ ⊙8复制　⚠镜像　⌒圆角　▾ ⊒拉伸　▢缩放　⊞阵列　▾	编辑→带基点复制,或鼠标右键→剪贴板→带基点复制	天正建筑软件
2.2	确定基点	◀◀▶▶\ 模型 ╱布局1 命令: copy 找到 6261 个 当前设置: 复制模式 = 多个 指定基点或 [位移(D)/模式(O)] <位	命令栏(提示):指定基点,选择 CAD 中基点	天正建筑软件

续表

步骤	工作	图标	工具→命令	说明
2.3	选择对象	选择对象:	命令栏(提示):选择对象,框选"一层电气平面图",单击鼠标右键确定	天正建筑软件
2.4	对应楼层粘贴		单击鼠标右键工具条→粘贴	鲁班安装软件
2.5	指定基点	命令: 命令: 命令: _pasteclip 指定插入点:0,0,0	命令栏(提示):指定插入点:0,0,0	鲁班安装软件,插入点中符号需要在英文输入法状态下输入
2.6	其他楼层CAD图导入			按照以上循环

②方法二:在实务中,如果遇到设计方将多专业或多楼栋绘制在同一个施工图中,则必须将需要的施工图另存为一个单独的子分部工程文件,然后才能按照表1.5.4所示程序进行操作。学生宿舍D栋中的防雷及接地施工图较为简单,使用该方法较为便捷。

表1.5.4　采用CAD导入命令

步骤	工作	图标	工具→命令	说明
2.1	调入施工图	 调入CAD	CAD转化→调入CAD	1层任意选择插入点
2.2	多层复制	 CAD复制	工程→CAD复制	
2.3	分层布置施工图	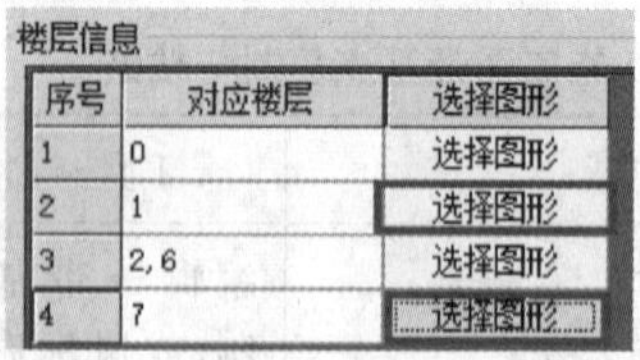 楼层信息 序号 对应楼层 选择图形 / 1 0 选择图形 / 2 1 选择图形 / 3 2,6 选择图形 / 4 7 选择图形	楼层信息→选择图形	布置:1~3/4/8~11/顶
2.4	确定基点	指定基点:	命令栏(提示):指定基点	
2.5	选择对象	选择对象:	命令栏(提示):选择对象	
2.6	删除原图		框选(导入的全部图纸)→Delete	

4) 系统编号管理

系统编号是建模过程中一个非常重要的参数,也是今后模型使用时分类提取数据的基础。设立系统编号的具体操作如表 1.5.5 所示。学生宿舍 D 栋防雷接地系统较为简单,可以按一个系统处理,无须编号。

表 1.5.5　系统编号管理

步骤	工作	图标	工具→命令	说明
3.1	工具	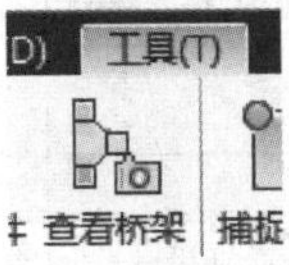	工具→系统编号	
3.2	系统编号		系统编号→系统编号管理	
3.3	一级编码	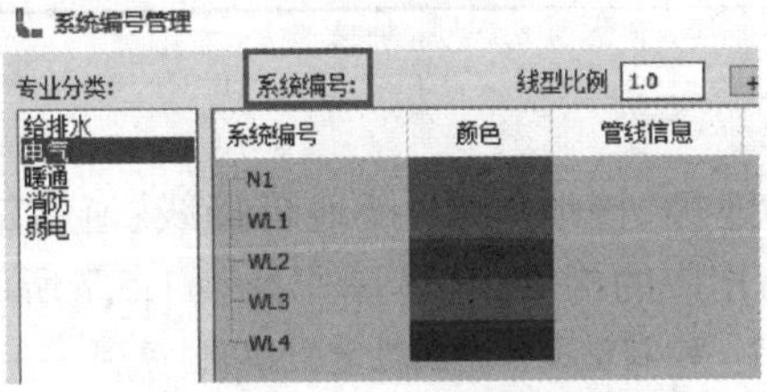	系统编号管理→一级编码	例如:单击鼠标右键选择"平级节点"
3.4	二级编码	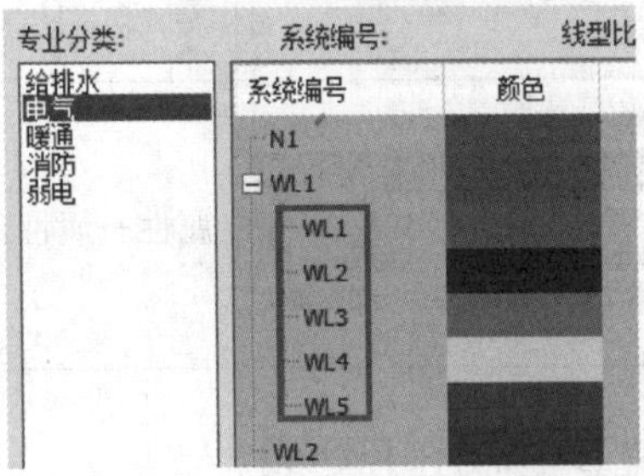	一级编码→二级编码	单击鼠标右键选择"子级节点",再选择"平级节点"

5) 属性定义

(1)新材质属性定义

在图纸中往往会出现软件系统中没有的新材质,新材质的属性需要重新定义,以保证计量的准确性和项目特征描述的全面性。学生宿舍 D 栋新材质的属性定义,具体操作如表1.5.6所示。

表 1.5.6　成功转换的设备(构件)属性定义

步骤	工作	图标	工具→命令	说明
4.1	工具	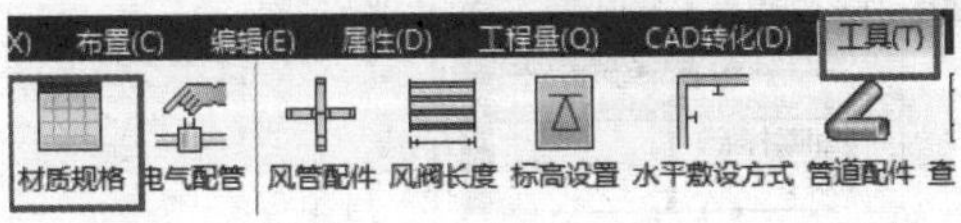	工具→材质规格	

续表

步骤	工作	图标	工具→命令	说明
4.2	新增材质规格	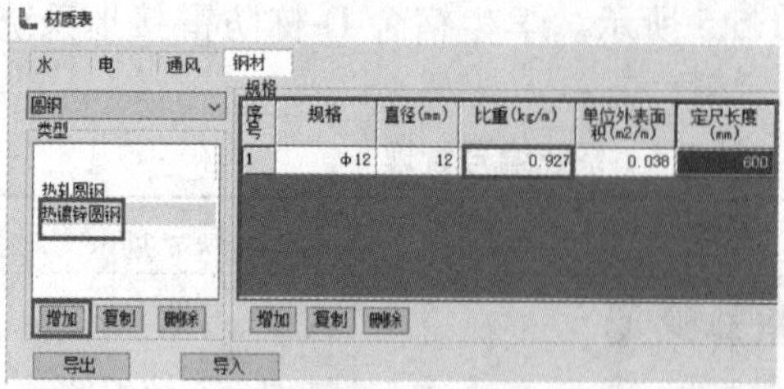	材质表→钢材→增加热镀锌圆钢→增加比重	各类镀锌钢材的理论质量每米增加3%~5%
4.3	新增材质规格	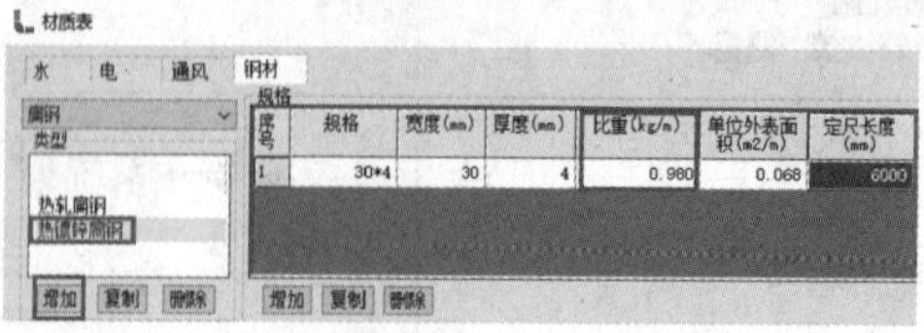	材质表→钢材→增加热镀锌扁钢→增加比重	各类镀锌钢材的理论质量每米增加3%~5%

(2)防雷及接地属性定义

防雷及接地施工图上一般有接地极、接地母线、接地跨接线、避雷针、避雷引下线、避雷带,建模之前需要在属性定义中添加相应的构件,具体操作如表1.5.7所示。

表1.5.7　控制室设备的属性定义编辑

步骤	工作	图标	工具→命令	说明
4.4	属性定义	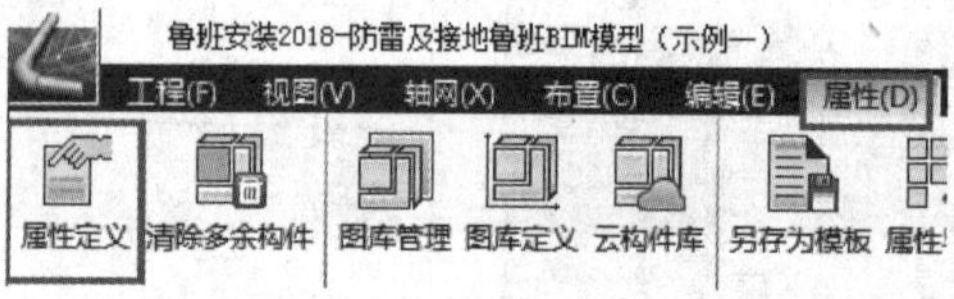	属性→属性定义	
4.5	接地极	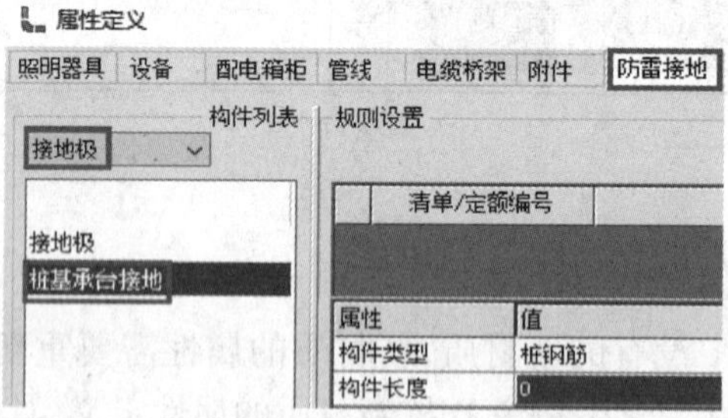	接地极→增加桩基承台接地	桩钢筋作接地极,长度为桩长
4.6	接地母线	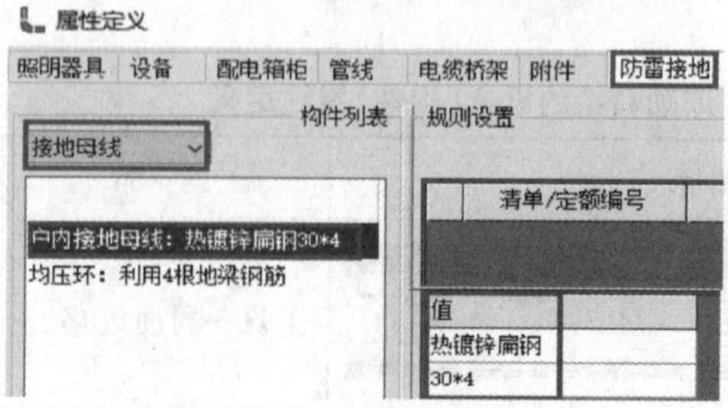	接地母线→户内接地母线	热镀锌扁钢30×4

步骤	工作	图标	工具→命令	说明
4.7	接地母线		接地母线→均压环	地梁钢筋4×12
4.8	接地跨接线		接地跨接线→接地测试板	钢板150×50×6
4.9	接地跨接线		接地跨接线→接地测试盒	$150 \times 50 \times 60$, $\delta 1.5$
4.10	接地跨接线		接地跨接线→均压环:引下线与地梁钢筋焊接	一根引下线两处焊接
4.11	接地跨接线		接地跨接线→接地系统调试	按各自的接地测试点(以断接卡为准)以"系统"计算

续表

步骤	工作	图标	工具→命令	说明
4.12	避雷针	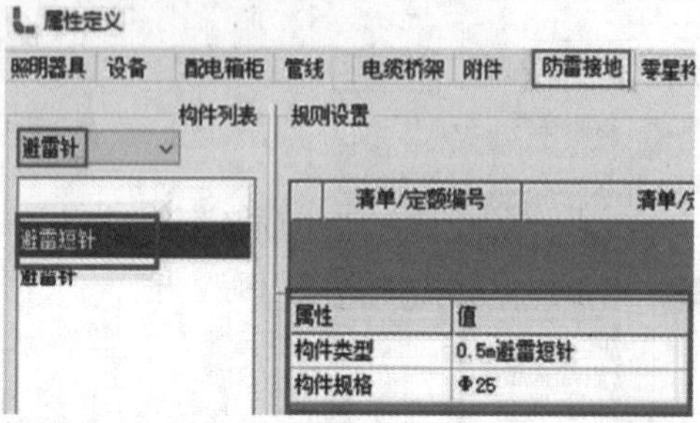	避雷针→避雷短针	根据图纸进行材质规格定义
4.13	避雷引下线	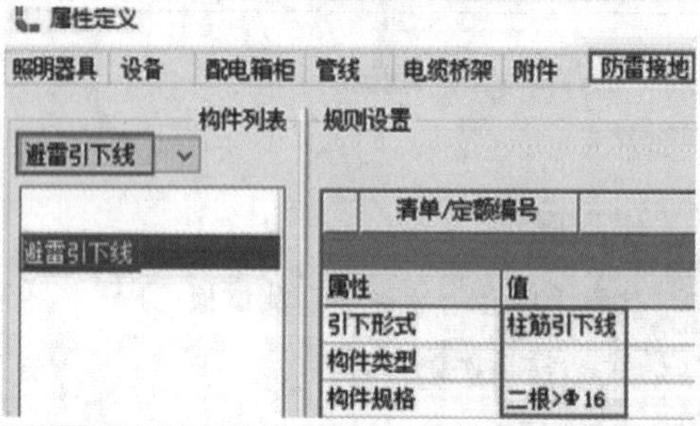	避雷引下线→利用柱钢筋两根	2×18 两根柱钢筋
4.14	避雷带	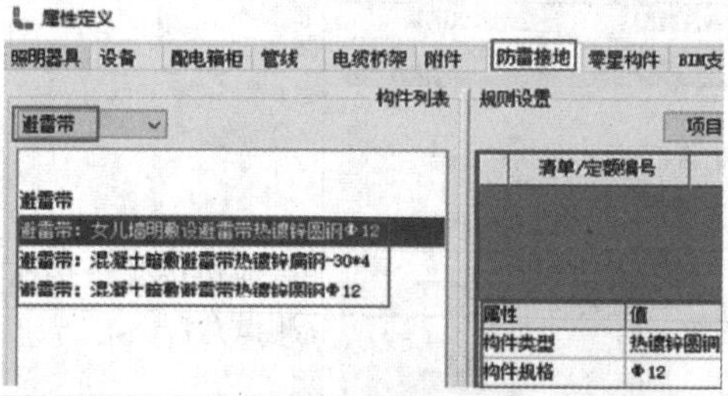	避雷带→明敷、暗敷两种	
4.15	沟槽	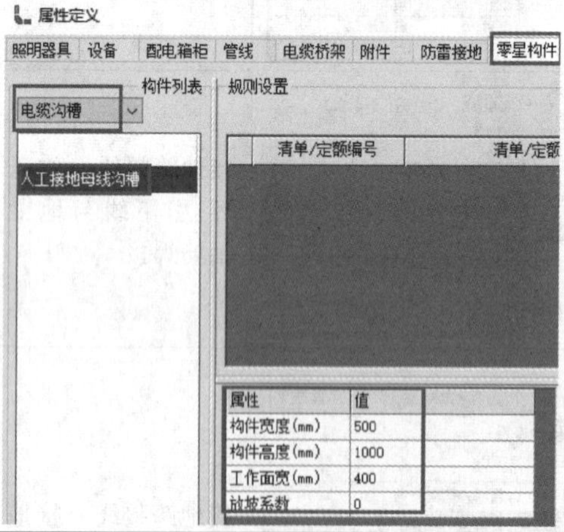	零星构件→电缆沟槽→新建人工接地母线沟槽	

6)建模绘图

防雷及接地系统建模一共分两大类构件:一种是点状构件,如避雷针、接地极、测试盒、测试板和系统调试等,点状构件可以直接根据给定标高分类点绘;另一种是线状构件,如避雷带、接地母线、引下线等,线状构件可以直接绘制,也可以进行 CAD 转化完成。防雷及接地建模绘图的具体操作如表 1.5.8 所示。

表 1.5.8　防雷及接地建模绘图

步骤	工作	图标	工具→命令	说明
5.1	避雷针		避雷针→标高设置	楼层相对标高
5.2	避雷网		避雷网→水平避雷带/垂直避雷带	楼层相对标高:起点标高/终点标高
5.3	接地母线		接地母线→水平接地母线/垂直接地母线/线变接地母线	楼层相对标高
5.4	引下线		引下线→水平桥架	工程相对标高:起点标高/终点标高

续表

步骤	工作	图标	工具→命令	说明
5.5	接地跨接线	接地跨接线 接地跨接线 标高设置 楼层相对标高(mm): 500	接地跨接线→测试板/测试盒/接地系统测试	楼层相对标高
5.6	接地母线沟槽	电缆桥架 3 桥架弯通 4 附件 5 防雷接地 6 零星构件 7 电缆沟槽 →0 电缆井 ←1 任意支架 ↑2 选布支架 ↓3 生成支架 ↗4 7层 零星构件 电缆沟槽 电缆沟槽 标高设置 楼层相对标高(mm): -1000	零星构件→电缆沟槽	楼层相对标高

7)汇总计算与形成工程量表

(1)汇总计算和形成系统表并导出

以上建模步骤完成以后,宜对照施工图再次进行检查,确认无误后即可进行工程量计算,形成系统表并导出报表,具体操作如表 1.5.9 所示。

表 1.5.9 汇总计算和形成系统表并导出

步骤	工作	图标	工具→命令	说明
6.1	工程量计算	工程量(Q) ! 工程量计算	工程量→工程量计算	
6.2	全部计算	⊙按楼层选择 ○按系统选择 楼层列表 全部 0 1 2,6 7 给排水 电气 暖通 消防 全部 N1 WL1	工程量计算→选择全部	
6.3	打开报表	计算状态 计算花费的时间:0小时0分钟20秒 计算完成! 打开报表　退出	计算监视器→打开报表	
6.4	条件统计	条件统计	条件统计→1层及以上/地下层	

续表

步骤	工作	图标	工具→命令	说明
6.5	输出	功能 打印　输出	功能→输出	
6.6	另存为 Excel 表		Office→另存为"防雷及接地系统计算书"	一般保存在桌面

（2）工程量表的整理及形成

通过建模获得的工程量是不全面、不规范的,不可直接使用,还必须按照《通用安装工程工程量计算规范》（GB 50856—2013）和《重庆市通用安装工程计价定额》（CQAZDE—2018）对工程预(结)算编制立项与工程量计算的要求,对其进行整理,主要是清单编号和项目特征的描述,具体操作如表 1.5.10 所示。

表 1.5.10　工程量表的整理及形成

步骤	工作	图标	工具→命令	说明
7.1	另建工程量表	防雷及接地系统工程量表	另存为→工程量表	
7.2	更改表名	查找和选择▼	查找→替换→工程量表	
7.3	不同计量单位的换算	$7×(0.1×0.06+0.16×2×0.05)×$ $1.5×7.85$	铁构件→个数换算为 kg	
7.4	调整工程量	$=557.145×2$	依据预算规则调整系数	
7.5	增加调试项目		增加系统调试项目	
7.6	隐藏不计项目		单击鼠标右键→隐藏(相同项)	
7.7	重新编排序号			隐藏与编排序号宜同步进行

实训任务

防雷及接地系统鲁班 BIM 建模实训任务

任务 1：采用某办公楼施工图完成本子分部工程的 BIM 建模。

任务 2：采用某医院施工图完成本子分部工程的 BIM 建模。

1.5.3 防雷及接地系统广联达 BIM 建模

下面以学生宿舍 D 栋防雷及接地系统为例介绍广联达 BIM 建模。

1)新建子分部工程文件夹

打开软件,建立防雷及接地系统文件夹,确定相关专业,这是建模的第一步,具体操作如表 1.5.11 所示。

表 1.5.11 新建子分部工程文件夹

步骤	工作	图标	工具→命令	说明
1.1	打开软件		广联达 BIM 安装计量 GQI2018	教材编写版本
1.2	新建工程	新建向导 打开工程	新建工程	
1.3	命名与保存	工程名称 某学校宿舍楼防雷及接地广联达BIM建模(示例一)	按本专业名称命名	保存在桌面
1.4	专业设置	工程保存地址 C:\Users\Administrator\Desktop 请选择工程文件默认保存的地址	工程类型:电气	
1.5	工程设置	计算规则 工程量清单项目设置规则(2013)	工程名称:某学校防雷及接地系统	
1.6	模式设置	清单库 工程量清单项目计量规范(2013-重庆) 定额库 重庆市安装工程计价定额(2008) 清单定额可以到工程设置中进行修改 工程类型 电气 (可选) 选择专业后软件能提供更加精准的功能服务 创建工程 取消	工程量清单项目设置规则(2013)/工程量清单项目计量规范(2013-重庆)/重庆市安装工程计价定额(2008)	清单定额可以不选择
1.7	楼层设置	楼层设置 插入楼层 删除楼层 上移 下移 编码 楼层名称 层高(m) 首层 底标高(m) 相同层数 板厚(mm) 1 7 屋顶楼梯间层 3.3 □ 19.8 1 120 2 2~6 第2~6层 3.3 □ 3.3 5 120 3 1 首层 3.3 ☑ 0 1 120 4 0 基础层 3 □ -3 500	楼层设置→增加(参考表 1.5.2)	地下层采用符号:-

2)导入 CAD 施工图

用广联达软件导图比较简单,直接进行图纸管理,分割定位图纸即可,如表 1.5.12 所示。定位点为中部楼梯间右下角外墙交点。

表1.5.12　广联达CAD施工图导入步骤

步骤	工作	图标	工具→命令	说明
2.1	图纸管理	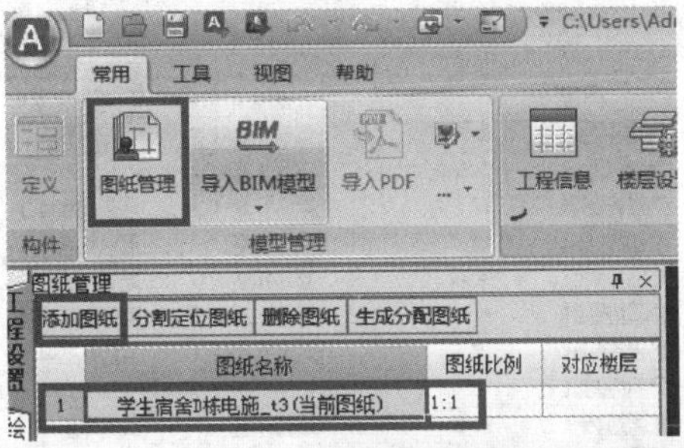	图纸管理→添加图纸	宿舍楼电气施工图
2.2	分割定位图纸	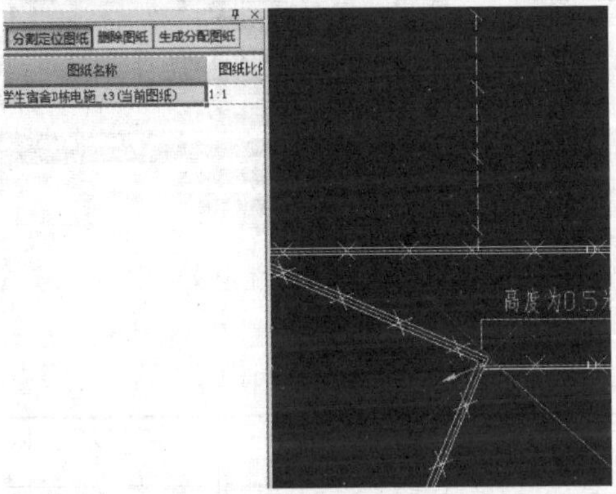	分割定位图纸→选择定位点	
2.3	分配图纸	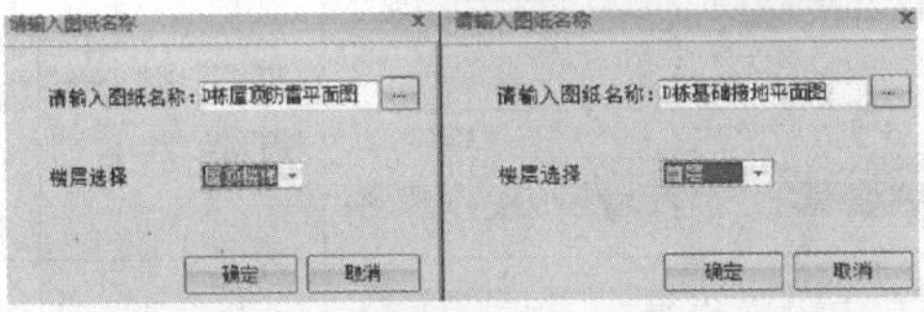	楼层选择对应图纸	
2.4	生成分配图纸	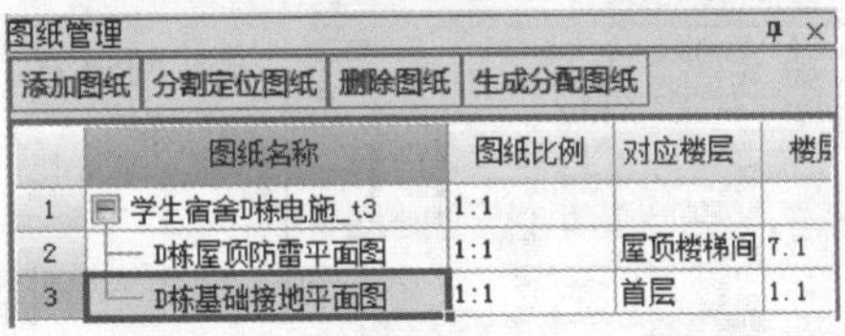	图纸管理→生成分配图纸	

3）属性定义

防雷及接地施工图上一般有接地极、接地母线、接地跨接线、避雷针、避雷引下线、避雷带,建模之前需要在属性定义中添加相应的构件,具体操作是:选择防雷接地专业,批量进行构件属性定义,如图1.5.2所示。

4）建模绘图

防雷及接地系统建模一共分两大类构件:一种是点状构件,如避雷针、接地极、测试盒、测试板和系统调试等,点状构件可以直接根据给定标高点绘布置;另一种是线状构件,如避雷带、接地母线、引下线等,线状构件可以直接绘制,也可以进行CAD转化完成。防雷及接地建

图 1.5.2　批量进行防雷接地构件属性定义

模绘图具体操作如表 1.5.13 所示。

表 1.5.13　防雷及接地建模绘图

步骤	工作	图标	工具→命令	说明
3.1	避雷针		避雷针→点绘	屋顶层建模
3.2	避雷网		避雷网→直线绘制	明敷、暗敷避雷网都直线绘制
3.3	避雷网		避雷网→布置立管(补画)	大多立管自动生成,没生成的补画立管,确定起点和终点标高
3.4	引下线		引下线→布置立管	工程相对标高:起点标高/终点标高
3.5	接地跨接线		接地跨接线→点绘	楼层相对标高

续表

步骤	工作	图标	工具→命令	说明
3.6	接地母线	复制构件　删除构件　直线绘制　回路识别　布置立管 构件类型　构件名称　材质　规格型号　起点标高(m)　终点标高(m) 均压环　均压环：地录钢防接地线 地录钢防4根　14*4　层底标高-0.55　层底标高-0.55 接地母线　户内接地母线　热镀锌扁钢　30*4　层底标高-1　层底标高-1	接地母线、均压环→直线绘制	楼层相对标高

5)汇总计算与形成工程量表

（1）汇总计算和形成系统表并导出

以上建模步骤完成以后,宜对照施工图再次进行检查,确认无误后即可进行工程量计算,形成工程量表并导出,具体操作如表1.5.14所示。

表 1.5.14　汇总计算和形成系统表并导出

步骤	工作	图标	工具→命令	说明
4.1	集中套用做法		集中套用使用"选择清单"命令	
4.2	汇总计算	✗删除　分类工... 复制...　Σ汇总计算　多图元 镜像　单图元 编辑图元　查量	工程量计算→选择全部	
4.3	输出	电气设备工程量汇总表 工程名称:某学校宿舍楼防雷及接地(广联达BIM建模)(示例一)		
4.4	另存为Excel表		Office→另存为"防雷及接地系统计算书(示例一)"	一般保存在桌面

（2）工程量表的整理及形成

与用鲁班软件建模获得的工程量一样,用广联达软件建模获得的工程量也是不全面、不规范的,不能直接采用,也必须按照《通用安装工程工程量计算规范》(GB 50856—2013)和《重庆市通用安装工程计价定额》(CQAZDE—2018)对工程预(结)算编制立项与工程量计算的要求进行整理,主要是清单编号和项目特征的描述。其操作与鲁班BIM建模相同。

1.6 防雷及接地系统识图实践

防雷及接地系统需结合建筑施工图和结构施工图进行阅读。工程造价专业的识图成果是为其后期的软件建模做准备的,因此本节以某学校宿舍楼 D 栋 CAD 施工图为例,以建立防雷及接地系统"BIM 建模构件属性定义参数表"为目标,来进行相关施工图的识读。

1.6.1 识读某学校宿舍楼防雷及接地系统建筑楼层信息

结合建筑施工图、结构施工图进行电气施工图的防雷及接地系统阅读,主要是从建筑施工图的立面图、剖面图、楼层层高表中获得宿舍楼的楼层信息。楼层层高表是 BIM 建模的基础,如表 1.6.1 所示;某学校宿舍楼建筑楼层阅读信息,如表 1.6.2 所示。

表 1.6.1　某学校宿舍楼 BIM 建模楼层设置参数表

工程及子分部名称:某学校宿舍楼防雷接地,基点:中间楼梯

间右下角处(㉚轴和Ⓐ轴交点处)　　　　　　编制人:　　　编制时间:

序号	施工图参数				模型参数			备注
	楼层表述	层底标高(m)	层顶标高(m)	层高(mm)	楼层表述	标高(m)	层高(mm)	
1	基础层	地圈梁底标高−0.550			基础层			
2	1层	0.000	3.300	3 300	1层	0.000	3 300	
3	2层	3.300	6.600	3 300	2层	3.300	3 300	
4	3层	6.600	9.900	3 300	3层	6.600	3 300	
5	4层	9.900	13.200	3 300	4层	9.900	3 300	
6	5层	13.200	16.500	3 300	5层	13.200	3 300	
7	6层	16.500	19.800	3 300	6层	16.500	3 300	
8	屋顶楼梯间	19.800	23.100	3 300	屋顶楼梯间	19.800	3 300	

表 1.6.2　某学校宿舍楼建筑楼层阅读信息

阅读目标	图纸来源	图纸示意
层数	建筑施工图——立面图或剖面图;结构施工图层高表	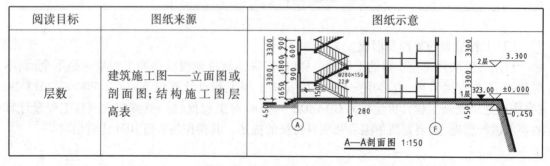

续表

阅读目标	图纸来源	图纸示意
层高	建筑施工图——立面图或剖面图;结构施工图层高表	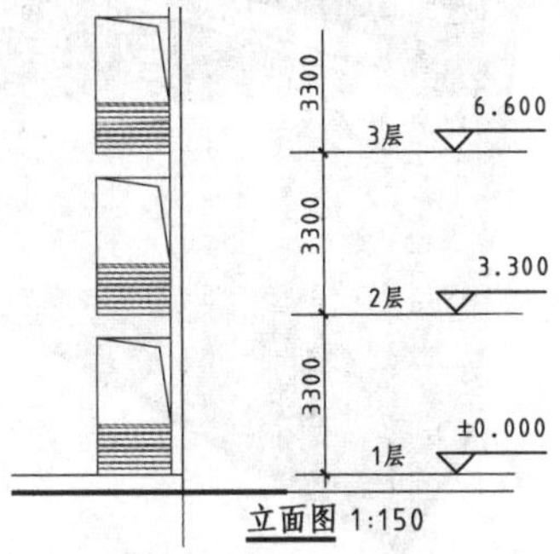 立面图 1:150
标高	建筑施工图——立面图、剖面图,平面图偶有标注;结构施工图层高表	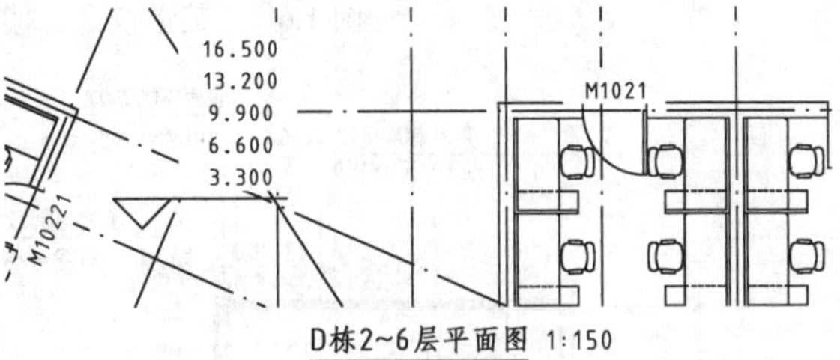 D栋2~6层平面图 1:150
屋顶女儿墙标高	建筑施工图——屋顶平面图、立面图、剖面图	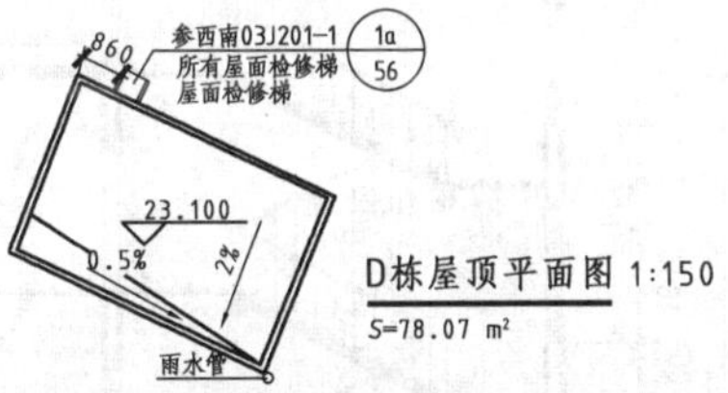 D栋屋顶平面图 1:150 S=78.07 m²
基础布置标高	结构施工图——基础平面图、基础大样图	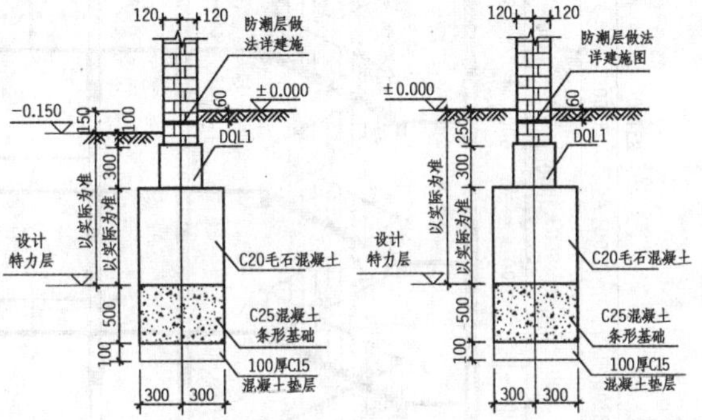 1—1 2—2

由某学校宿舍楼建筑施工图和结构施工图,建立三维模型如图 1.6.1 所示。其中,屋顶不同位置女儿墙的标高是重点。屋顶避雷针、避雷带和避雷网敷设位置如图 1.6.2 所示。

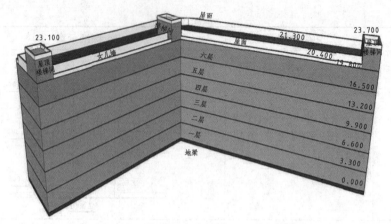

图 1.6.1　某学校宿舍楼楼层三维模型图

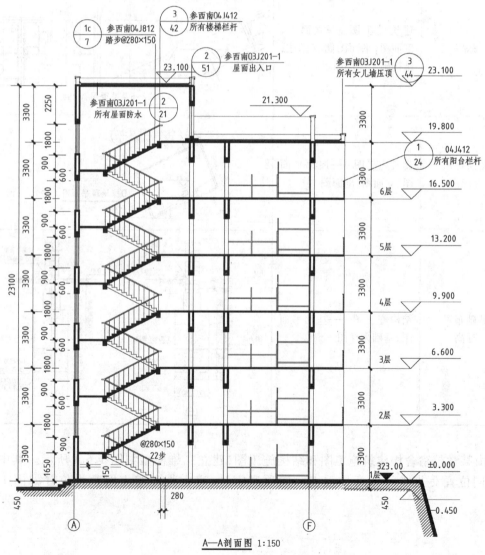

A—A剖面图 1:150

图 1.6.2　某学校宿舍楼 A—A 剖面图

电气施工图中防雷及接地系统施工图主要是屋顶防雷接地施工图和接地装置施工图。屋顶防雷平面图主要是避雷带、避雷网、避雷针的敷设位置和说明。避雷带、避雷网、避雷针的敷设位置一般位于屋顶女儿墙或相关构架、构件处,因此需要详细阅读建筑施工图的屋顶平面图和立面图,获取建筑物屋顶女儿墙或相关构架、构件的标高。接地装置施工图主要是基础结构处接地装置的构造和敷设内容,阅读时须配合相应的结构施工图进行识读分析。

1.6.2　识读某学校宿舍楼防雷及接地系统接闪器

接闪器包括避雷针、避雷带、避雷网等,因此需阅读电气施工图的防雷及接地系统施工图、建筑施工图,来获得避雷针、避雷带、避雷网的材质、规格、安装敷设方式等信息,汇总如表1.6.3所示。

表1.6.3　某学校宿舍楼防雷及接地系统接闪器图纸阅读信息

阅读目标	图纸来源	图纸示意	释义
避雷针	电气施工图——屋顶防雷平面图、设计说明	D栋屋顶防雷平面图 1:120	名称:避雷短针 规格:0.5 m长 材质:同避雷网 安装位置:女儿墙避雷网上,和避雷网焊接一起
避雷网(清单和定额避雷带、避雷网统称避雷网)	电气施工图——屋顶防雷平面图、设计说明	八、防雷接地系统 8.1　经计算本工程预计雷击次数大于0.06次/a,故按第二类防雷建筑物进行设防。 8.2　接闪器:在屋顶女儿墙顶四周用热镀锌大于φ12圆钢明架设避雷带,支撑架高0.2 m,间距1.0 m,利用屋面钢性内钢筋并在屋面上装设不大于10 m×10 m或12 m×8 m的网格。所有屋顶高出避雷带的金属构件均须与避雷带作可靠联结。屋面内所有穿线管均采用钢管。接闪器焊接处应涂防锈漆。 大于φ12热镀锌圆钢沿女儿墙明敷设,大于φ12热镀锌圆钢支撑	名称:避雷带 材质规格:φ12热镀锌圆钢 敷设方式:φ12热镀锌圆钢支撑在女儿墙上明敷,支撑高0.2 m,支撑间距1.0 m
避雷网	电气施工图	八、防雷接地系统 8.1　经计算本工程预计雷击次数大于0.06次/a,故按第二类防雷建筑物进行设防。 8.2　接闪器:在屋顶女儿墙顶四周用热镀锌大于φ12圆钢明架设避雷带,支撑架高0.2 m,间距1.0 m,利用屋面钢性内钢筋并在屋面上装设不大于10 m×10 m或12 m×8 m的网格。所有屋顶高出避雷带的金属构件均须与避雷带作可靠联结,屋面内所有穿线管均采用钢管。接闪器焊接处应涂防锈漆。	名称:避雷网 材质规格:热镀锌扁钢

续表

阅读目标	图纸来源	图纸示意	释义
避雷网	电气施工图	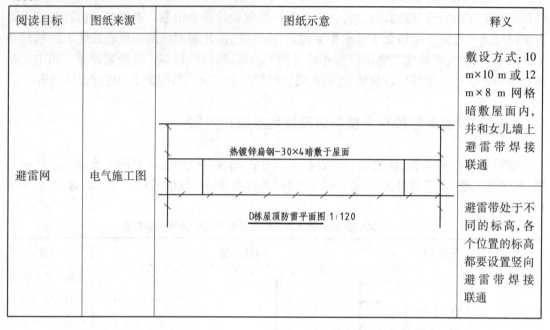	敷设方式:10 m×10 m 或 12 m×8 m 网格暗敷屋面内,并和女儿墙上避雷带焊接联通
			避雷带处于不同的标高,各个位置的标高都要设置竖向避雷带焊接联通

依据施工图的详细信息,建立接闪器的三维模型,如图 1.6.3 至图 1.6.7 所示。各种水平敷设的避雷带和避雷网的位置如 CAD 施工图所示,但是不同高度的避雷带之间、避雷带与避雷网之间都要通过竖向避雷带进行焊接联通。这些竖向的避雷带在 CAD 施工图上没有标识,需要根据不同标高的避雷带、避雷网的标高差来确定其长度。

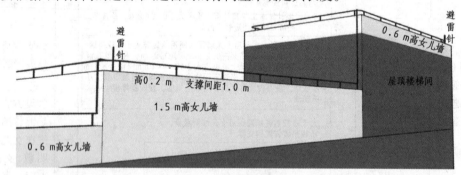

图 1.6.3　宿舍楼屋顶避雷带敷设三维模型

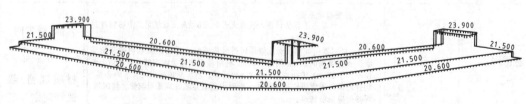

图 1.6.4　某学校宿舍楼屋顶不同高度避雷带联结三维模型

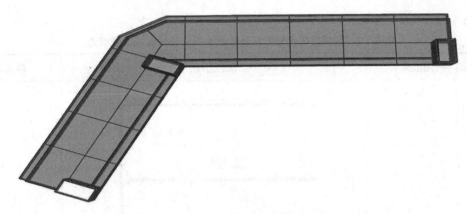

图 1.6.5 某学校宿舍楼暗敷避雷网三维模型

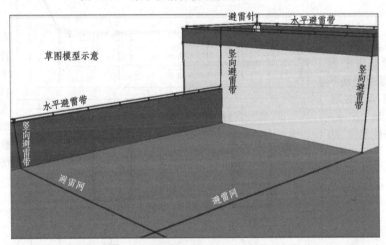

图 1.6.6 某学校宿舍楼避雷带和避雷网联结三维模型

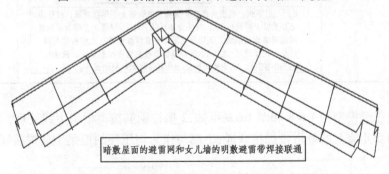

图 1.6.7 某学校宿舍楼避雷带和避雷网联结三维模型

1.6.3 识读某学校宿舍楼防雷及接地系统引下线

防雷及接地系统施工图中的引下线一般情况下由结构柱钢筋作为引下线,上端和屋顶的接闪器焊接联通,下部和接地体焊接联通,因此引下线的图纸阅读信息与结构施工图中结构柱的信息相关,同时还必须考虑和上部接闪器及下部接地体焊接联通。引下线图纸阅读信息如表 1.6.4 和表 1.6.5 所示。

表 1.6.4　某学校宿舍楼防雷及接地系统引下线图纸阅读信息

阅读目标	图纸来源	图纸示意	释义
引下线	电气施工图——屋顶防雷平面图、基础接地平面图、设计说明　结构施工图——柱子配筋图、结构平面配筋图	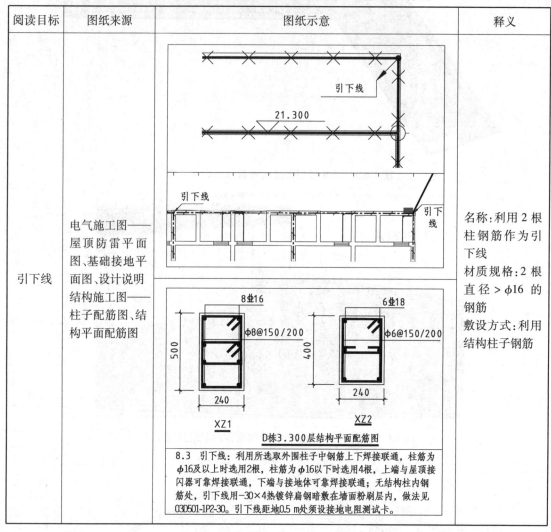	名称:利用 2 根柱钢筋作为引下线　材质规格:2 根直径 > φ16 的钢筋　敷设方式:利用结构柱子钢筋

引下线三维模型图 1.6.8 和图 1.6.9 可知,2 根柱钢筋按 1 根引下线处理,上部敷设 1 根竖向避雷带和女儿墙上的避雷带焊接联通;下部与作为均压环的地梁钢筋焊接联通。

1.6.4　识读某学校宿舍楼防雷及接地系统接地装置

某学校宿舍楼接地装置主要有两大类组成:一类利用地梁钢筋作为自然接地体,另一类是专门敷设人工接地体,自然接地体和人工接地体必须焊接联通,详细信息如图 1.6.10 和图 1.6.11 所示。某学校宿舍楼防雷及接地系统接地装置图纸阅读信息详见表 1.6.5 和表 1.6.6。

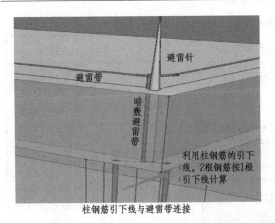

柱钢筋引下线与避雷带连接　　　　引下线和接地体(地梁钢筋焊接联通)

图 1.6.8　某学校宿舍楼引下线联结三维模型

利用柱钢筋作为引下线，2根柱钢筋按1根
引下线处理，共17根引下线

图 1.6.9　某学校宿舍楼引下线三维模型

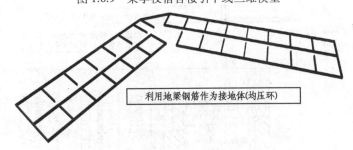

利用地梁钢筋作为接地体(均压环)

图 1.6.10　某学校宿舍楼自然接地体(均压环)三维模型

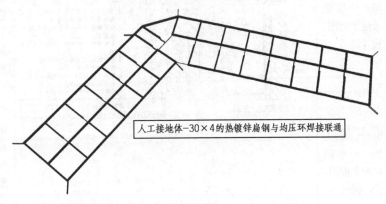

人工接地体-30×4的热镀锌扁钢与均压环焊接联通

图 1.6.11　某学校宿舍楼接地体焊接联通三维模型

表 1.6.5　某学校宿舍楼防雷及接地系统接地装置图纸阅读信息

阅读目标	图纸来源	图纸示意	释义
接地母线 (均压环)	电气施工图——基础接地平面图、设计说明 结构施工图——基础结构平面配筋图、圈梁详图	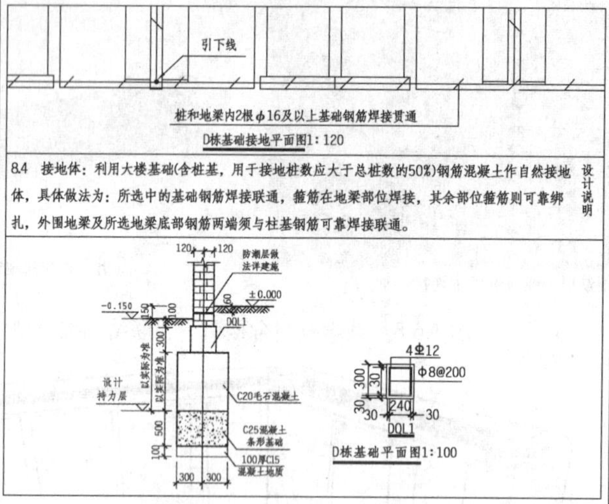 引下线 柱和地梁内2根φ16及以上基础钢筋焊接贯通 D栋基础接地平面图1:120 8.4　接地体:利用大楼基础(含桩基,用于接地桩数应大于总桩数的50%)钢筋混凝土作自然接地体,具体做法为:所选中的基础钢筋焊接贯通,箍筋在地梁部位焊接,其余部位箍筋则可靠绑扎,外圈地梁及所选地梁底部钢筋两端须与柱基钢筋可靠焊接联通。　设计说明	名称:接地母线(均压环:利用圈梁钢筋作接地体时按均压环录清单和定额) 材质规格:4根直径<φ16的钢筋(结构图中地梁钢筋为φ12) 敷设方式:利用4根圈梁纵筋
接地母线	电气施工图——基础接地平面图、设计说明	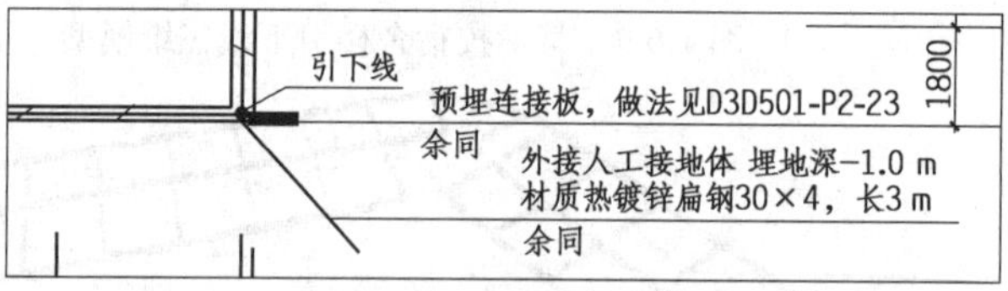 引下线 预埋连接板,做法见D3D501-P2-23 余同 外接人工接地体 埋地深-1.0 m 材质热镀锌扁钢30×4,长3 m 余同	名称:接地母线 材质规格:-30×4热镀锌扁钢 敷设方式:埋地敷设,埋深-1.0 m。与地梁钢筋焊接联通
接地电阻测试板	电气施工图——基础接地平面图、设计说明	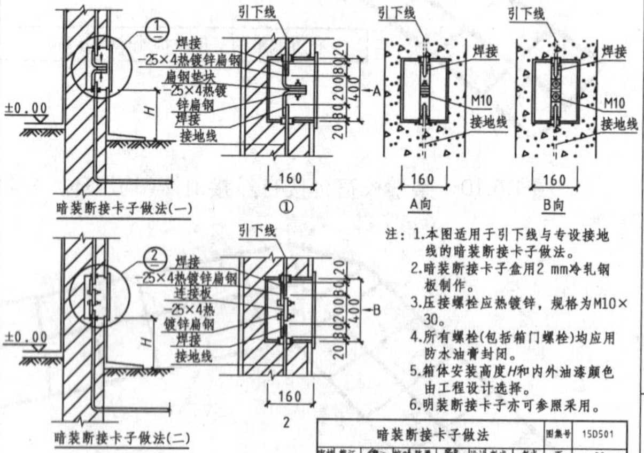 暗装断接卡子做法(一) 暗装断接卡子做法(二) 注:1.本图适用于引下线与专设接地线的暗装断接卡子做法。 2.暗装断接卡盒用2 mm冷轧钢板制作。 3.压接螺栓应热镀锌,规格为M10×30。 4.所有螺栓(包括箱门螺栓)均应用防水油膏密封。 5.箱体安装高度H和内外油漆颜色由工程设计选择。 6.明装断接卡子亦可参照本图。 暗装断接卡子做法　15D501　29	名称:接地测试板 材质规格:150×60×6钢板 敷设方式:与引下线柱钢筋焊接联通,暗敷在柱内
接地电阻测试盒	电气施工图——基础接地平面图、设计说明		名称:接地测试盒 材质规格:150×60×50 δ1.5 mm 敷设方式:柱子表面的装饰层内

阅读目标	图纸来源	图纸示意	释义
接地电阻测试	验收规范		电阻测试一般由接地极或接地网的数量确定,该施工图中测试板一共有 7 处,系统电阻测试即为 7 个系统

　　某学校宿舍楼接地装置中其他项目主要是接地电阻测试板、接地电阻测试盒、接地系统电阻测试,详细阅读过程如表 1.6.5 和表 1.6.6 所示。某学校宿舍楼接地电阻测试板和测试盒的三维模型如图 1.6.12 所示。测试板和测试盒的具体做法主要来自标准图集,标准图集也是图纸阅读的重要补充。

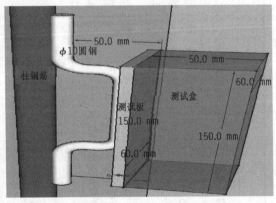

图 1.6.12　某学校宿舍楼接地电阻测试板和测试盒三维模型

　　通过上述识读,建立防雷及接地 BIM 建模构件属性定义参数表,如表 1.6.6 所示。

表 1.6.6　防雷及接地 BIM 建模构件属性定义参数表

工程及子分部名称:宿舍楼防雷及接地子分部,基点:中间楼梯间右下角处(⑤轴和Ⓐ轴交点处)

编制人：　　　　　　编制时间：

序号	构件类别	属性定义参数			建模参数			备注
		构件名称（及特征）	构件类型	构件规格	用途及标高关系	用途及标高关系	用途及标高关系	
1	避雷针	0.5 m避雷网上避雷小短针	点状构件	0.5 m热镀锌圆钢	屋顶1.5 m女儿墙上避雷网上（19.8+1.5+0.2）m	屋顶1.5 m女儿墙上避雷网上（23.1+0.2）m		
2		φ12 热镀锌圆钢明敷女儿墙上避雷网	（水平）线状构件	φ12 热镀锌圆钢敷设,φ12 热镀锌圆钢支撑	屋顶0.6 m女儿墙上避雷网上（19.8+0.6+0.2）m	屋顶0.6 m女儿墙上避雷网上（19.8+0.6+0.2）m	屋顶楼梯间屋顶女儿墙上避雷网上（23.1+0.6+0.2）m	屋顶标高19.8 m 和楼梯间屋顶23.1 m
3		-30×4 热镀锌扁钢暗敷屋面避雷网	（水平）线状构件	-30×4 热镀锌扁钢	屋顶标高19.8 m			
4	避雷网	不同标高避雷网焊接联通之竖向明敷避雷网	（水平）线状构件	φ12 热镀锌圆钢	（19.8+1.5+0.2）m 与（19.8+0.6+0.2）m之间	（19.8+1.5+0.2）m 与（23.1+0.6+0.2）m之间	（19.8+0.6+0.2）m 与（23.1+0.6+0.2）m之间	
5		明敷与暗敷避雷网暗敷于女儿墙内的 φ12 热镀锌圆钢焊接联通	（垂直）线状构件	φ12 热镀锌圆钢	19.8 m 与（19.8+1.5+0.2）m之间	19.8 m 与（23.1+0.6+0.2）m之间	19.8 m 与（23.1+0.6+0.2）m之间	
6		引下线与避雷带联通暗敷 φ12 热镀锌圆钢避雷带	（垂直）线状构件	φ12 热镀锌圆钢	19.8 m 与（19.8+0.6+0.2）m之间	23.1 m 与（23.1+0.6+0.2）m之间		
7	避雷引下线	利用 2 根柱钢筋作为引下线	（垂直）线状构件	2 根直径大于 φ16 的钢筋	-0.55 m 与23.1 m之间	-0.55 m 与19.8 m之间		

序号		名称	类型	规格	标高/敷设
8		均压环：利用 4 根地梁钢筋	(水平)线状构件	4 根直径小于 φ16 的地梁钢筋	地梁底部标高-0.55 m
9	接地母线	户内接地母线	(水平)线状构件	-30×4 热镀锌扁钢	埋地敷设-1.0 m
10			(水平)线状构件		
11		接地测试板	点状构件	钢板 150×60×6	地面上 0.5 m
12	接地跨接线	接地测试盒	点状构件	测试保护盒制作安装钢板 150×50×60,δ1.5	地面上 0.5 m
13		独立接地装置电阻测试	点状构件		地面上 0.5 m

1.7　防雷及接地系统识图理论

准确阅读防雷及接地系统施工图,还必须掌握设计说明中引述的标准图集。防雷及接地系统常用的标准图集有《建筑物防雷设施安装》(15D501)、《等电位联结安装》(15D502)、《利用建筑物金属体做防雷及接地装置安装》(15D503)、《接地装置安装》(14D504)等。本节根据防雷及接地施工图的组成,主要讲解以下内容:高层建筑防雷及接地系统构成、防雷接闪器安装典型节点大样、防雷引下线安装典型节点大样、等电位联结安装典型节点大样、接地干线敷设典型节点大样、接地装置安装典型节点大样。

常见的防雷及接地子分部工程的构成如图 1.7.1 所示。

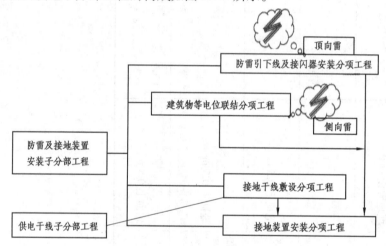

图 1.7.1　防雷及接地子分部工程构成

1.7.1　高层建筑防雷及接地系统构成

高层建筑防雷及接地系统构成见标准图集《利用建筑物金属体做防雷及接地装置安装》(15D503),如表 1.7.1 所示。

表1.7.1

表 1.7.1　高层建筑防雷及接地系统构成标准图集摘录

名称	页码	摘要
高层建筑的防雷措施	55	屋顶金属栏杆可以作接闪器,侧击雷主要是设置均压环

1.7.2　防雷接闪器安装典型节点大样

避雷带在天沟、屋面、女儿墙上安装见标准图集《建筑物防雷设施安装》(15D501),如表 1.7.2 所示。

表1.7.2

表 1.7.2　避雷带在天沟、屋面、女儿墙上安装标准图集摘录

名称	页码	摘要
避雷带在天沟、屋面、女儿墙上安装之一	16	避雷网的支撑高度一般为 150～200 mm；屋面安装使用混凝土块
避雷带在天沟、屋面、女儿墙上安装之二	17	避雷网的支撑高度一般为 150～200 mm；屋面安装使用混凝土块
避雷带和避雷短针在女儿墙上安装	18	避雷网和引下线之间通过接地端子板焊接联通
坡屋顶防雷装置	31	沿着屋脊、坡屋面敷设
折板屋面防雷装置安装	33	折板支架工效等同坡屋面
屋面非金属物防雷装置安装	41	屋顶非金属水箱、冷却塔顶防雷带连接女儿墙避雷带
航空障碍灯防雷装置安装	43	航空障碍灯旁加装接闪杆；通过底板接地线连接女儿墙避雷带

1.7.3　防雷引下线安装典型节点大样

防雷引下线安装典型节点大样见标准图集《建筑物防雷设施安装》(15D501)和《利用建筑物金属体做防雷及接地装置安装》(15D503)，如表 1.7.3 所示。

表1.7.3

表 1.7.3　防雷引下线安装典型节点大样标准图集摘录

名称	页码	摘要
避雷线与防雷引下线固定；防雷引下线和接地线固定	24(15D501)	避雷网的固定；避雷网与引下线连接；水平接地线与接地引下线连接；屋面安装使用混凝土块
利用建筑钢筋防雷引下	28(15D503)	接地线用 $\phi10$ 圆钢引上至避雷带；柱主筋与圈梁钢筋连接处
明装防雷引下线和接地断接卡	29(15D501)	接地断接卡

1.7.4　等电位联结安装典型节点大样

表1.7.4

等电位联结安装典型节点大样见标准图集《利用建筑物金属体做防雷及接地装置安装》(15D503)和《等电位联结安装》(15D502)，如表 1.7.4 所示。

表 1.7.4　等电位联结安装典型节点大样标准图集摘录

名称	页码	摘要
玻璃幕墙与防雷装置连接	23（15D503）	通过女儿墙内预埋的金属构件和幕墙的金属立柱焊接
金属门窗与防雷装置连接	26（15D503）	ϕ10 圆钢从梁内钢筋引向窗体一般长度为 1.2 m
总等电位联结关系图解	14（15D502）	金属管道、配电箱 PE 联结、金属外层与总等电位联结
浴卫间局部等电位联结典型方案	18（15D502）	卫浴金属管道与等电位联结接线盒

1.7.5　接地干线敷设典型节点大样

接地干线敷设典型节点大样见标准图集《接地装置安装》（14D504），如表 1.7.5所示。

表 1.7.5　接地干线敷设典型节点大样标准图集摘录

名称	页码	摘要
电缆沟支架接地干线	49	接地线沿电缆沟壁安装
室内接地母线——上方绕门 室内接地母线——下方绕门	54	接地线过门安装
利用金属桥架作接地线	14	接地线沿电缆桥架敷设安装
接地线过沉降缝等	18	在建筑伸缩缝、沉降缝接地线安装

1.7.6　接地装置安装典型节点大样

接地装置安装典型节点大样见标准图集《接地装置安装》（14D504），如表 1.7.6所示。

表 1.7.6　接地装置安装典型节点大样标准图集摘录

名称	页码	摘要
室内接地线与室外接地极连接	37	室内接地线与室外接地网连接
埋地的带型接地极安装	18	埋地的带型接地极安装
型钢类接地体安装	28	采用降阻剂棒型、管型、角钢接地极安装
独立基础利用钢筋作接地极	24	利用钢筋混凝土基础中的钢筋作接地极安装
桩承台接地极	26	利用钢筋混凝土基础中的钢筋作接地极安装

习题

1.单项选择题

1)上人屋面暗装避雷带与女儿墙上避雷带之间(　　　)。

A.不用连接 　　　　　　　　　　　　B.可连接可不连接

C.必须连接 　　　　　　　　　　　　D.暗装时必须连接

2)屋顶非金属冷却塔顶防雷带连接(　　　)。

A.避雷针 　　　　　B.女儿墙避雷带 　　　　C.引下线 　　　　D.接地极

3)利用建筑主钢筋作引下线至屋面后,一般采用(　　　)连接女儿墙避雷带。

A.φ6 圆钢 　　　　B.φ8 圆钢 　　　　C.φ10 圆钢 　　　　D.φ12 圆钢

4)高于 30 m 的高层建筑外墙金属门窗和金属栏杆等外露金属物体,通常采用(　　　)与防雷装置连接。

A.φ10 圆钢 　　　　B.φ12 圆钢 　　　　C.φ14 圆钢 　　　　D.φ16 圆钢

5)需要设置均压环的楼层,若建筑物外侧圈梁不连续时,应(　　　)。

A.不用连接 　　　　　　　　　　　　B.可连接可不连接

C.必须连接 　　　　　　　　　　　　D.必须采用圆钢或扁钢导体焊接

6)将同层的某一个区域可导电物体连接在一起的做法,称为(　　　)。

A.等电位联结 　　　B.辅助等电位联结 　　　C.局部等电位联结 　　　D.总等电位联结

7)建筑物的独立基础作接地极时(　　　)。

A.不用连接 　　　　　　　　　　　　B.可连接可不连接

C.绑扎连接 　　　　　　　　　　　　D.必须采用圆钢或扁钢导体焊接

2.多项选择题

1)屋面的(　　　)均需要与女儿墙避雷带连接。

A.塑料通气管 　　　　　　　　　　　B.金属排水管 　　　　C.金属旗杆

D.金属风机 　　　　　　　　　　　　E.金属灯柱

2)变配电室内的接地母线敷设时(　　　)。

A.距地高度满足设计要求 　　　　　　B.贴墙

C.距离墙面一定距离 　　　　　　　　D.遇门窗孔洞时,应从上方或下方绕行

E.与接地装置的连接不少于两处

3)以下(　　　)均可用作接地极。

A.混凝土桩基钢筋笼 　　　　　　　　B.混凝土柱钢筋 　　　　C.结构钢柱

D.各类型钢埋地体 　　　　　　　　　E.铜板或铜带埋地体

1.8 防雷及接地系统手工计量

防雷及接地系统手工计量是一项传统工作,随着 BIM 建模技术的推广,手工计量在造价活动中所占的份额会大大减少,但不会消失。因此,学习者有必要了解手工计量的相关知识,掌握基本的操作技能。

1.8.1 工程造价手工计量方式概述

1)工程造价手工计量方式

(1)工程造价手工计量的概念

①手工计量是一种传统的计量方式,也是特定历史时期的一种工作模式;

②手工计量的主要工作体现为"识图与立项"和"测量与计算"两种行为;

③做好手工计量工作的前提是看懂施工图,熟悉施工工艺,掌握工作程序和方法,具有耐心细致的工作作风;

④手工计量可以弥补 BIM 建模对"施工图节点"表达不易或不宜的缺陷。

(2)工程造价手工计量方式的工作程序

手工计量是一项必须遵守程序的工作,具体的程序如图 1.8.1 所示。

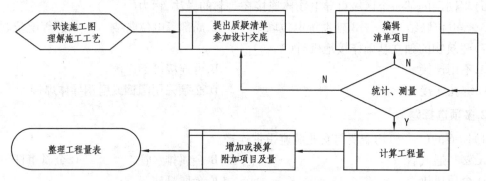

图 1.8.1 手工计量的工作程序

2)安装工程造价工程量手工计算表

手工计量宜采用规范的计算表格,如表 1.8.1 所示。

表 1.8.1 安装工程造价工程量手工计算表(示例)

工程名称:学生宿舍 D 栋   子分部工程名称:防雷及接地系统

项目序号	部位序号	编号/部位	项目名称/计算式	系数	单位	工程量	备注
1			避雷针:高度 0.5 m 避雷短针(避雷网上安装)		根	7	
	①	23.1 m 标高屋面女儿墙	3			3	
	②	21.3 m 标高女儿墙	4			4	

项目序号	部位序号	编号/部位	项目名称/计算式	系数	单位	工程量	备注
2			避雷网:热镀锌圆钢 $\phi12$ 沿女儿墙明敷设		m	352.72	
	①	23.1 m 标高屋面女儿墙	$(1.5+2.1+1.8+5.1)\times2\times3$	1.039		65.46	
	②	21.3 m 标高女儿墙	$(2.1+5.1)\times2+46.92+58.02+9.57$	1.039		133.94	
	③	19.8 m 标高屋面 最外沿女儿墙	$1.8\times2+46.92+58.02+11.43$	1.039		124.65	
	④	不同屋面标高之差	$(23.1+0.6-21.3)\times2\times3+$ $(23.1+0.6-19.8-0.6)\times4$	1.039		28.68	
3			避雷网:热镀锌扁钢−30×4 沿屋面暗敷设		m		
	①	19.8 m 标高屋面水平					
	②	连接 23.1 m 标高屋面女儿墙避雷带					
	③	连接 21.3 m 标高女儿墙避雷带					

1.8.2　安装工程手工计量的程序和技巧

1)以科学的识图程序为前提

(1)安装工程识图的主要程序

①第 1 步:读图纸目录和设计总说明,了解工程全景。

②第 2 步:读设备材料表和图例符号说明,理解图纸的基础信息。

③第 3 步:读建筑施工图和结构施工图,掌握标高、门窗、吊顶等相关信息。

④第 4 步:先读系统图,理解工作原理;然后读平面图,掌握构件与建筑物之间的空间关系。

(2)识读系统图和平面图的技巧

①宜以"流向"为主线,确定"系统的起点";

②防雷及接地系统应从屋顶防雷平面图的避雷针和避雷带为起点,随着线路的走向引到基础防雷平面图至桩底。

2)立项的技巧

①从点状设备(如避雷针)开始,顺电流流向避雷带,再避雷引下线(包括断接卡子或接地测试板)、均压环(包括利用地梁钢筋作接地极),最后到接地极(包括桩);

②测试板处必须考虑有"铁构件(箱盒制作)";

③必须考虑接地母线项目;

④再考虑附加长度3.9%等;

⑤不可遗漏接地装置测试项目。

3)计量的技巧

①依据已经确立清单项目的顺序依次进行。

②区分不同楼层作为部位的第一层级关系。

③先计算屋顶防雷平面图的相关项目,应特别注意不同标高的构件之间"应连接成网"的概念;然后计算基础防雷平面图的相关项目,应特别注意"柱主筋与圈梁连接"和"接地跨接处"项目的计算,以及利用4根钢筋后的比例系数调整。

④使用具有汇总统计功能的计量软件。

1.8.3 防雷及接地系统在 BIM 建模后的手工计量

1)针对不宜在 BIM 建模中表达的项目

采用 BIM 技术建模,从提高工作效率的角度出发,并不需要建立工程造价涉及的所有定额子目,因此需要采用手工计量的方式补充必要的项目。防雷及接地系统常见的需要采用手工计量的项目如下:

①铁构件(箱盒制作):对应测试板处的保护盒;

②接地跨接处:屋面突出的金属物连接。

2)特殊部位的立项及核算

特殊部位的立项及核算主要是调试项目的立项及核算。

1.9 防雷及接地系统招标工程量清单编制

本节以学生宿舍 D 栋已经形成的 BIM 模型工程量表为基础,按照《通用安装工程工程量计算规范》(GB 50856—2013)的规定,编制防雷及接地系统招标工程量清单。

1.9.1 建立预算文件体系

建立预算文件体系是招标工程量清单编制的基础工作,操作程序可参照 1.4.2 节中的相应内容,主要区别是新建项目时选择"新建招标项目"。

1.9.2 编制工程量清单

1)建立分部和子分部,添加清单项目

建立清单项目就是依据"防雷及接地系统工程量表"的数据,按照《通用安装工程工程量

计算规范》(GB 50856—2013)的规定,进行相应的编制工作。操作可分成以下两个阶段:

(1)添加项目及工程量

添加项目及工程量的具体操作如表 1.9.1 所示。

表 1.9.1 添加项目及工程量

步骤	工作	图标	工具→命令	说明
1.1	建立分部		下拉菜单→安装工程→电气设备安装工程	
1.2	建立子分部	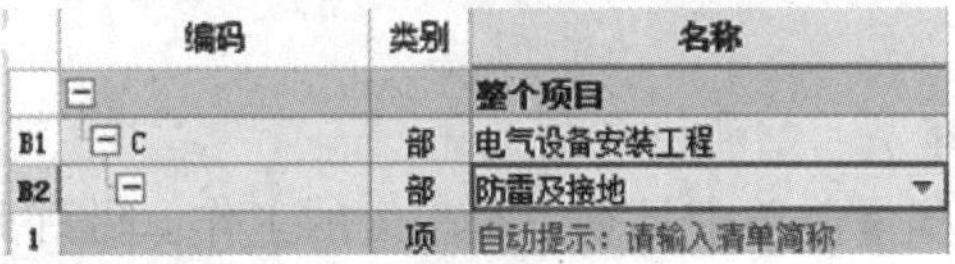	单击鼠标右键增加子分部,输入防雷及接地系统	
1.3	添加项目	 查询	查询→查询清单	
1.4	选择项目	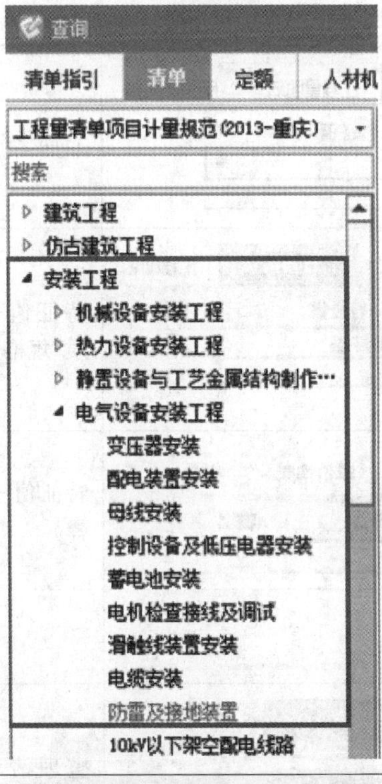	查询→清单→安装工程→电气设备安装工程→防雷及接地装置→项目	
1.5	修改名称	 编辑[名称] 等电位端子箱:总等电位端子箱MEB	名称→选中→复制→粘贴(表格数据)	

续表

步骤	工作	图标	工具→命令	说明
1.6	修改工程量	**工程量表达式** 3.00 ...	工程量表达式→选中→复制→粘贴（表格数据）	
1.7	逐项重复以上操作			

（2）编辑项目特征和工作内容

编辑项目特征是编制招标工程量清单中具有一定难度的工作。做好此工作,必须要掌握清单计价的理论,并且熟悉施工图设计要求和理解施工工艺。工作内容是依据项目特征进行选择的,具体操作如表1.9.2所示。

表1.9.2　编辑项目特征和工作内容

步骤	工作	图标	工具→命令	说明
2.1	选择特征命令	**特征及内容**　工程量明细　反 **特征值** ▼	名称→特征及内容	
2.2	编辑项目特征	换算信息　安装费用　**特征及内容**　工程量明 特征　特征值　输出 1 名称　总等电位端子箱　☑ 2 材质　钢板成品　▼　☑ 3 规格　MEB　☑	特征值→名称/材质/规格等	
2.3	编辑工作内容	工料机显示　单价构成　标准 工作内容　输出 1 本体安装　☑	特征值→输出（选择）	
2.4	逐项重复以上操作			
2.5	清单排序	☑ 清单排序 ○ 重排流水码 ◉ 清单排序 ○ 保存清单顺序	整理清单→清单排序	

2）导出报表

（1）选择报表的依据

根据《重庆市建设工程费用定额》（CQFYDE—2018）的规定，选择相应的表格，如图 1.9.1 所示。

重庆市建设工程费用定额

（二）使用计价表格规定

1.工程计价采用统一计价表格格式，招标人与投标人均不得变动表格格式。

2.工程量清单编制应符合下列规定：

（1）使用表格：封-1、表-01、表-08、表-09、表-10、表11、表-11-1~表-11-5、表-12、表-19、表-20或表-21。

（2）填写要求：

1）封面应按规定的内容填写、签字、盖章，由造价人员编制的工程量清单应有负责审核的造价工程师签字、盖章。受委托编制的工程量清单，应有造价工程师签字、盖章以及工程造价咨询人盖章。

2）总说明应按下列内容填写：

①工程概况：建设规模、工程特征、计划工期、施工现场实际情况、自然地理条件、环境保护要求等。

②工程招标和专业发包范围。

③工程量清单编制依据。

④工程质量、材料、施工等的特殊要求。

⑤其他需要说明的问题。

图 1.9.1　选择报表的依据

（2）选择报表的种类

工程量清单用于招标人组织编制招标控制价和投标人依据此编制投标预算书，其使用的格式应符合《重庆市建设工程费用定额》（CQFYDE—2018）的规定，如图 1.9.2 所示。

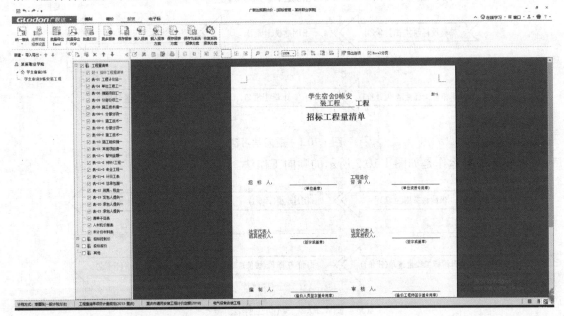

图 1.9.2　选择报表的种类

（3）报表的导出

报表导出到招标文件夹，如图 1.9.3 所示。

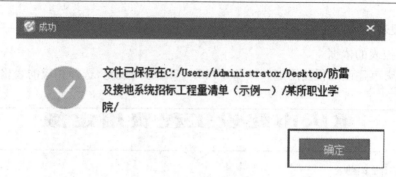

图 1.9.3 报表的导出

1.10 防雷及接地系统 BIM 建模实训

BIM 建模实训是在完成前述内容的学习后,本着强化 BIM 建模技能而安排的一个环节。

1.10.1 BIM 建模实训的目的与任务

1)BIM 建模实训的目的

BIM 建模实训的目的是让学习者从"逆向学习"转变为"顺向工作"。

①本书的学习方法是如图 1.10.1 所示的逆向学习法。

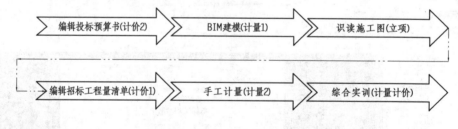

图 1.10.1 逆向学习法

②实际业务运作是如图 1.10.2 所示的顺向工作法。

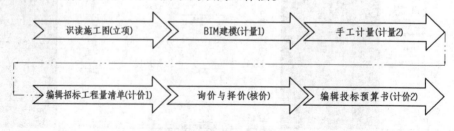

图 1.10.2 顺向工作法

2)BIM 建模实训的任务

将顺向工作法中难度较大的"立项与计量"环节作为实训任务,如图 1.10.3 所示。

图 1.10.3　实训任务

1.10.2　BIM 建模实训的方案

1) BIM 建模实训的工作程序

BIM 建模实训的工作程序如图 1.10.4 所示。

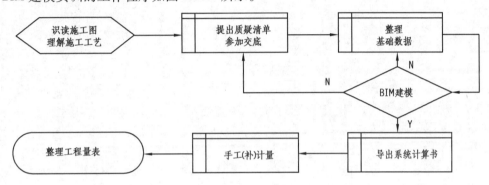

图 1.10.4　BIM 建模实训的工作程序

2) 整理基础数据的结果

整理基础数据就是需要形成三张参数表,如图 1.10.5 所示。

图 1.10.5　BIM 建模基础数据三张参数表

3) 形成的工程量表应符合规范要求

　　形成的工程量表的数据质量,应符合《通用安装工程工程量计算规范》(GB 50856—2013)项目特征描述的要求,并满足《重庆市通用安装工程计价定额》(CQAZDE—2018)计价定额子目的需要。

　　在时间允许的条件下,宜通过编辑"招标工程量表"进行验证。

1.10.3　防雷及接地系统 BIM 建模实训的关注点

1) 实训内容

采用某办公楼施工图进行实训。

为达到既能检验学习效果,又不过多占用学生在校时间的目的,本实训已知条件如下:

①引下线与女儿墙连接,采用 φ12 热镀锌圆钢;

②接地电阻测试板的规格根据标准图集选择;

③伸出建筑物外的引出线采用-40×4 热镀锌扁钢,埋地-1.0 m,长 1.5 m;

④未利用金属栏杆作接闪器。

2)实训前提示

必须考虑建筑物的立、剖面关系和结构基础的要求,统一采用①/Ⓐ轴线交点作为建模基点。

第2章 供电系统

2.1 本章导论

2.1.1 供电系统的含义

依据《建筑工程施工质量验收统一标准》（GB 50300—2013）附录 B"建筑工程的分部工程、分项工程划分"的规定，本章所指的"供电系统"包括："变配电室"子分部工程不含接地装置安装分项工程、接地干线分项工程的其他分项工程；"供电干线"子分部工程不含接地干线分项工程的其他分项工程；"备用和不间断电源"子分部工程不含接地装置安装分项工程的其他分项工程；"电气动力"子分部工程中的全部分项工程。以上各子分部工程中涉及接地装置安装分项工程、接地干线敷设分项工程，均已经纳入本书第 1 章。

2.1.2 本章的学习内容及要求

本章将围绕供电系统的概念、构成、常用材料与设备、主要施工工艺，以及供电系统对应项目的计价定额与工程量清单计价、施工图识读、BIM 模型的建立、手工算量的技巧等一系列知识点，形成一个相对闭合的学习环节，从而全面解读供电系统工程预（结）算文件编制的全过程。学习完本章内容后，学习者应掌握供电系统工程预（结）算的相关知识，具备计价、识图、BIM 建模和计算工程量的技能，拥有编制供电系统工程预（结）算的能力。

2.2 初识变配电室

2.2.1 变配电系统概述

1）送电与变配电知识简介

理解供电系统和变配电的知识，宜从了解电力系统的构成出发，如图 2.2.1 所示。

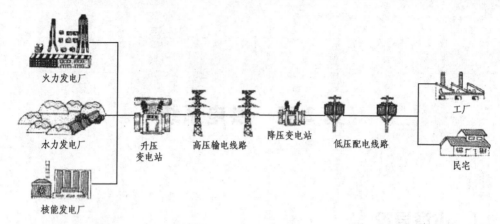

图 2.2.1　电力系统的构成

（1）电力系统

电力系统是用各种电压等级的电力线路将发电厂、变电所、用户联系起来的一个发电、输电、变电、配电和用电的整体。

（2）变电所

变电所是接受电能、改变电压并分配电能的场所，主要由电力变压器与开关设备等组成。变电分为升压和降压两类。

（3）配电所

配电所是接受电能，不改变电压，并进行电能分配的场所。

（4）变配电系统

因为输送电能的电压越高，电力线路的损耗越小，所以"升压送电、降压配电"催生了变配电系统的概念。

2）建筑变配电的负荷等级

（1）负荷的概念

建筑变配电的负荷是指用电设备。负荷的大小是指用电设备功率的大小。

（2）负荷的分级

不同的负荷，按其重要程度分成以下三级：

①一级负荷：不允许中断供电的场所；

②二级负荷：一般不允许中断供电的场所；

③三级负荷：以上两级负荷未包含的供电场所。

（3）同一建筑中对负荷的不同分级

在同一个建筑中，并不一定所有设备都属于同一负荷等级，系统设计时应考虑并注明。

（4）区分负荷等级的意义

不同负荷等级的区分主要是对电源的要求不同。

3）变配电系统的概念

①变配电系统在建筑电气工程中一般划分为两大部分（部位）来理解：

a.变配电室（所）：在变配电室（所）又可区分出高压和低压两大功能区域，中间依靠变压器进行联络。

b.供电干线:从低压配电屏将电源分配到各用电部位(楼层配电箱或区域配电箱)。

②主接线。主接线是指由各种开关电器、电力变压器、母线、电力电缆或导线、移相电容器、避雷器等电气设备,按照一定规律相连接的接受和分配电能的线路。通常指的是配电屏(柜)之间的连接线路。

2.2.2　变配电室常见的设备

1)变配电室

变配电室常用的设备如表 2.2.1 所示。

表 2.2.1　变配电室常用的设备

名称	图片	用途
箱式变电所		安装于室外地面上。用于将高压电转变为低压电输入室内使用的一种成套装置(也称为电力设备)
高压开关柜		安装于室内的变电所(高压区域)。用于将输入的高压线路与变压器之间进行耦合。它一般采用不同的柜体,起到进线、计量、避雷、馈线的作用
高压电缆		在变电所常常敷设于电缆沟中。用于将高压电输送到高压开关柜、变压器等处
室内变压器		安装于配电室内。用于将高压电转换为低压电的一种成套装置(也称为电力设备)
低压配电柜(屏)		安装于配电室内。用于将变压器降低电压后的电力线路分配到供电干线上。它一般采用不同的柜体,起到进线、无功功率自动补偿、馈线、联络、配电的作用
槽钢基础与绝缘垫		安装于配电室内。用于将低压配电柜(屏)与安装地面建立一种安装连接关系,起到安全防护的作用

续表

名称	图片	用途
插接母线		安装于配电室内。用于变压器低压侧与低压配电柜(屏),或低压配电柜(屏)之间的连接

2)高压一次设备

在高压开关柜中安装的电气元件通常称为高压一次设备。高压一次设备及其常用型号如表 2.2.2 所示。

表 2.2.2　高压一次设备及其常用型号

序号	设备名称	常用型号
1	高压断路器	SN1-10,LN2-10,ZN3-10
2	户内高压隔离开关	GN6,GN8
3	户外高压隔离开关	GW10
4	高压负荷开关	FN3-10RT(配手动操作 CS2 或 CS3)
5	高压管式熔断器	RN1,RN2
6	跌落式熔断器	RW4,RW10(F)
7	固定式高压开关柜	GG-1A(FZ)
8	固定金属铠装开关柜	KGN-10(F)
9	移开金属铠装开关柜	KYN-10(F)
10	环网柜	HXGN-10

3)低压配电装置和电力变压器

低压配电柜(屏)中安装的电气元件一般称为低压配电装置。低压配电装置和电力变压器及其常用型号如表 2.2.3 所示。

表 2.2.3　低压配电装置和电力变压器及其常用型号

序号	设备名称	常用型号
1	低压断路器	DZ,DW,C45,C45N,ME,AH
2	低压隔离开关	HD(单投),HS(双投),HR(熔刀)
3	低压负荷开关	HK(胶盖闸刀开关),HH(铁壳开关)

续表

序号	设备名称	常用型号
4	低压熔断器	RC,RL,RTO,RZ
5	固定式低压配电柜	PGL,GGL,GGD
6	抽出式低压配电柜	BFC,GCL,GCK,MNS,DOMINO
7	三相油浸式电力变压器	SL7,S9
8	干式变压器	SC9,SCL,SG
9	充气式变压器	

4)其他常用电气元件

其他经常出现在低压配电柜(屏)或配电箱中的电气元件及其功能如表2.2.4所示。

表 2.2.4　其他常用电气元件及其功能

序号	设备名称	功能
1	电压互感器	高压变低压100 V,取得测量和保护信号
2	电流互感器	大电流变小电流5 A,取得测量和保护信号
3	避雷器	防雷击过电压,设于被保护设备前端
4	移相电容器	无功功率补偿,提高功率因数
5	接触器	线圈通电接通主回路,线圈断电切断主回路
6	热继电器	与接触器配合用于过负荷保护
7	多功能电器 KBO 系列	控制、保护、初始集成智能电器

5)主接线图常见元件

在电气主接线图中,常常采用图例符号的方式来表示其工作原理和连接关系。主接线图常见元件及符号如表2.2.5所示。

表 2.2.5　主接线图常见元件及符号

元件名称	图形符号	文字符号	元件名称	图形符号	文字符号
变压器	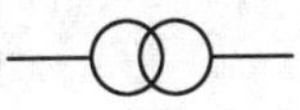	T	热断电器	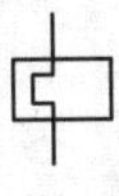	KB

续表

元件名称	图形符号	文字符号	元件名称	图形符号	文字符号
断路器	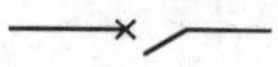	QF	电流互感器	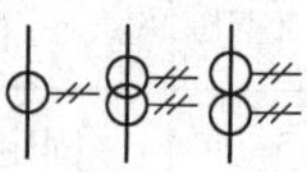	TA
负荷开关		QL	电压互感器	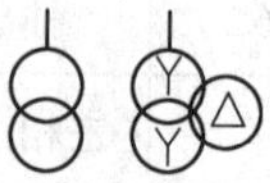	TV
隔离开关	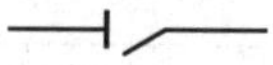	QS	避雷器		F
熔断器	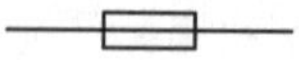	FU	移相变压器	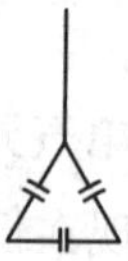	C
接触器		QC			

注:①电流互感器的3个图形从左到右分别表示单个二次绕组、2个二次绕组、2个铁芯和2个二次绕组的不同构造关系;
　②电压互感器的2个图形从左到右分别表示双绕组、三绕组的不同构造关系。

2.2.3　初识变配电图

1)变配电系统的主接线方案

变配电系统的多种主接线方案如表2.2.6所示。

表2.2.6　变配电系统的多种主接线方案

主接线方案	图示	特点
单母线接线	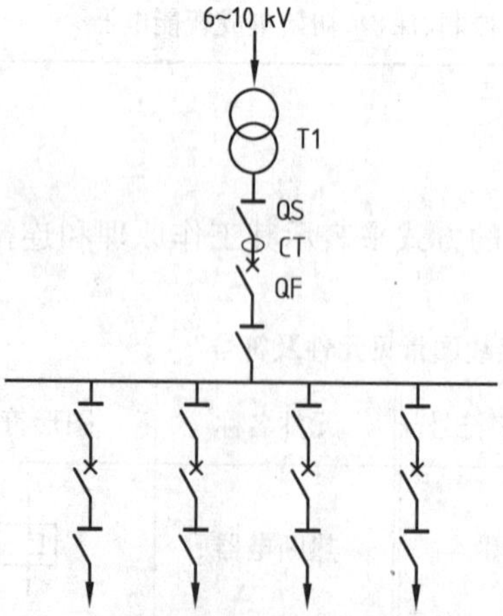	各电源和出线都接在同一公共母线上,电源在发电厂是发电机或变压器,在变电所是变压器或高压进线回路。接线简单、清晰,采用设备少、造价低,操作方便,扩建容易。但可靠性不高,发生任一连接元件故障或断路器拒动及母线故障时,都将造成整个供电系统停电

续表

主接线方案	图示	特点
单母线分段接线	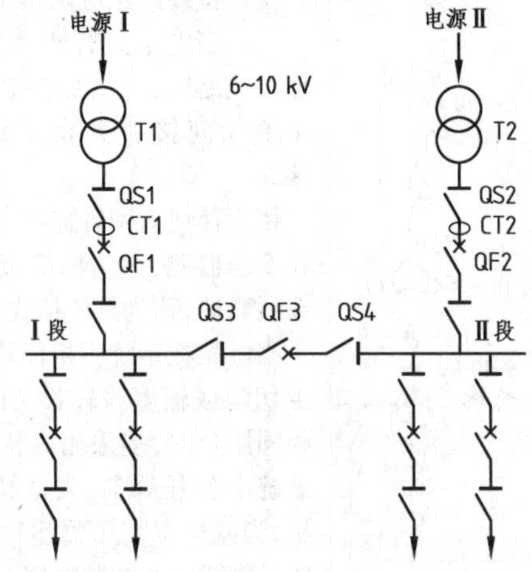	用断路器将母线分段,分段后母线和母线隔离开关可分段轮流检修。对重要用户,可从不同母线段引双回路供电。当一段母线发生故障、任一连接元件故障和断路器拒动时,由继电保护动作断开分段断路器,将故障限制在故障母线范围内,非故障母线继续运行,整个配电装置不会全停。接线简单、操作方便、投资少,保证正常母线不间断供电,不致使重要的用户停电,提高了供电的可靠性。但是任一出线断路器检修时,该回路必须停止工作。 　　一般认为单母线分段接线应用在 6～10 kV,出线在 6 回及 6 回以上时,每段所接容量不宜超过 25 MW
普通双母线接线	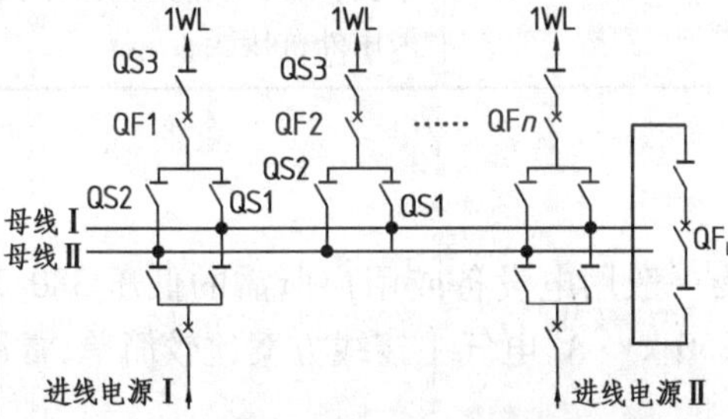	双母线接线方式适用于 35 kV 出线为 8 回路,110～220 kV 出线为 4 回路及以上的 220 kV 母线。接线简单、操作方便、投资少,当一段母线发生故障时,另一段母线可不间断供电,不致使用户停电,提高了供电的可靠性
双母线带旁路母线的接线	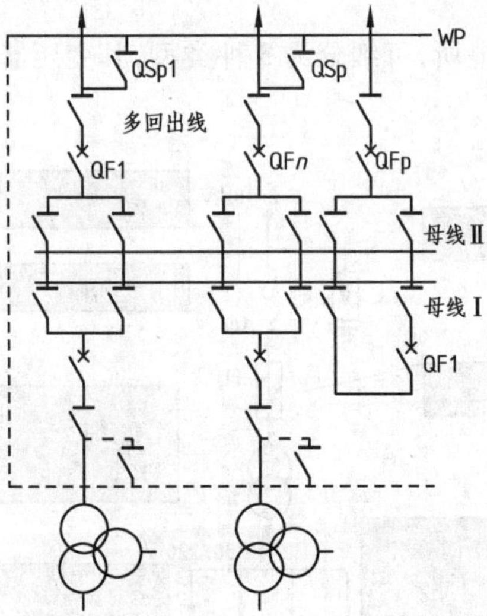	在双母线的基础上增设旁路母线,具有双母线接线的优点。当线路侧或主变侧的断路器检修时,仍能继续向负荷供电,进一步提高了供电的可靠性。 　　但旁路的倒换操作比较复杂,增加了误操作的机会,也使保护及自动化系统复杂化,投资费用较大。 　　加旁路母线虽然解决了断路器和保护装置检修不停电的问题,但旁路母线也带来了投资费用较大、占用设备间隔较多等诸多不利因素

续表

主接线方案	图示	特点
桥形接线	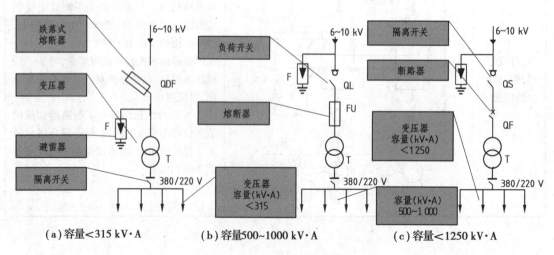 内桥式接线　　外桥式接线	桥形接线广泛应用于 110 kV 的中型水电站。当电站只有两台主变压器和两条输电线路时,为增加供电的可靠性,在两个单元间接一条桥支路,即构成桥形接线。 桥形接线有两种连接方式:将桥支路接在变压器侧,称为内桥接线;将桥支路接在线路侧,称为外桥接线。 当电站在系统中担任基荷,主变压器很少切除或输电线较长且两线路同时供应相同用户时,多采用内桥接线;若电站在系统中担任峰荷,发电机组经常开机停机,为减少主变压器运行中的损耗,有必要经常投入和切除变压器,或者输电线路不长,用两线路送电给不同的地区,则常采用外桥接线

2)变压器常见的主接线方案

用户通常是将 6~10 kV 的高压降为一般用电设备或用户所需的低压 380/220 V 的终端用电电压,其变压器容量通常不超过 1 250 kV·A,电气主接线方案比较简单,常用的接线方案如下。

(1)单台变压器主接线方案

此方案适用于只有一台变压器的变电所,可细分为 3 种类型,其变压器的容量一般不应大于 1 250 kV·A,如图 2.2.2 所示。

图 2.2.2　只有一台变压器的变电所

（2）两台变压器主接线方案

此方案适用于有两台变压器的变电所，如图 2.2.3 所示。

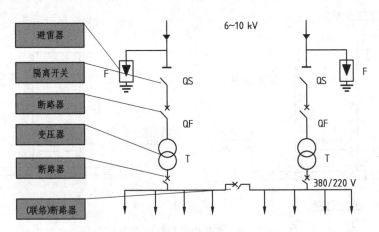

图 2.2.3　有两台变压器的变电所

3) 变配电所布置图

（1）变配电所设备平面布置图

变配电所设备平面布置图用于表达变配电设备在建筑物平面上的具体部位和相互之间的关系，如图 2.2.4 所示。

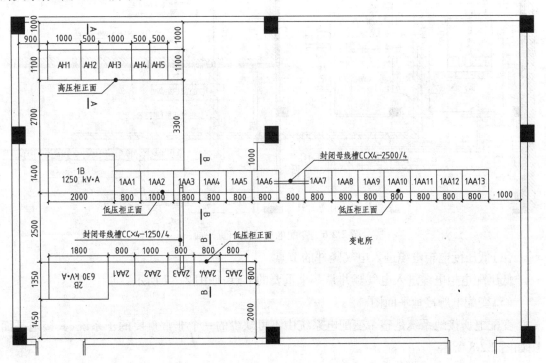

图 2.2.4　变配电所设备平面布置图

(2)变配电所设备剖面图

变配电所设备剖面图用于表达变配电设备在建筑物空间(高度)上的具体部位和相互之间的关系,如图 2.2.5 所示。

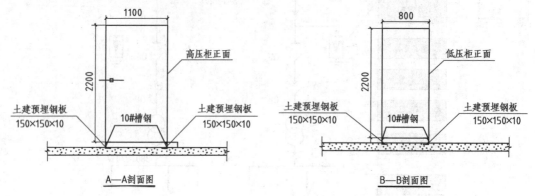

图 2.2.5 变配电所设备剖面图

(3)变配电所线路布置平面图

为进一步表达变配电所线路敷设的关系,也会使用变配电所线路布置平面图,如图 2.2.6 所示。

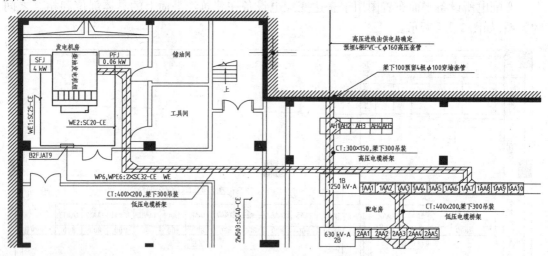

图 2.2.6 变配电所线路布置平面图

(4)低压配电柜电缆进入电气竖井的节点

低压配电柜电缆进入电气竖井是一个重要的节点,如图 2.2.7 所示。

(5)变配电所接地平面图

变配电所接地系统是整个变配电系统中不可缺少的一个非常重要的子系统,其接地平面图如图 2.2.8 所示。

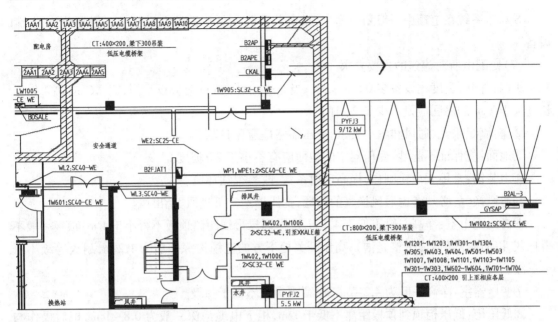

图 2.2.7 低压配电柜电缆进入电气竖井

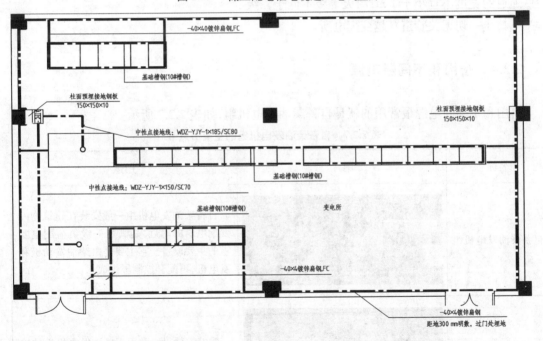

图 2.2.8 变配电所接地平面图

（6）识读变配电所布置图的技巧

①变配电所中具有高压、变压、低压、直流控制、接地五大功能系统,通常从变压器出线起就需要考虑相、零、地线制的关系。

②识读程序宜按:高压(柜)进线→变压器→低压屏(柜)→配电竖井;变压器接地与总等电位箱的关联;高压柜与直流屏的关联。

③高压系统在定额中一般划分为"变配电装置",而低压系统在定额中一般划分为"控制设备"。

(7)变配电所对建筑的主要要求

①门:外开,宽度比设备多0.5 m以上;当宽度超过1.5 m时应设小门,宽0.6 m×高1.8 m;长度大于7 m的房间应设不少于2扇门。

②窗:满足采光、通风和耐火要求,变压器室应避免日晒。

③地面:应保证不起砂,变压器室的地面应有不小于2%坡度。

④内装饰:常用大白粉刷白,提高反射系数,改善视觉环境。

⑤通风换气:必须考虑通风换气的问题,变压器室宜下进风、上出风。

⑥高压配电室:净高一般不低于4.2 m,确保高压母线距离顶板不得小于1 m;顶板一般不得抹灰,以防脱落(但应平整光洁);高压开关柜下方的电缆沟深一般为1.2 m,耐火等级不低于三级。

⑦变压器室:净高一般为4.2~6.5 m,耐火等级不低于一级。

⑧低压柜:低压柜顶到顶板距离不低于1 m,柜下电缆沟深一般为0.8~1 m,柜后操作与检修通道的宽度不宜小于1 m,耐火等级不低于二级。

⑨禁止一切无关管道穿越变配电所。

2.2.4 备用和不间断电源

备用和不间断电源最常用的就是自备柴油发电机组,如表2.2.7所示。

表2.2.7 自备柴油发电机组的主要节点

名称	图片	用途
自备柴油发电机组		自备柴油发电机组一般安装在建筑物内变配电所的附近,是满足一级负荷配电要求的主要设备。它主要是由柴油发动机和发电机,再配套控制屏组成
铜编织软母线		铜编织软母线常用于柴油发电机组的输出接线箱与低压插接式母线始端箱之间,作过渡连接

续表

名称	图片	用途
低压插接式母线始端箱	母线始端箱	低压插接式母线始端箱是用于低压插接式母线与其他电气设备或电气线路进行连接的一个过渡设施。因其处于低压插接式母线输送电流的起点端，所以称为始端箱
插接式母线通往变配电室		柴油发电机组产生的电能通常是以低压电流的方式供应。因其电流较大，常采用低压插接式母线输送

2.2.5 施工质量验收规范对变配电系统的相关规定

《建筑电气工程施工质量验收规范》（GB 50303—2015）对变配电系统的相关规定如下。

1) 变压器

对变压器的相关规定如表 2.2.8 所示。

表2.2.8

表 2.2.8 对变压器的相关规定（摘要）

序号	条码	知识点	页码
1.1	4.1.1	变压器的安装位置应正确	22
1.2	4.1.2	变压器中性点的接地	22
1.3	4.1.3	变压器的支架、基础型钢及外壳应与保护导体可靠连接	22
1.4	4.1.4	变压器及高压电气设备的交接试验合格	22
1.5	4.2.4	对变压器做器身检查的规定	24

2) 箱式变电所

对箱式变电所的相关规定如表 2.2.9 所示。

表2.2.9

表2.2.9　对箱式变电所的相关规定(摘要)

序号	条码	知识点	页码
2.1	4.1.5	箱式变电所的基础应高于室外地坪,箱体应与保护导体可靠连接	22
2.2	4.2.5	箱式变电所内外涂层应完整、无损伤	24
2.3	4.2.6	箱式变电所的高压和低压配电柜的内部接线应完整	24

3)配电柜

对配电柜的相关规定如表2.2.10所示。

表2.2.10

表2.2.10　对配电柜的相关规定(摘要)

序号	条码	知识点	页码
3.1	5.1.3	手车、抽屉式成套配电柜推拉应灵活,无卡阻碰撞现象	25
3.2	5.1.4	高压成套配电柜按规定进行交接试验	25
3.3	5.1.5	低压成套配电柜按规定进行交接试验	26
3.4	5.1.6	低压成套配电柜的绝缘电阻符合相关规定	26
3.5	5.1.7	电涌保护器(SPD)安装应符合相关规定	27

4)直流屏和柴油发电机组

对直流屏和柴油发电机组的相关规定如表2.2.11所示。

表2.2.11

表2.2.11　对直流屏和柴油发电机组的相关规定(摘要)

序号	条码	知识点	页码
4.1	5.1.7	直流屏试验应符合相关规定	26
4.2	7.1.2	发电机组至配电柜馈电线路的绝缘电阻应符合相关规定	34
4.3	7.2.2	受电侧配电柜应按自备电源使用分配预案进行负荷试验	35

习题

1.单项选择题

1)(　　)是接受电能、改变电压并分配电能的场所,主要由电力变压器与开关设备等组成。

A.配电所　　　　　　B.变电所　　　　　　C.变配电所　　　　　　D.配电井

2)(　　)是接受电能、不改变电压并进行电能分配的场所。

A.配电所　　　　　B.变电所　　　　　C.变配电所　　　　　D.配电井

3)在同一个建筑中,并不一定所有设备都属于同一负荷等级,系统设计时应考虑并注明。不同的负荷,按其重要程度分成(　　)。

A.一级　　　　　B.二级　　　　　C.三级　　　　　D.四级

4)(　　)是由各种开关电器、电力变压器、母线、电力电缆或导线、移相电容器、避雷器等电气设备,按照一定规律相连接的接受和分配电能的线路。

A.接地线　　　　　B.相线　　　　　C.主接线　　　　　D.零线

5)只有一台变压器的变电所,其变压器的容量一般不应大于(　　)。

A.315 kV·A　　B.500 kV·A　　C.1 000 kV·A　　D.1 250 kV·A

6)变配电的高压系统在安装工程定额中一般划分为(　　)。

A.控制设备　　　　　B.变配电装置　　　　　C.低压电器　　　　　D.配电柜

2.多项选择题

1)《建筑电气工程施工质量验收规范》(GB 50303—2015)中规定必须做交接试验的下列设备是(　　)。

A.直流柜　　　　　B.变压器　　　　　C.高压联络柜　　　　　D.箱式变电所

E.配电箱

2)变电所是(　　)的场所,主要由电力变压器与开关设备等组成。

A.接受电能　　　　　B.改变电压　　　　　C.分配电能　　　　　D.不改变电压

E.不分配电能

3)配电所是(　　)的场所,主要由电力变压器与开关设备等组成。

A.接受电能　　　　　B.改变电压　　　　　C.分配电能　　　　　D.不改变电压

E.不分配电能

4)以下满足低压配电室对建筑要求的条件有(　　)。

A.耐火等级不低于一级　　　　　　　B.耐火等级不低于二级

C.低压柜顶上方距离顶板不低于1 m　　D.柜下电缆沟深一般为0.8~1 m

E.柜后操作与检修通道的宽度不宜小于1 m

2.3　初识供电干线系统

2.3.1　供电干线和电气动力系统概述

1)电工学常识

(1)交流电和直流电的概念及特点

交流电和直流电是常见的两种具有不同特点的电流形态。交流电和直流电的概念及特点如图2.3.1所示。

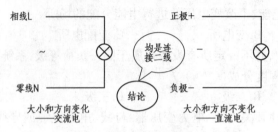

图 2.3.1 交流电和直流电

(2)交流电路按单一参数的分类

交流电路按单一参数可以分为 3 类,如图 2.3.2 所示。

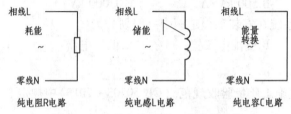

图 2.3.2 交流电路按单一参数的分类

(3)交流电按照电压等级划分

交流电按照电压等级可划分 4 种类型,如图 2.3.3 所示。

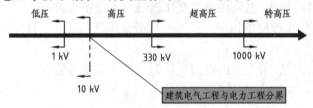

图 2.3.3 交流电按照电压等级划分的 4 种类型

我国交流电的低压等级:380 V,220 V,110 V,36 V,24 V,12 V。交流电 50 V(直流电 120 V)以下的电压等级,称为特低压(安全)电压等级。

2)建筑电气分部工程的构成

(1)按照施工质量验收标准划分

依据《建筑工程施工质量验收统一标准》(GB 50300—2013),建筑电气工程划分为 7 个子分部工程,如图 2.3.4 所示。

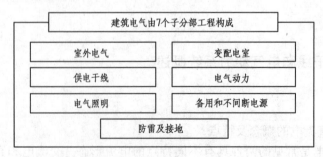

图 2.3.4 施工质量验收标准中建筑电气工程的构成

（2）按照工程量计算规范划分

依据《通用安装工程工程量计算规范》（GB 50854—2013），电气设备安装工程划分为 14 个分部工程，如图 2.3.5 所示。

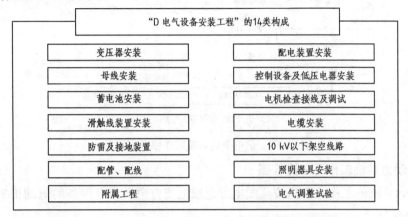

图 2.3.5　工程量计算规范中电气设备安装工程的构成

3) 供电干线系统配置

（1）电气线路分级配电方案

分级配电是电气线路设计的主要规则，通常是分成三级配电的方案，如图 2.3.6 所示。

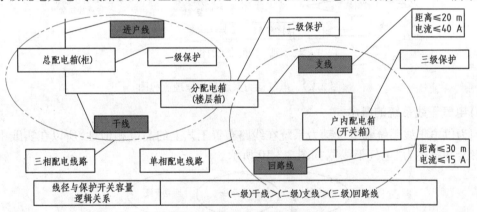

图 2.3.6　电气线路三级配电方案

（2）配电干线布置种类

配电干线的布置一般有树干式、放射式、链式 3 种类型，如图 2.3.7 所示。

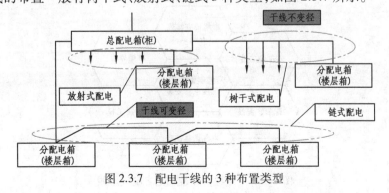

图 2.3.7　配电干线的 3 种布置类型

4) 供电干线系统工作原理流程图

供电干线系统的工作原理是按从配电屏起顺电流方向至配电箱来理解的,如图 2.3.8 所示。

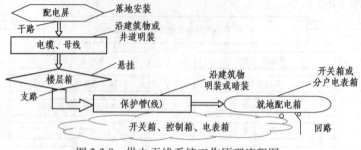

图 2.3.8 供电干线系统工作原理流程图

5) 电气动力系统工作原理流程图

电气动力系统的工作原理是按从配电屏起顺电流方向至用电设备的电动机来理解的,如图 2.3.9 所示。

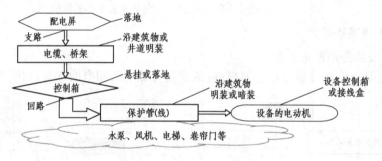

图 2.3.9 电气动力系统工作原理流程图

6) 电气干线系统的概念

因为供电干线系统和电气动力系统在线路布置工艺上的高度相似性,所以在实践中一般将二者合并描述为"电气干线",如图 2.3.10 所示。

图 2.3.10 电气干线的概念

《通用安装工程工程量计算规范》(GB 50856—2013)中的电气干线如图 2.3.11 所示。

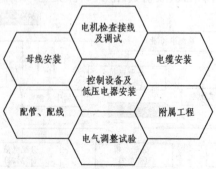

图 2.3.11 工程量计量规范之电气干线

2.3.2　电气干线设备和材料

1) 电气干线设备

电气干线设备主要由变电和配电屏、柜,配电箱和控制箱等构成,如表 2.3.1 所示。

表 2.3.1　电气干线设备

名称	图片	主要参数	图例
变电和配电屏、柜	配电屏安装　电气绝缘垫制作安装　基础槽钢制作安装	额定电流 额定电压/额定绝缘电压 输入输出线模式 额定短时耐久电流 柜内功能区域划分 外壳防护等级 安装位置和方法 外部尺寸	▭
配电箱	连接铜排　引接线　接地母排　零母排　进线电缆　控制柜安装　连接铜排		▭
控制箱			▭

2) 电气干线保护类材料

电气干线保护类材料主要有电缆桥架、电缆桥架(成品)支撑架、金属线槽等,如表 2.3.2 所示。

表 2.3.2　电气干线保护类材料

名称	图片	主要参数	图例
电缆桥架	 转角支架／桥架上翻／电缆桥架		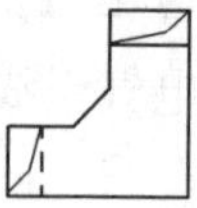
电缆桥架跨越与现场加工支架	 金属槽盒翻喷淋管／现场加工型门式支架／金属槽盒翻通风管		
电缆桥架（成品）支撑架	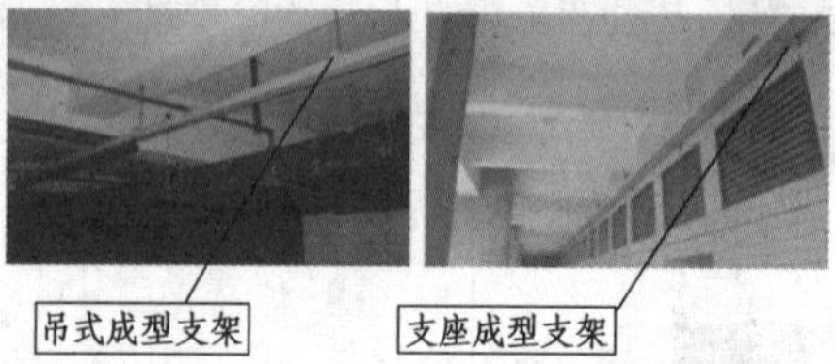 吊式成型支架　支座成型支架		
金属线槽进入配电箱	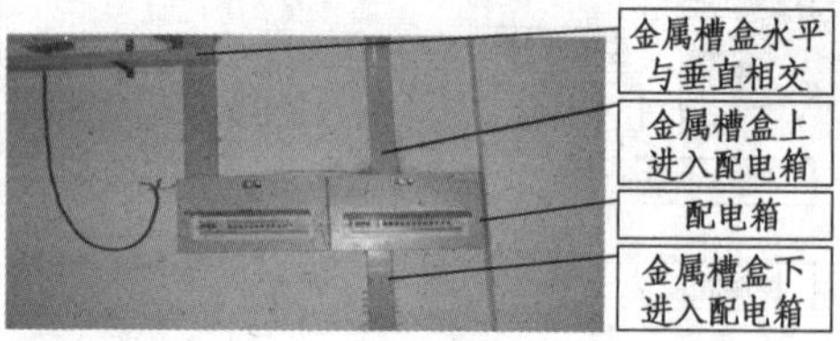 金属槽盒水平与垂直相交／金属槽盒上进入配电箱／配电箱／金属槽盒下进入配电箱		

3) 电缆及电缆头

电缆及电缆头主要由电力电缆及电缆头、控制电缆及电缆头、矿物绝缘电缆及电缆头等构成，如表 2.3.3 所示。

表 2.3.3　电缆及电缆头

名称	图片	主要参数	图例
电力和控制电缆	 预分支电缆／电力电缆／电缆固定点／控制电缆		

续表

名称	图片	主要参数	图例
电力电缆头	 铜接头　电缆头　铜母排		
控制电缆头	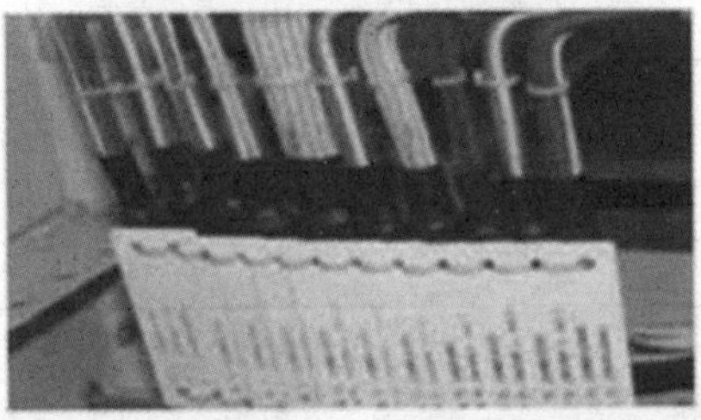		
矿物绝缘电缆及电缆头	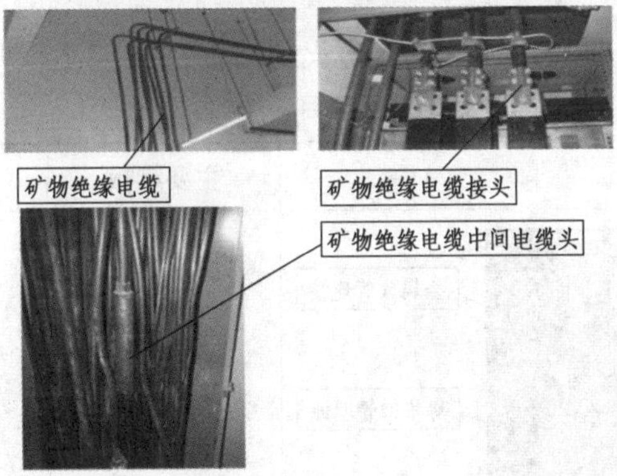 矿物绝缘电缆　矿物绝缘电缆接头　矿物绝缘电缆中间电缆头		

4）低压封闭式插接母线槽

低压封闭式插接母线槽主要由始端箱、竖向插接母线槽和分线箱、竖向插接母线槽支架等构成，如表 2.3.4 所示。

表 2.3.4　低压封闭式插接母线槽

名称	图片	主要参数	图例
低压封闭式插接母线槽始端箱	 吊支架　平面母线　始端箱		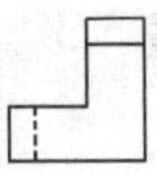

续表

名称	图片	主要参数	图例
低压封闭式竖向插接母线槽和分线箱	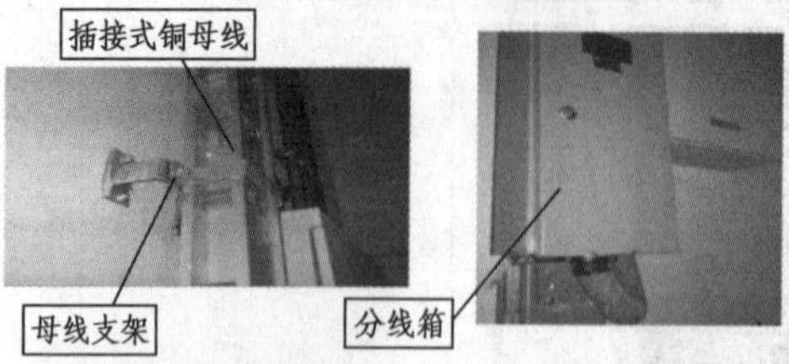 插接式铜母线 母线支架　分线箱		
低压封闭式竖向插接母线槽支架	 插接式母线支架		

5)电气干线的其他项目

电气干线的其他项目主要有电动机检查接线、电气防火封堵等,如表 2.3.5 所示。

表 2.3.5　电气干线的其他项目

名称	图片	主要参数	图例
电动机检查接线	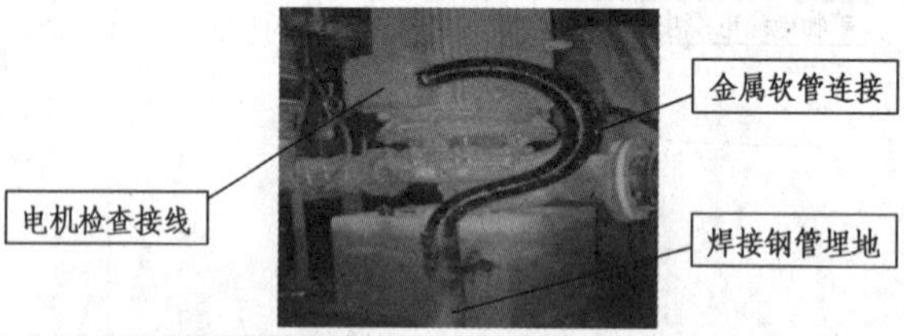 电机检查接线　金属软管连接　焊接钢管埋地		
电气防火封堵	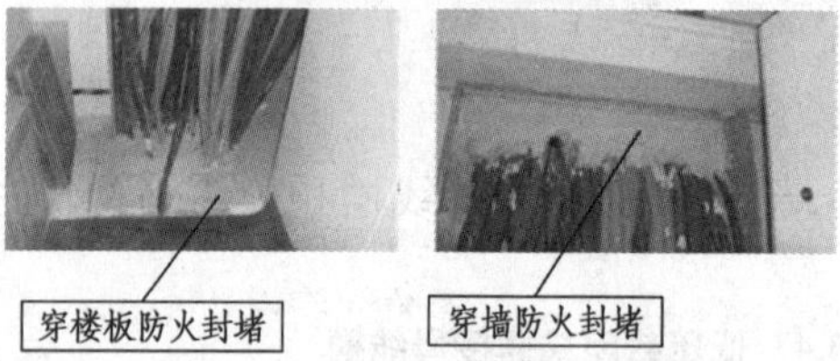 穿楼板防火封堵　穿墙防火封堵		

2.3.3　初识电气干线工程图

1)识读主要设备材料表

在识读电气干线图之前,一般应先识读"主要设备材料表",掌握图例符号的含义和本工程主要的设备材料项目,如图 2.3.12 所示。

主要设备材料表

序号	图例	名称	型号规格	单位	数量	备注
21		吸顶灯	~220 V,1×36 W节能灯管	套	按需	结合装饰确定
20		吸顶灯(自带蓄电池)	~220 V,1×36 W节能灯管,应急时间不少于30 min	套	按需	结合装饰确定
19		单极、两极、三极、四极开关	~220 V,10 A	个	按需	结合装饰确定
18		单相五孔插座	~220 V,10 A	个	按需	结合装饰确定
17		空调插座	~220 V,16 A	个	按需	结合装饰确定
16		疏散指示灯	~220 V,1×8 W节能灯管	套	按需	结合装饰确定
15		疏散指示灯	~220 V,1×8 W节能灯管	套	按需	结合装饰确定
14		单管荧光灯支架	~220 V,1×36 W T8荧光灯管	套	按需	结合装饰确定
13		双管荧光灯支架	~220 V,2×36 W T8荧光灯管	套	按需	结合装饰确定
12		热镀锌圆钢	∅12	m	按需	
11		热镀锌扁钢	-40×4	m	按需	
10		交联聚乙烯绝缘电缆	YJV-0.6/1 kV-4×95 mm²	m	按需	
09		交联聚乙烯绝缘电缆	YJV-0.6/1 kV-5×16 mm²	m	按需	
08		塑料绝缘电线	BV-450/750 V-4 mm²	m	按需	
07		塑料绝缘电线	BV-450/750 V-2.5 mm²	m	按需	
06		焊接钢管	G40/70	m	按需	
05		阻燃PVC线管	PC16/20/25/32/40	m	按需	
04		阻燃PVC线管		m	按需	型号结合装饰确定
03		照明配电箱		套	3	箱体尺寸以实际订货为准
02	ZAL	电源总配电箱		套	1	箱体尺寸以实际订货为准
01	AW	电表箱		套	1	箱体尺寸以实际订货为准

图 2.3.12 主要设备材料表

2)识读配电干线图

配电干线图是表达电气干线从总配电箱到各楼层配电箱之间的构成关系和工作原理的施工图,如图 2.3.13 所示。

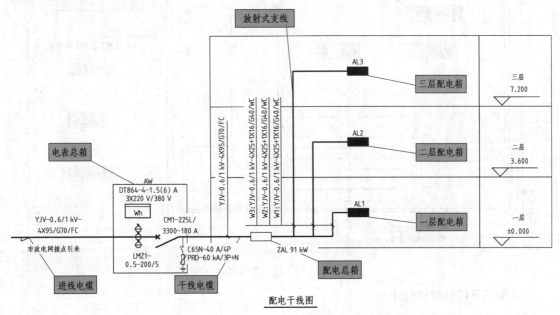

配电干线图

图 2.3.13 配电干线图

3)识读配电箱系统图

了解配电干线关系后,需要再读对应的配电箱系统图,如图2.3.14所示。

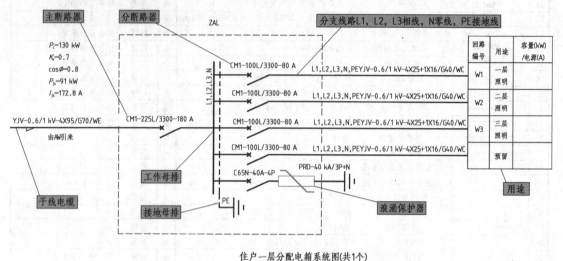

图2.3.14 配电箱系统图

4)识读电气平面图

掌握电气设备的布置和管线的连接需要识读电气平面图,如图2.3.15所示。

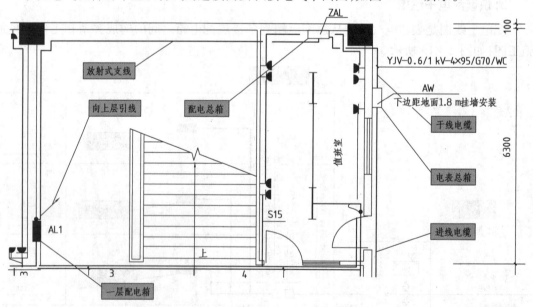

图2.3.15 电气平面图

5)电气干线三维模型图

电气干线三维模型图如图2.3.16所示。

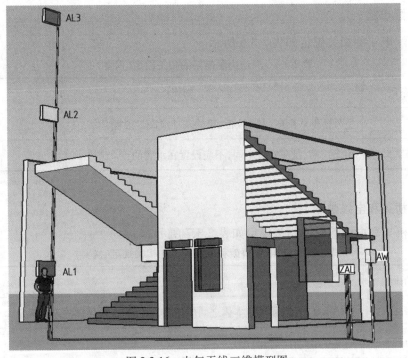

图 2.3.16 电气干线三维模型图

6)识读电气干线图获得的主要信息

通过识读以上电气干线图,可以知道本例中电气干线系统是指从进入建筑物的总配电箱(总电表箱)起,至各楼层配电箱(AL1,AL2,AL3)所包含的电气设备和线路。电表箱 AW 与分支配电箱 ZAL 之间的电缆穿 G70 管埋地连接;分支配电箱 ZAL 与各楼层配电箱(如 AL1)之间的电缆也是穿 G70 管埋地和墙面暗敷设连接;从分支配电箱 ZAL 第一个点位去往楼层配电箱 3 个不同点位的线路,是从一点分别放射式连接的。

7)初识电气干线图的技巧

①分析电气干线回路的基本逻辑:从认识电气图形符号起,通过电气干线系统图,顺着电源方向从电源点(总电表箱)→分支配电箱→楼层配电箱来理解其供电关系。

②掌握电气设备的位置及其与建筑物的关系:在电气平面图上确定配电箱的位置(与建筑物)关系。

③掌握电气线路的工艺和走向:理解设计方对线路工艺的要求,读懂电气线路的路径和转换关系。

2.3.4 施工质量验收规范对电气干线的规定

《建筑电气工程施工质量验收规范》(GB 50303—2015)对电气干线的相关规定如下。

1)动力配电箱

对动力配电箱的相关规定如表2.3.6所示。

表2.3.6至表2.3.8

表2.3.6　对动力配电箱的相关规定(摘要)

序号	条码	知识点	页码
1.1	5.2.4	室外落地式配电(控制)柜、箱的基础应高于地坪	29
1.2	5.2.5	柜、台、箱、盘应安装牢固,不应设置在水管的正下方	29

2)电缆桥架和电缆敷设

对电缆桥架和电缆敷设的相关规定如表2.3.7所示。

表2.3.7　对电缆桥架和电缆敷设的相关规定(摘要)

序号	条码	知识点	页码
2.1	11.1.1	金属梯架、托盘或槽盒本体之间的连接,以及与保护导体的连接规定	46
2.2	11.1.2	电缆最小允许弯曲半径	46
2.3	11.2.1	伸缩节和补偿装置的设置规定	47
2.4	11.2.3	无设计要求时,梯架、托盘、槽盒及支架的安装规定	48
2.5	13.1.4	并联使用的电力电缆规定	56
2.6	13.1.5	交流单芯电缆或分相后的每相电缆穿钢管的规定	56
2.7	13.2.1	电缆支架安装要求	57

3)电缆头

对电缆头的相关规定如表2.3.8所示。

表2.3.8　对电缆头的相关规定(摘要)

序号	条码	知识点	页码
3.1	17.1.3	连接导体的截面积应符合相关规定	68
3.2	11.1.4	电缆端子与设备或器具连接应符合相关规定	69

4)母线及母线槽安装

对母线及母线槽安装的相关规定如表2.3.9所示。

表2.3.9至表2.3.12

表 2.3.9　对母线及母线槽安装的相关规定(摘要)

序号	条码	知识点	页码
4.1	10.1.1	母线槽的金属外壳等外露可导电部分应与保护导体可靠连接	41
4.2	10.1.4	母线槽不宜安装在水管正下方	42
4.3	10.2.1	配电母线槽及照明母线槽的圆钢吊架直径要求	43
4.4	10.2.5	母线槽固定设置要求	44

5) 电气配管配线

对电气配管配线的相关规定如表 2.3.10 所示。

表 2.3.10　对电气配管配线的相关规定(摘要)

序号	条码	知识点	页码
5.1	12.1.3	塑料导管在砌体上踢槽埋设时,保护层厚度不宜小于 15 mm	51
5.2	12.1.4	导管穿越密闭隔墙时设置预埋套管,套管两侧应设置过线盒	51
5.3	12.2.1	导管弯曲半径规定	51
5.4	12.2.3	导管表面埋设深度与建(构)筑物表面的距离不应小于 15 mm	52
5.5	12.2.4	导管管口进入柜、台、箱、盘,应高出其基础面 50~80 mm	52
5.6	12.2.5	埋地敷设的钢导管,其壁厚应大于 2 mm	52
5.7	12.2.6	固定管卡的设置应符合相关规定	53
5.8	12.2.7	埋设在墙或混凝土内的塑料导管应采用中型或以上的导管	53
5.9	12.2.8	柔性导管连接刚性导管和设备时,其长度应满足相关规定	54
5.10	12.2.9	导管穿越外墙、跨越建筑物以及钢导管敷设时应符合的规定	54
5.11	12.2.2	导管支吊架安装应符合相关规定	52
5.12	14.1.1	同一回路的绝缘导线应敷设在一个金属槽盒或金属导管内	61
5.13	14.1.2	不同回路、不同电压等级的绝缘导线不应穿在同一导管内	61
5.14	14.1.3	绝缘导线接头应设置在专用接线盒(箱)或器具内	61
5.15	14.2.1	除塑料护套线外,绝缘导线应采取导管或槽盒保护	61
5.16	14.2.5	同一槽盒内不宜同时敷设绝缘导线和电缆,其截面应符合要求	61

6) 电线与设备连接

对电线与设备连接的相关规定如表 2.3.11 所示。

表 2.3.11　对电线与设备连接的相关规定(摘要)

序号	条码	知识点	页码
6.1	17.2.2	导线与设备器具连接应符合的规定	69

7) 电动机试运行

对电动机试运行的相关规定如表 2.3.12 所示。

表 2.3.12　对电动机试运行的相关规定(摘要)

序号	条码	知识点	页码
7.1	9.1.3	电动机应试通电,并应检查转向和机械转动情况	39

8) 供电干线和电气动力子分部工程与分项工程

供电干线和电气动力子分部工程与分项工程,如表 2.3.13 所示。

表 2.3.13　各子分部工程所含的分项工程和检验批

分项工程		01 室外电气安装工程	02 变配电室安装工程	03 供电干线安装工程	04 电气动力安装工程	05 电气照明安装工程	06 自备电源安装工程	07 防雷及接地装置安装工程
序号	名称							
05	成套配电柜、控制柜(台、箱)和配电箱(盘)安装	●	●		●	●	●	
06	电动机、电加热器及电动执行机构检查接线				●			
09	电气设备试验和试运行			●	●			
10	母线槽安装		●	●	●		●	
11	梯架、托盘和槽盒安装	●	●	●	●	●	●	
12	导管敷设	●	●	●	●	●		
13	电缆敷设	●	●	●	●	●		
14	管内穿线和槽盒内敷线	●	●	●	●	●		
17	电缆头制作、导线连接和线路绝缘测试	●	●	●	●	●		
23	接地干线敷设		●	●				

注:摘自 GB 50303—2015。

2.3.5　电气干线系统相关材料知识

电气干线系统主要采用 3 类材料,如图 2.3.17 所示。

图 2.3.17　电气干线主要采用的材料

1)电缆桥架

①电缆桥架的种类及用途如表 2.3.14 所示。

表 2.3.14　电缆桥架的种类及用途

名称	图片	用途
槽式电缆桥架		槽式电缆桥架是一种全封闭型电缆桥架。它最适用于敷设计算机电缆、通信电缆、热电偶电缆及其他高灵敏系统的控制电缆等。它对控制电缆的屏蔽干扰和重腐蚀环境中电缆的防护都有较好的效果
梯级式电缆桥架		梯级式电缆桥架具有质量轻、成本低、造型别致、安装方便、散热、透气性好等优点。它适用于一般直径较大电缆的敷设,特别适用于高、低压动力电缆的敷设
托盘式电缆桥架		托盘式电缆桥架广泛应用于石油、化工、电力、轻工、电视、电信等。它具有质量轻、载荷大、造型美观、结构简单、安装方便等优点。它既适用于动力电缆的安装,也适用于控制电缆的敷设
组合式电缆桥架		组合式电缆桥架是一种新型桥架,是电缆桥架系列中的第二代产品,只要采用宽 100,150,200 mm 的 3 种基型就可以组装成所需要尺寸的电缆桥架。它适用各分项工程各种电缆的敷设。它具有结构简单、配置灵活、安装方便、形式新颖等优点,是目前电缆桥架中最理想的产品
大跨距电缆桥架		大跨距电缆桥架比一般电缆桥架的支撑跨度大,且由于结构上设计精巧,因而又比一般电缆桥架的承载能力大。它不仅适用于炼油、化工、纺织、机械、冶金、电力、电视、广播等工矿企事业的室内外电缆架空的敷设,也可用于地下工程

②电缆桥架的型号含义,如图 2.3.18 所示。

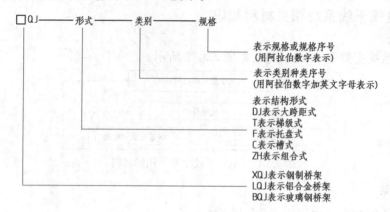

表示规格或规格序号
(用阿拉伯数字表示)

表示类别种类序号
(用阿拉伯数字加英文字母表示)

表示结构形式
DJ表示大跨距式
T表示梯级式
F表示托盘式
C表示槽式
ZH表示组合式

XQJ表示钢制桥架
LQJ表示铝合金桥架
BQJ表示玻璃钢桥架

图 2.3.18 电缆桥架的型号

③电缆桥架、电缆槽盒、金属线槽之间的关系如图 2.3.19 所示。金属线槽和电缆槽盒都与槽式电缆桥架比较相似。金属线槽的尺寸相比槽式电缆桥架要小,常用于穿电线,而槽式电缆桥架往往用于穿电缆。和槽式电缆桥架相比,电缆槽盒往往要求密封。

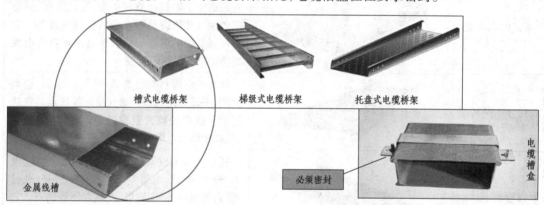

图 2.3.19 电缆桥架、电缆槽盒、金属线槽之间的关系

2) 金属母线

金属母线的类型与用途如表 2.3.15 所示。

表 2.3.15 金属母线的类型与用途

名称	图片	用途
带形母线及支持绝缘子		一般在变配电室中比较多见,其实就是用单层(块)的铜(铝)板制作而成。带形母线用于配电箱(柜)的顶部(顶线排)或底部(零、地排)、车间明装的顶线排。带形母线几乎用于明装,安装维修方便,但安全系数较低

续表

名称	图片	用途
共箱母线	OM高压共箱母线槽	广泛用于 100 MW 以下发电机引出线与主变压器低压侧之间，或 75 MW 及以上机组厂用变压器低压侧与高压配电装置之间的电流传输。共箱封闭母线也可用于发电机交直流励磁回路，变电所用电引入母线或其他工业民用设施的电源引线
槽形母线		当用于输送大电流时，需采用多条矩形母线并列的母线组，但由于并列矩形母线的散热情况变坏，一般不宜采用大于 2~3 条的母线。对于输送较大电流的母线，一般采用槽形母线，与多条矩形母线相比，其集肤效应可大大减少，电流分布较均匀，散热条件也好
低压封闭式插接母线槽		低压封闭式插接母线槽由金属外壳、绝缘瓷插座及金属母线组成。插接式母线槽每段长 3 m，前后各有 4 个插接孔，其孔距为 700 mm。它用于电压 500 V 以下，额定电流 1 000 A 以下的工厂企业、车间、用电设备较密的场所作配电用
重型母线（密集型母线）		重型母线是指单位长度质量较大的母线。它适用于交流三相四线或三相五线输配电系统，额定电流 200~5 000 A，结构采用优质钢制外壳，内部导体采用绝缘材料包覆后紧贴在一起并与外壳接触，具有结构紧凑、散热量大的特点。它特别适合用于电力变压器和低压配电柜以及重型负载的连接等大电流输电场所

3）电缆

（1）电缆的型号

电缆型号的编码规则如图 2.3.20 所示。

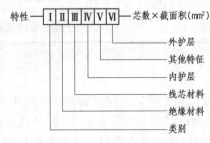

图 2.3.20　电缆型号的编码规则

按照以上编码规则,电缆型号中字母代表的含义如表 2.3.16 所示。

表 2.3.16　电缆型号中字母代表的含义

类别	绝缘材料	线芯材料	内护层	其他特征	外护层(两个数字表示)		
电力电缆不表示 K——控制电缆 Y——移动式软电缆 P——信号电缆 H——市内电话电缆	Z——纸绝缘 X——橡皮 V——聚氯乙烯 Y——聚乙烯 YJ——交联聚乙烯	T——铜(省略) L——铝	Q——铅护套 L——铝护套 H——橡套 (H)F——非燃性橡套 V——聚氯乙烯护套 Y——聚乙烯护套	D——不滴流 F——分相铅包 P——屏蔽 C——重型	代号	第一个数字铠装层	第二个数字外被层
					0 1 2 3 4	无 — 双钢带 细圆钢丝 粗圆钢丝	无 纤维绕包 聚氯乙烯护套 聚乙烯护套 —

（2）电力电缆

电力电缆在电力系统主干线中用于传输和分配大功率电能,额定电压一般为 0.6/1 kV 及以上。常用的电力电缆芯数有单芯、三芯、四芯、五芯之分。电力电缆的构造如图 2.3.21 所示。常用的电力电缆如表 2.3.17 所示。

表 2.3.17　常用的电力电缆

型号	含义	用途
VV(VLV)	铜(铝)芯聚氯乙烯绝缘聚氯乙烯护套电力电缆	适用于敷设在室内、隧道及沟管中,不能承受机械外力的作用,可直接埋地敷设
VV22(VLV22)	铜(铝)芯聚氯乙烯绝缘钢带铠装聚氯乙烯护套电力电缆	同 VV 型,能直埋在土壤中,可承受机械外力,不能承受大的拉力
YJV(YJLV)	铜(铝)芯交联聚乙烯绝缘聚氯乙烯护套电力电缆	适用于室内、隧道、管道及电缆沟中,也可敷设在松散的土壤中,不承受机械拉力和压力
YJV22(YJLV22)	铜(铝)芯交联聚乙烯绝缘钢带铠装聚氯乙烯护套电力电缆	适用于室内、隧道、管道及电缆沟中及地下直埋敷设,电缆能承受机械压力的作用,但不能承受大的拉力
NH-×××	耐火电力电缆	适用于有耐火要求的场所
ZR-×××	阻燃电力电缆	适用于有阻燃要求的场所
WDZ-×××	低烟无卤电力电缆	适用于安全要求较高、人口密集的场所

（3）控制电缆

控制电缆是从电力系统的配电箱把电能直接传输到各种用电设备器具的电源控制线路。控制电缆主要为 450/750 V。控制电缆的芯数一般较多,同样规格的电力电缆和控制电缆在生产时,电力电缆的绝缘和护套厚度比控制电缆厚。控制电缆如图 2.3.22 所示。

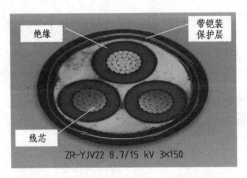

图 2.3.21　阻燃、铠装交联、三芯电力电缆

图 2.3.22　控制电缆

常用的控制电缆如表 2.3.18 所示。

表 2.3.18　常用的控制电缆

型号	含义	用途
KVV	聚氯乙烯绝缘聚氯乙烯护套控制电缆	塑料绝缘控制电缆主要用于各类电器、仪表及自动化装置的连接线,可用于控制、保护线路等场所,起着传递信号和控制等作用
KVVP	聚氯乙烯绝缘聚氯乙烯护套编织屏蔽控制电缆	
KVVP2	聚氯乙烯绝缘聚氯乙烯护套铜带屏蔽控制电缆	
KVVP3	聚氯乙烯绝缘聚氯乙烯护套铝塑复合带屏蔽控制电缆	
KVV22	聚氯乙烯绝缘聚氯乙烯护套钢带铠装控制电缆	
KVVP2-22	聚氯乙烯绝缘聚氯乙烯护套铜带屏蔽钢带铠装控制电缆	
KVV32	聚氯乙烯绝缘聚氯乙烯护套细钢丝铠装控制电缆	
KVVR	聚氯乙烯绝缘聚氯乙烯护套控制软电缆	
KVVRP	聚氯乙烯绝缘聚氯乙烯护套编织屏蔽控制软电缆	
KYJV	交联聚乙烯绝缘聚氯乙烯护套控制电缆	
KYJVP	交联聚乙烯绝缘聚氯乙烯护套编织屏蔽控制电缆	
KYJVP2	交联聚乙烯绝缘聚氯乙烯护套铜带屏蔽控制电缆	
KYJV22	交联聚乙烯绝缘聚氯乙烯护套钢带铠装控制电缆	
KYJV32	交联聚乙烯绝缘聚氯乙烯护套细钢丝铠装控制电缆	

(4)矿物绝缘电缆

矿物绝缘电缆由铜芯、矿物质绝缘材料、铜等金属护套组成。它除了具有良好的导电性能、机械物理性能、耐火性能外,还具有良好的不燃性,这种电缆在火灾情况下不仅能够保证火灾延续时间内的消防供电,还不会延燃,不产生有毒烟雾,如图 2.3.23 所示。

图 2.3.23　矿物绝缘电缆

矿物绝缘电缆与普通的电缆不同,它的绝缘层是贯通在铜芯之间,因此它的接头形式也与普通电缆不同,如图2.3.24所示。

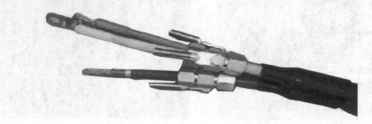

图2.3.24　矿物绝缘电缆接头形式

4)配管

（1）金属管

配管主要采用金属管。金属管的分类如图2.3.25所示。

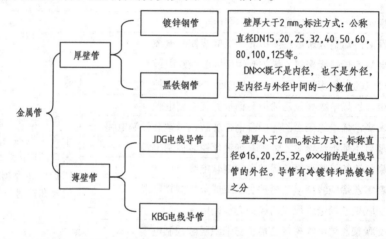

图2.3.25　金属管的分类

（2）金属软管

金属软管是现代工业设备连接管线中的重要组成部件。金属软管用作电线、电缆、自动化仪表信号的电线电缆保护管和民用淋浴软管。由于它可以弯曲且在额定弯曲半径条件下弯曲所产生的内应力极小,所以给安装工作带来了极大的方便,如图2.3.26所示。

图2.3.26　金属软管

5）电线

（1）常见铜芯塑料电线

常用导线的股与芯之间有两种：家用阻燃型单芯单股铜芯导线，如图 2.3.27 所示；家用阻燃型单芯多股铜芯导线，如图 2.3.28 所示。

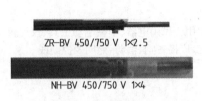

图 2.3.27　单芯单股铜芯导线

图 2.3.28　单芯多股铜芯导线

（2）常见绝缘电线的型号说明

①第一位字母 B 或 R。B：固定布线用电线；R：连接用软电线。如：BV 是一根铜丝单芯布线用导线，比较硬，也称为硬线；RV 是软线，是很多股铜丝绞在一起的单芯连接用软导线，家装一般不用。

②第二位字母表示导体材料，铜芯可省略不表示，铝芯用 L 表示。

③第三位字母代表绝缘材料，V：聚氯乙烯绝缘；X：橡皮绝缘。

④后面加字母 B 代表扁形线。如：BVVB 是布置用铜芯塑料绝缘的硬护套线，也就是将 2 根或者 3 根 BV 线用护套套在一起的扁形电线。

⑤后面加子目 R 是"软"的意思，就是增加导体根数。如：BVR 是多股铜丝绞在一起的单芯布线用导线，也称为软线，但同样截面的导线比 RV 的股数要少。

以 2.5 mm^2 的导线为例，BV 由 1 根直径 1.78 mm 的铜芯组成；BVR 由 19 根直径为 0.41 mm 的铜丝组成；RV 比 BVR 更软，它由 49 根直径为 0.25 mm 铜丝组成。供电干线系统常用的电线如表 2.3.19 所示。

表 2.3.19　供电干线系统常用的电线

型号	含义	用途
BV	单铜芯聚氯乙烯普通绝缘电线，无护套线	适用于交流电压 450/750 V 及以下动力装置、日用电器、仪表及电信设备用的电线电缆
BVR	聚氯乙烯绝缘，铜芯（软）布电线，常简称为软线	由于电线比较柔软，常常用于电力拖动中和电机的连接以及电线常有轻微移动的场所
BVV	铜芯聚氯乙烯绝缘聚氯乙烯圆形护套电线，铜芯（硬）布电线	常简称为护套线，用于明装电线，单芯的是圆的，双芯的就是扁的
BVVP	硬铜芯扁平形 PVC 绝缘 PVC 护套，铜网屏蔽电线	常用于明装电线
BVVB	铜芯聚氯乙烯绝缘聚氯乙烯平形护套电线	适用于要求机械防护较高、潮湿等场所，可明敷设或暗敷设

续表

型号	含义	用途
RVV	铜芯聚氯乙烯绝缘聚氯乙烯护套圆形连接软电线	适用于楼宇对讲、防盗报警、消防、自动抄表等工程
RVVP	铜芯绞合圆形聚氯乙烯绝缘聚氯乙烯护套软电线	适用于楼宇对讲、防盗报警、消防、自动抄表等工程
RVS	铜芯聚氯乙烯绞形连接电线	常用于家用电器、小型电动工具、仪器仪表、控制系统、广播音响、消防、照明及控制线

习题

1.单项选择题

1)以下最符合我国对于交流电压按"高压"等级划分的参数范围的是(   )。

A.1~10 kV   B.1~110 kV   C.1~220 kV   D.1~330 kV

2)我国将交流电压在(   )以下的划分为安全电压等级。

A.110 V   B.50 V   C.24 V   D.12 V

3)配电线路分级配电通常按(   )设置。

A.一级   B.二级   C.三级   D.四级

4)配电干线布置方式中,可能产生变径的方案是(   )。

A.树干式   B.链接式   C.放射式   D.混合式

5)多芯塑料绝缘电缆的最小弯曲半径是(   )倍电缆外径。

A.10   B.15   C.20   D.25

6)电缆桥架水平安装时其支架间距是(   )。

A.2~4 m   B.1~3 m   C.2~3 m   D.1.5~3 m

7)电缆桥架垂直安装时其支架间距是(   )。

A.2 m   B.3 m   C.4 m   D.5 m

8)电气图中线路敷设方式符号 SC 表示(   )。

A.金属线槽   B.塑料线槽   C.水煤气管   D.焊接钢管

2.多项选择题

1)电缆桥架可细分为(   )。

A.金属线槽   B.槽盒式   C.托盘式高压联络柜   D.梯式

E.电缆槽盒

2)电缆按其功能和作用可分为(   )。

A.阻燃电缆   B.耐火电缆   C.电力电缆   D.电梯电缆

E.控制电缆

2.4　供电系统计价定额

2.4.1　供电系统计价前应知

1)编制工程造价文件的三个维度

请参照"1.3.1　防雷及接地系统计价前应知"中的相应内容。

2)重庆市 2018 费用定额

请参照"1.3.1　防雷及接地系统计价前应知"中的相应内容。

3)出厂价、工地价、预算价的不同概念

请参照"1.3.1　防雷及接地系统计价前应知"中的相应内容。

4)供电系统造价分析指标

（1）传统指标体系

传统指标体系是以单位面积为基数的分析方法。

$$造价指标 = 分部工程造价 / 建筑面积$$

（2）专业指标体系

专业指标体系是以本专业的"主要技术指标"为基数的分析方法。

　　电气干线子分部造价指标 = 电气照明子分部工程造价 / 单位工程总功率合计

（3）建立造价分析指标制度的作用

①近期作用:是宏观评价本次造价水平(质量)的依据。

②远期作用:积累经验。

2.4.2　供电系统计价前应知的定额类别

1)重庆市通用安装工程计价定额

供电系统计价定额主要来自《重庆市通用安装工程计价定额》(CQAZDE—2018)第四册《电气设备安装工程》,也会涉及第九册《消防安装工程》和第十一册《刷油、防腐蚀、绝热安装工程》的部分内容。

第四层《电气设备安装工程》包含的内容如图 2.4.1 所示。

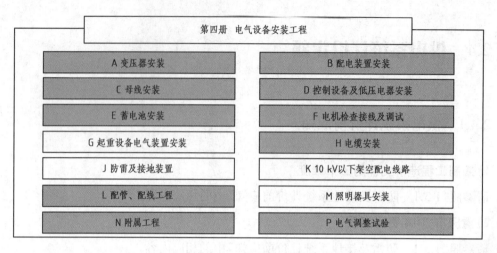

图 2.4.1 第四册《电气设备安装工程》包含的内容

2)供电系统中 10 kV 以下变配电设备的常用项目

供电系统中 10 kV 以下变配电设备常用项目如表 2.4.1 所示。

表 2.4.1 供电系统中 10 kV 以下变配电设备常用项目

定额项目	章节编号	定额页码	图片	对应清单				说明
				项目编码	项目名称	项目特征	计量单位	
高压成套开关柜安装	B.18.1	43		030402017	高压成套配电柜	1.名称 2.型号 3.规格 4.母线配置方式 5.种类 6.基础型钢形式、规格	台	
				项目编码	项目名称	项目特征	计量单位	
干式变压器	A.2.1	12		030401002	干式变压器	1.名称 2.型号 3.容量(kV·A) 4.电压(kV) 5.油过滤要求 6.干燥要求 7.基础型钢形式、规格 8.网门、保护门材质、规格 9.温控箱型号、规格	台	

表2.4.2

3) 供电系统中母线安装的常用项目

供电系统中母线安装常用项目如表2.4.2所示。

表2.4.2 供电系统中母线安装常用项目

定额项目	章节编号	定额页码	图片	对应清单				说明
				项目编码	项目名称	项目特征	计量单位	
矩形铜母线安装	C.3.1	60		030403003	带形母线	1.名称 2.型号 3.规格 4.材质 5.绝缘子类型、规格 6.穿墙套管材质、规格 7.穿通板材质、规格 8.母线桥材质、规格 9.引下线材质、规格 10.伸缩节、过渡板材质、规格 11.分相漆品种	m	
矩形铜母线引下线安装	C.3.3	63		030403003	带形母线	1.名称 2.型号 3.规格 4.材质 5.绝缘子类型、规格 6.穿墙套管材质、规格 7.穿通板材质、规格 8.母线桥材质、规格 9.引下线材质、规格 10.伸缩节、过渡板材质、规格 11.分相漆品种	m	
矩形铜母线伸缩节头安装	C.3.5	65		030403003	带形母线	1.名称 2.型号 3.规格 4.材质 5.绝缘子类型、规格 6.穿墙套管材质、规格 7.穿通板材质、规格 8.母线桥材质、规格 9.引下线材质、规格 10.伸缩节、过渡板材质、规格 11.分相漆品种	m	

续表

定额项目	章节编号	定额页码	图片	对应清单						说明
低压封闭式母线槽安装	C.8.1	74		项目编码	项目名称	项目特征	计量单位	工程量计算规则	工作内容	
				030403006	低压封闭式插接母线槽	1.名称 2.型号 3.规格 4.容量(A) 5.线制 6.安装部位	m	按设计图示尺寸中心线	1.母线安装 2.补刷(喷)油漆	
始端箱安装	C.9.1	74		项目编码	项目名称	项目特征	计量单位	工程量计算规则	工作内容	
				030403007	始端箱、分线箱	1.名称 2.型号 3.规格 4.容量(A)	台	按设计图示数量计算	1.本体安装 2.补刷(喷)油漆	
分线箱安装	C.9.2	75		项目编码	项目名称	项目特征	计量单位	工程量计算规则	工作内容	
				030403007	始端箱、分线箱	1.名称 2.型号 3.规格 4.容量(A)	台	按设计图示数量计算	1.本体安装 2.补刷(喷)油漆	

4)供电系统中控制设备及低压电器安装的常用项目

供电系统中控制设备及低压电器安装常用项目如表2.4.3所示。

表2.4.3

表2.4.3　供电系统中控制设备及低压电器安装常用项目

定额项目	章节编号	定额页码	图片	对应清单				说明
				项目编码	项目名称	项目特征	计量单位	
低压开关柜(屏)	D.4.1	89		030404004	低压开关柜(屏)	1.名称 2.型号 3.规格 4.种类 5.基础型钢形式、规格 6.接线端子材质、规格 7.端子板外部接线材质、规格 8.小母线材质、规格 9.屏边规格	台	

续表

定额项目	章节编号	定额页码	图片	对应清单					说明
				项目编码	项目名称	项目特征		计量单位	
成套配电箱安装	D.17.1	99		030404016	控制箱	1.名称 2.型号 3.规格 4.基础形式、材质、规格 5.接线端子材质、规格 6.端子板外部接线材质、规格 7.安装方式		台	区分落地式和悬挂嵌入式
				030404017	配电箱				
按钮、讯响器安装	D.31.1	112		项目编码	项目名称	项目特征		计量单位	
				030404031	小电器	1.名称 2.型号 3.规格 4.接线端子材质、规格		个（套、台）	
水位电气信号装置	D.31.2	114		项目编码	项目名称	项目特征		计量单位	区分为机械式、电子式、液位式
				030404031	小电器	1.名称 2.型号 3.规格 4.接线端子材质、规格		个（套、台）	

5）供电系统中电机检查接线及调试的常用项目

供电系统中电机检查接线及调试常用项目如表 2.4.4 所示。

表2.4.4

表 2.4.4　供电系统中电机检查接线及调试常用项目

定额项目	章节编号	定额页码	图片	对应清单					说明
				项目编码	项目名称	项目特征		计量单位	
交流异步电动机检查接线，电动机负荷调试	F.1.4.1 F.2.8	150 167 168		030406006	低压交流异步电动机	1.名称 2.型号 3.容量(kW) 4.控制保护方式 5.接线端子材质、规格 6.干燥要求		台	电动机调试区分低压笼型和低压绕线型

续表

定额项目	章节编号	定额页码	图片	对应清单					说明
立式电动机检查接线	F.1.5	153		项目编码	项目名称	项目特征		计量单位	
				030406006	低压交流异步电动机	1.名称 2.型号 3.容量(kW) 4.控制保护方式 5.接线端子材质、规格 6.干燥要求		台	
微型电机检查接线	F.1.6	155		项目编码	项目名称	项目特征		计量单位	电机功率在0.75 kW以下的电动机检查接线均按微型电机检查接线
				030406009	微型电机、电加热器	1.名称 2.型号 3.规格 4.接线端子材质、规格 5.干燥要求		台	

6)供电系统中电缆安装的常用项目

供电系统中电缆安装常用项目如表2.4.5所示。

表2.4.5

表2.4.5　供电系统中电缆安装常用项目

定额项目	章节编号	定额页码	图片	对应清单					说明
输电直埋式电力电缆敷设	H.1.1	197	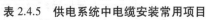	项目编码	项目名称	项目特征		计量单位	
				030408001	电力电缆	1.名称 2.型号 3.规格 4.材质 5.敷设方式、部位 6.电压等级(kV) 7.地形		m	
				030408002	控制电缆				

定额项目	章节编号	定额页码	图片	对应清单				说明
电缆沟（隧）道内输电电力电缆敷设	H.1.2	198		项目编码	项目名称	项目特征	计量单位	
				030408001	电力电缆	1.名称 2.型号 3.规格 4.材质 5.敷设方式、部位 6.电压等级(kV) 7.地形	m	
				030408002	控制电缆			
铜芯配电电力电缆敷设	H.1.6	204		项目编码	项目名称	项目特征	计量单位	
				030408001	电力电缆	1.名称 2.型号 3.规格 4.材质 5.敷设方式、部位 6.电压等级(kV) 7.地形	m	
				030408002	控制电缆			
矿物绝缘电力电缆敷设	H.1.7	208		项目编码	项目名称	项目特征	计量单位	
				030408001	电力电缆	1.名称 2.型号 3.规格 4.材质 5.敷设方式、部位 6.电压等级(kV) 7.地形	m	
				030408002	控制电缆			
预制分支电缆敷设	H.1.8	209		项目编码	项目名称	项目特征	计量单位	
				030408001	电力电缆	1.名称 2.型号 3.规格 4.材质 5.敷设方式、部位 6.电压等级(kV) 7.地形		
				030408002	控制电缆			

续表

定额项目	章节编号	定额页码	图片	对应清单				说明
控制电缆敷设	H.2.1	211		项目编码	项目名称	项目特征	计量单位	需要区分平面敷设和竖直通道敷设立项;但在单段高度小于3.6 m竖井内,仅按照平面电缆子目计算
				030408001	电力电缆	1.名称 2.型号 3.规格 4.材质 5.敷设方式、部位 6.电压等级(kV) 7.地形	m	
				030408002	控制电缆			
铺砂、盖保护板(砖)	H.4.1	217		项目编码	项目名称	项目特征	计量单位	
				030408005	铺砂、盖保护板(砖)	1.种类 2.规格		
电力电缆终端头制作安装	H.5.1.2 H.5.2.3 H.5.2.4 H.5.3.1	218 222 223 225		项目编码	项目名称	项目特征	计量单位	
				030408006	电力电缆头	1.名称 2.型号 3.规格 4.材质、类型 5.安装部位 6.电压等级(kV)	个	
电力电缆中间头制作安装	H.5.4.5	230		项目编码	项目名称	项目特征	计量单位	
				030408006	电力电缆头	1.名称 2.型号 3.规格 4.材质、类型 5.安装部位 6.电压等级(kV)	个	
矿物绝缘电缆终端头、中间头制作安装	H.5.5	232		项目编码	项目名称	项目特征	计量单位	
				030408006	电力电缆头	1.名称 2.型号 3.规格 4.材质、类型 5.安装部位 6.电压等级(kV)	个	

定额项目	章节编号	定额页码	图片	对应清单				说明

定额项目	章节编号	定额页码	图片	项目编码	项目名称	项目特征	计量单位	说明
穿刺线夹安装	H.5.6	234		030408006	电力电缆头	1.名称 2.型号 3.规格 4.材质、类型 5.安装部位 6.电压等级(kV)	个	
控制电缆头制作安装	H.6.1	235		030408007	控制电缆头	1.名称 2.型号 3.规格 4.材质、类型 5.安装方式	个	按照一根电缆两个终端头计算
防火包	H.8	237		030408008	防火堵洞	1.名称	处	
				030408009	防火隔板	2.材质 3.方式	m²	
				030408010	防火涂料	4.部位	kg	
防火堵料	H.9	237		030408008	防火堵洞	1.名称	处	
				030408009	防火隔板	2.材质 3.方式	m²	
				030408010	防火涂料	4.部位	kg	
防火隔板	H.10.1	238		030408008	防火堵洞	1.名称	处	
				030408009	防火隔板	2.材质 3.方式	m²	
				030408010	防火涂料	4.部位	kg	
防火涂料	H.13.1	239		030408008	防火堵洞	1.名称	处	
				030408009	防火隔板	2.材质 3.方式	m²	
				030408010	防火涂料	4.部位	kg	

7) 供电系统中配管、配线工程的常用项目

供电系统中配管、配线工程常用项目如表 2.4.6 所示。

表2.4.6

表 2.4.6　供电系统配管、配线工程常用项目

定额项目	章节编号	定额页码	图片	对应清单					说明
套接紧定式镀锌钢导管（JDG）敷设	L.1.1	297		项目编码	项目名称	项目特征		计量单位	此定额也适用于 KBG 钢导管
				030411001	配管	1.名称 2.材质 3.规格 4.配置形式 5.接地要求 6.钢索材质、规格			
镀锌钢管敷设	L.1.2.1 L.1.2.2 L.1.2.5	301 304 310		项目编码	项目名称	项目特征		计量单位	
				030411001	配管	1.名称 2.材质 3.规格 4.配置形式 5.接地要求 6.钢索材质、规格			
金属软管敷设	L.1.6	328		项目编码	项目名称	项目特征		计量单位	此定额使用须区分不同管长
				030411001	配管	1.名称 2.材质 3.规格 4.配置形式 5.接地要求 6.钢索材质、规格			
金属线槽敷设	L.2.2	333		项目编码	项目名称	项目特征		计量单位	
				030411002	线槽	1.名称 2.材质 3.规格		m	

定额项目	章节编号	定额页码	图片	对应清单					说明
钢制桥架	L.3.1	334		项目编码	项目名称	项目特征		计量单位	
				030411003	桥架	1.名称 2.型号 3.规格 4.材质 5.类型 6.接地方式			
(管内穿线)动力铜芯导线	L.4.1.2	342		项目编码	项目名称	项目特征		计量单位	
				030411004	配线	1.名称 2.配线形式 3.型号 4.规格 5.材质 6.配线部位 7.配线线制 8.钢索材质、规格		m	
(线槽配线)铜芯导线	L.4.7	354		项目编码	项目名称	项目特征		计量单位	
				030411004	配线	1.名称 2.配线形式 3.型号 4.规格 5.材质 6.配线部位 7.配线线制 8.钢索材质、规格		m	
接线箱	L.5	362		项目编码	项目名称	项目特征		计量单位	
				030411005	接线箱	1.名称 2.材质 3.规格 4.安装形式		个	
				030411006	接线盒				

续表

定额项目	章节编号	定额页码	图片	对应清单				说明
				项目编码	项目名称	项目特征	计量单位	
接线盒	L.6	363		030411005	接线箱	1.名称 2.材质 3.规格 4.安装形式	个	
				030411006	接线盒			

8) 供电系统附属工程的常用项目

供电系统附属工程常用项目如表 2.4.7 所示。

表2.4.7

表 2.4.7 供电系统附属工程常用项目

定额项目	章节编号	定额页码	图片	对应清单				说明
				项目编码	项目名称	项目特征	计量单位	
基础槽钢、角钢制作与安装	N.1.1	425		030413001	铁构件	1.名称 2.材质 3.规格	kg	
(电缆桥架)支架制作与安装	N.1.2	425		030413001	铁构件	1.名称 2.材质 3.规格	kg	电缆桥架支撑架制作与安装适用于电缆桥架立柱、托臂现场制作与安装,如果生产厂家成套供应时只计算安装费
(支架)铁构件制作与安装	N.1.3	426		030413001	铁构件	1.名称 2.材质 3.规格	kg	适用于本册范围内除电缆桥架支撑架以外的各种支架和铁构件的制作与安装

9) 供电系统电气调整试验的常用项目

供电系统电气调整试验常用项目如表 2.4.8 所示。

表2.4.8

表 2.4.8 供电系统电气调整试验常用项目

定额项目	章节编号	定额页码	图片	对应清单					说明
电力变压器系统调试	P.1.1	434		项目编码	项目名称	项目特征		计量单位	
				030414001	电力变压器系统	1.名称 2.型号 3.容量(kV·A)		系统	
				030414002	送配电装置系统	1.名称 2.型号 3.电压等级(kV) 4.类型			
送配电装置系统调试	P.1.2	436		项目编码	项目名称	项目特征		计量单位	
				030414001	电力变压器系统	1.名称 2.型号 3.容量(kV·A)		系统	
				030414002	送配电装置系统	1.名称 2.型号 3.电压等级(kV) 4.类型			
母线系统调试	P.1.7	440		项目编码	项目名称	项目特征		计量单位	
				030414008	母线	1.名称 2.电压等级(kV)		段	
				030414009	避雷器			组	
				030414010	电容器				

10) 供电系统涉及的其他常用项目

供电系统涉及第十一册《刷油、防腐蚀、绝热工程》的常用项目如表2.4.9所示。

表2.4.9

表 2.4.9 供电系统涉及第十一册《刷油、防腐蚀、绝热工程》的常用项目

定额项目	章节编号	定额页码	图片	对应清单				说明
（手工除锈）一般钢结构	A.1.3	10		项目编码	项目名称	项目特征	计量单位	
				031201003	金属结构刷油	1.除锈级别 2.油漆品种 3.结构类型 4.涂刷遍数、漆膜厚度	1.m² 2.kg	

续表

定额项目	章节编号	定额页码	图片	对应清单				说明
（一般钢结构）防锈漆	B.3.1.2	40		项目编码	项目名称	项目特征	计量单位	
				031201003	金属结构刷油	1.除锈级别 2.油漆品种 3.结构类型 4.涂刷遍数、漆膜厚度	1.m² 2.kg	
（一般钢结构）调和漆	B.3.1.6	42		项目编码	项目名称	项目特征	计量单位	
				031201003	金属结构刷油	1.除锈级别 2.油漆品种 3.结构类型 4.涂刷遍数、漆膜厚度	1.m² 2.kg	

2.4.3　第四册《电气安装工程》册、章及计算规则的说明

1)册说明的主要内容

册说明

一、第四册《电气设备安装工程》（以下简称"本册定额"）适用于工业与民用电压级小于或等于10 kV变配电设备及线路安装、车间动力电气设备及电气照明器具、防雷及接地装置安装、配管配线、电气调整试验等安装工程。包括：变压器、配电装置、母线、控制设备及低压电器、蓄电池、电机检查接线及调试、电缆、防雷接地装置、10 kV以下架空配电线路、配管、配线、照明器具、附属工程、起重设备电气装置等安装及电气调整试验内容。

二、本册定额除各章另有说明外，均包括下列工程内容：

施工准备、设备与器材及工器具的场内运输、开箱检查、安装、设备单体调整试验、收尾清理、配合质量检验、不同工种间交叉配合、临时移动水源与电源等工作内容。

三、本册定额不包括下列内容：

1.电压等级大于10 kV的配电、输电、用电设备及装置安装。工程应用时，应按电力行业相关定额子目执行。

2.电气设备及装置配合机械设备进行单体试运和联合试运工作内容。发电、输电、配电、用电分系统调试、整套启动调试、特殊项目测试与性能验收试验应单独按本册第P章相应定额子目执行。

(1)单体调试是指设备或装置安装完成后未与系统连接时，根据设备安装施工交接验收规范，为确认其是否符合产品出厂标准和满足实际使用条件而进行的单机试运或单体调试工作。单体调试项目的界限是设备没有与系统连接，设备和系统断开时的单独调试。

(2)分系统调试是指工程的各系统在设备单机试运或单体调试合格后，为使系统达到整套启动所必须具备的条件而进行的调试工作，它是设备和系统连接在一起进行的调试。分系统调试项目的界限是设备与系统连接。

　　(3)整套启动调试是指工程各系统调试合格后,根据启动试运规程、规范,在工程投料试运前以及试运行期间,对工程整套工艺运行生产以及全部安装结果的验证、检验所进行的调试,它是系统与系统连接在一起进行的调试。整套启动调试项目的界限是工程各系统间连接。

　　四、下列费用可按系数分别计取:

　　1.脚手架搭拆费(不包括第 P 章"电气调整试验"中的人工费,不包括装饰灯具安装工程中的人工费)按定额人工费的 5% 计算,其费用中人工费占 35%。电压等级小于或等于 10 kV 架空配电线路工程、直埋敷设电缆工程、路灯工程不单独计算脚手架费用。

　　2.操作高度增加费:安装高度距离楼面或地面大于 5 m 时,超过部分工程量按定额人工费乘以系数 1.1 计算(已经考虑了超高因素的定额项目除外,如小区路灯、投光灯、氙气灯、烟囱或水塔指示灯、装饰灯具、避雷针),电压等级小于或等于 10 kV 架空配电线路工程不执行本条规定。

　　3.建筑物超高增加费:指在建筑物层数大于 6 层或建筑物高度大于 20 m 以上的工业与民用建筑物上进行安装时,按下表计算。建筑物超高增加的费用中,人工费占 65%。

建筑物高度(m)	≤40	≤60	≤80	≤100	≤120	≤140	≤160	≤180	≤200
建筑层数(层)	≤12	≤18	≤24	≤30	≤36	≤42	≤48	≤54	≤60
按人工费的百分比(%)	1.83	4.56	8.21	12.78	18.25	23.73	29.20	34.68	40.15

　　4.在地下室内(含地下车库)、净高小于 1.6 m 楼层、断面小于 4 m^2 且大于 2 m^2 的洞内进行安装的工程,定额人工费乘以系数 1.08。

　　5.在管井内、竖井内、断面小于或等于 2 m^2 隧道或洞内、已封闭吊顶内进行安装的工程(竖井内敷设电缆项目除外),定额人工费乘以系数 1.15。

　　6.安装与生产同时进行时增加的费用,按定额人工费的 10% 计算。

　　五、本册定额中安装所用螺栓是按照厂家配套供应考虑,定额中不包括安装所用螺栓的费用。如果工程实际由安装单位采购配置安装所用螺栓时,根据实际安装所用螺栓用量加 3% 损耗率来计算螺栓费用。现场加工制作的金属构件定额中,螺栓按照未计价材料考虑,其中包括安装用的螺栓。

2)"A 变压器安装"章说明的主要内容

说　明

　　一、本章内容包括油浸电力变压器、干变压器、消弧线圈安装及变压器油过滤等。

　　二、有关说明:

　　1.设备安装定额包括放注油、油过滤所需的临时油罐等设施摊销费。不包括变压器防震措施安装,端子箱与控制箱的制作与安装,变压器干燥、二次喷漆、变压器铁梯及母线铁构件的制作与安装。工程实际发生时,按本册第 N 章相应定额子目执行。

　　2.油浸电力变压器安装定额同样适用于自耦式变压器、带负荷调压变压器的安装;电炉变压器安装执行同容量电力变压器定额乘以系数 1.6;整流变压器安装执行同容量电力变压器定额乘以系数 1.2。

　　3.变压器的器身检查:4 000 kV·A 以下容量变压器是按吊芯检查考虑,4 000 kV·A 以上容量变压器是按吊钟罩考虑,如果 4 000 kV·A 以上的容量变压器需吊芯检查时,定额机械费乘以系数 2.0。

　　4.安装带有保护外罩的干式变压器时,执行相关定额,人工、机械乘以系数 1.1。

　　5.单体调试包括熟悉图纸及相关资料、核对设备、填写试验记录、整理试验报告等工作内容。

　　(1)变压器单体调试内容包括测量绝缘电阻、直流电阻、极性组别、电压变比、交流耐压及空载电流和空载损耗、阻抗电压和负载损耗试验;包括变压器绝缘油取样、简化试验、绝缘强度试验。

（2）消弧线圈单体调试包括测量绝缘电阻、直流电阻和交流耐压试验;包括油浸式消弧线圈绝缘油取样、简化试验、绝缘强度试验。

6.绝缘油是按照设备供货考虑的。

7.非晶合金变压器安装根据容量执行相应的油浸变压器安装定额。

3)"C 母线安装"章说明和计算规则的主要内容

说　明

一、本章内容包括软母线、矩形母线、槽形母线、槽形母线与设备连线、管形母线、封闭母线、共箱母线、低压封闭式插接母线槽、重型母线绝缘子、穿墙套管及母线绝缘热缩管等安装。

二、有关说明:

1.定额不包括铁构件的制作与安装,工程实际发生时,按本册第 N 章相应定额子目执行。

2.组合软母线安装定额不包括两端铁构件制作与安装及支持瓷瓶、矩形母线的安装,工程实际发生时,按本册相应定额子目执行。安装的跨距是按标准跨距综合编制的,如实际安装跨距与定额不符时,执行定额不作调整。

3.软母线安装定额是按单串绝缘子编制的,如设计为双串绝缘子,其定额人工费乘以系数1.14。耐张绝缘子串的安装与调整已包括在软母线安装定额内。

4.软母线的引下线、跳线、经终端耐张线夹引下(不经过 T 形线夹或并沟线夹引下)与设备连接部分应按导线截面分别执行定额。软母线跳线安装定额综合考虑了耐张线夹的连接方式,执行定额时不作调整。

5.矩形钢母线按铜母线安装定额子目执行。

6.矩形母线伸缩节头和铜过渡板安装定额是按成品安装编制的,定额不包括加工配制及主材费。

7.矩形母线、槽形母线安装定额不包括支持瓷瓶安装和钢构件配置安装,工程实际发生时,按相应定额子目执行。

9.高压共箱母线和低压封闭式插接母线槽安装定额是按照成品安装编制的,定额不包括加工配制及主材费,包括接地安装及材料费。

10.插接式母线槽安装定额系按三相综合考虑的,如遇单相则按相应定额基价乘以系数 0.6 执行。

工程量计算规则

八、软母线安装预留长度按照设计规定计算,设计无规定时按照下表规定计算。

软母线安装预留长度

单位:m/根

项目	耐张	跳线	引下线	设备连接线
预留长度	2.5	0.8	0.6	0.6

九、矩形与管形母线及母线引下线安装,根据母线材质及每相片数、截面积或直径,按照设计图示数量以"m/单相"计算。计算长度时,应考虑母线挠度和连接需要增加的工程量,不计算安装损耗量。母线和固定母线金具应按照设计安装数量加损耗量另行计算主材费。

4)"D 控制设备及低压电器安装"章说明和计算规则的主要内容

说 明

一、本章内容包括控制、继电、信号及模拟配电屏,低压开关柜(屏),弱电控制返回屏,箱式配电室,硅整流柜,可控硅柜,低压电容器柜,自动调节励磁屏,励磁灭磁屏,蓄电池屏(柜),直流馈电屏,事故照明切换屏,控制台,控制箱,配电箱,成套低压路灯控制柜,控制开关,低压熔断器,限位开关,控制器,接触器,磁力启动器,Y-△自耦减压启动器,磁力控制器,快速自动开关,电阻器,油浸频敏变阻器,分流器,小电器,端子箱,风扇,照明开关,插座,其他电器等安装。

二、有关说明:

1.设备安装定额包括屏、柜、台、箱设备本体及其辅助设备安装,即标签框、光字牌、信号灯、附加电阻、连接片。定额不包括支架制作与安装、二次喷漆及喷字、设备干燥、焊(压)接线端子、端子板外部(二次)接线、基础槽(角)钢制作与安装、设备上开孔。

2.接线端子定额只适用于导线,电力电缆终端头制作安装定额中包括压接线端子,控制电缆终端头制作安装定额中包括终端头制作及接线至端子板,不得重复计算。

3.直流屏(柜)不单独计算单体调试,其费用综合在分系统调试中。

4.低压电器安装定额适用于工业低压用电装置、家用电器的控制装置及电器的安装。定额综合考虑了型号、功能,执行定额时不作调整。

5.控制装置安装定额中,除限位开关及水位电气信号装置安装定额外,其他安装定额均未包括支架制作、安装。工程实际发生时,按本册第N章相应定额子目执行。

6.本章定额包括电器安装、接线(除单独计算外)、接地。定额不包括接线端子、保护盒、接线盒、箱体等安装,工程实际发生时,按本册相应定额子目执行。

7.成品配套空箱体安装参照相应的"成套配电箱"安装定额子目乘以系数0.5执行。

8.变频柜安装参照"可控硅柜安装"相应定额子目执行。

9.插座箱安装参照"成套配电箱"相应定额子目执行。

工程量计算规则

六、盘、箱、柜的外部进出线预留长度按下表规定计算。

盘、箱、柜的外部进出线预留长度　　　　　单位:m/根

序号	项目	预留长度	说明
1	各种箱、柜、盘、板、盒	高+宽	盘面尺寸
2	单独安装的铁壳开关、自动开关、刀开关、启动器、箱式电阻器、变阻器	0.5	从安装对象中心算起
3	继电器、控制开关、信号灯、按钮、熔断器等小电器	0.3	从安装对象中心算起
4	分支接头	0.2	分支线预留

5)"F 电机检查接线及调试"章说明的主要内容

说　明

一、本章内容包括发电机、直流发电机检查接线及直流电动机、交流电动机、立式电动机、大中型电动机、微型电动机、变频机、电磁调速电动机检查接线及空负荷试运;发动机系统调试、励磁机系统调试、发电机主变压器组调试、发电机同期系统调试、普通小型直流电动机负载调试、可控硅调速、普通交流同步电动机负载调试、低压交流异步电动机负载调试、高压交流异步电动机负载调试、交流变频调速电动机负载调试、电动机联锁装置系统调试等。

二、有关说明:

1.发电机检查接线定额包括发电机干燥。电动机检查接线定额不包括电动机干燥,工程实际发生时,另行计算费用。

2.电机空转电源是按照施工电源编制的,定额中包括空转所消耗的电量及6 000 V 电机空转所需的电压转换设施费用。空转时间按照安装规范综合考虑,工程实际施工与定额不同时不作调整。

3.电动机根据质量分为大型、中型、小型。单台质量在 3 t 以下的电机为小型电机,单台质量超过 3 t 至 30 t 以下的电机为中型电机,单台质量在 30 t 以上的电机为大型电机。小型电机安装按照电动机类别和功率大小按相应定额子目执行,大中型电机不分交、直流电动机,按照电动机质量执行相应定额。

4.微型电动机包括驱动微型电机、控制微型电机、电源微型电机三类。驱动微型电机是指微型异步电动机、微型同步电动机、微型交流换向器电动机、微型直流电动机等。控制微型电机系指自整角机、旋转变压器、交/直流测速发电机、交直流伺服电动机、步进电动机、力矩电动机。电源微型电机系指微型电动发电机组和单枢变流机。

5.功率在 0.75 kW 以下的电机检查接线均按微型电机检查接线定额子目执行。

6.电机检查接线定额不包括控制装置的安装和接线。

7.定额中电机接地材质是按照镀锌扁钢编制的,如采用铜接地时,可以调整接地材料费,但安装人工和机械不变。

8.本章定额不包括发电机与电动机的安装,包括电动机空载试运转所消耗的电量,工程实际与定额不同时不作调整。

9.电动机控制箱安装按本册 D 章子目执行。

6)"H 电缆安装"章说明和计算规则的主要内容

说　明

11.电缆沟盖板采用金属盖板时,根据设计图纸分工按相应的定额子目执行。属于电气安装专业设计范围的电缆沟金属盖板制作与安装,按本册第 N 章相应定额乘以系数 0.6 执行。

二、有关说明:

1.电缆保护管铺设定额分为地下铺设、地上铺设两个部分。入室后需要敷设电缆保护管时,按本册 L 章相应定额子目执行。

(1)地下铺设不分人工或机械铺设,不分铺设深度,均执行定额,不作调整。

(2)地下顶管、拉管定额不包括入口、出口施工,应根据施工措施方案另行计算。

(3)地上铺设保护管定额不分角度与方向,综合考虑了不同壁厚与长度,执行定额时不作调整。

(4)多孔梅花管安装参照塑料管相应定额子目按公称外径执行。

(5)多孔排管敷设按相应管道定额子目乘以下表系数:

排管孔数	6 孔以下	12 孔以下	30 孔以下	48 孔以下
人工系数	0.95	0.88	0.82	0.78

　　2.电力电缆敷设定额包括输电电力敷设与配电电缆敷设项目,根据敷设环境按相应定额执行。定额综合了裸包电缆、铠装电缆、屏蔽电缆等电缆类型,凡是电压等级小于或等于 10 kV 电力电缆和控制电缆敷设,不分结构形式和型号,均按相应的电缆截面和芯数定额执行。

　　(1)输电电力电缆敷设环境分为直埋式、电缆沟(隧)道内、排管内、街码金具上。输电电力电缆起点为电源点或变(配)电站,终点为用户端配电站。

　　(2)配电电力电缆敷设环境分为室内、竖井通道内。配电电力电缆起点为用户端配电站,终点为用电设备。室内敷设电力电缆定额综合考虑了用户区内室外电缆沟、室内电缆沟、室内桥架、室内支架、室内线槽、室内管道等不同环境敷设,执行定额时不作调整。

　　(3)预制分支电缆、控制电缆敷设定额综合考虑了不同的敷设环境,执行定额时不作调整。

　　(4)本定额编制的矿物绝缘电缆适用于刚性矿物绝缘电缆,柔性矿物绝缘电力电缆根据电缆敷设环境与电缆截面,按相应的电力电缆敷设定额执行。

　　(5)竖井通道内敷设电缆定额适用于高度大于 3.6 m 的竖井,且采用电缆卡子固定明敷在竖井井壁的电缆敷设方式。在单段高度小于 3.6 m 的竖井内敷设电缆时,应按室内敷设电缆相应定额执行。

　　(6)电缆敷设定额中综合考虑了电缆布放费用,当电缆布放穿过高度大于 20 m 的垂直高度时,需要计算电缆布放增加费。电缆布放增加费按照竖直电缆长度计算工程量,按竖井通道内敷设电缆相应子目的定额人工和机械乘以系数 0.3 计算。

　　(7)预制分支电缆敷设定额中,包括电缆吊具(吊具主材按实计算)、每个长度小于或等于 10 m 分支电缆安装;不包括分支电缆的终端头制作安装,应根据设计图示数量与规格按相应的电缆接头定额子目执行。每个长度大于 10 m 以上的分支电缆长度,应根据超出的数量与规格及敷设的环境按相应的电缆敷设定额子目执行。

　　3.电缆在一般山地、丘陵地区敷设时,其定额人工乘以系数 1.3。该地段施工所需的额外材料(如固定桩、夹具等),应根据施工组织设计另行计算。

　　4.电力电缆敷设定额是按照三芯(包括三芯连地)编制的,电缆每增加一芯,相应定额增加 15%,单芯电力电缆敷设按照同截面电缆敷设定额乘以系数 0.7,两芯电缆按照三芯电缆定额执行。截面积 400 m² 以上至 800 m² 的单芯电力电缆敷设,按照 400 m² 电力电缆敷设定额乘以系数 1.35。截面积 800 m² 以上至 1 600 m² 的单芯电力电缆敷设,按照 400 m² 电力电缆敷设定额乘以系数 1.85。

工程量计算规则

　　一、直埋电缆沟槽挖填根据电缆敷设路径,按设计要求计算沟槽开挖工程量。当设计无具体规定时,按照下表规定计算。沟槽开挖长度按照电缆敷设路径长度计算。

项目	电缆根数	
	1~2	每增一根
每米沟场挖方量(m³)	0.45	0.153

　　注:1.两根以内的电缆沟,系按上口宽度 600 mm、下口宽度 400 mm、深度 900 mm 计算的常规土方量(深度按规范的最低标准)。

　　　2.每增加一根电缆,其宽度增加 170 mm。

　　　3.以上土方量系按埋深从自然地坪起算,如涉及埋深超过 900 mm 时,多挖的土方量应另行计算。

　　　4.挖淤泥、流砂,按照本表数量乘以系数 1.5。

　　二、电缆沟揭、盖、移动盖板根据施工组织设计,以揭一次与盖一次或者移出一次与移回一次为计算基础,按照实际揭与盖或移出与移回的次数乘以其长度计算。

三、电缆保护管铺设根据电缆敷设路径,应区别不同敷设方式,敷设位置,管材材质、规格,按照设计图示长度计算。计算电缆保护管长度时,设计无规定者按照以下规定增加保护管长度:

(1)横穿马路时,按照路基宽度两端各增加2 m。

(2)保护管需要出地面时,弯头管口距地面增加2 m。

(3)穿过建(构)筑物外墙时,从基础外缘起增加1 m。

(4)穿过沟(隧)道时,从沟(隧)道壁外缘起增加1 m。

四、电缆保护管地下敷设,其土石方量施工有设计图纸的,按施工图纸计算;无施工图纸的,沟深按照0.9 m计算,沟宽按最外边的保护管边缘每边各增加0.3 m工作面计算。

五、电缆敷设根据电缆敷设环境与规格,按照设计图示长度计算。

1.竖井通道内敷设电缆长度按照电缆敷设在竖井通道的垂直高度计算。

2.预制分支电缆敷设长度按照敷设主电缆长度计算。

3.计算电缆敷设长度时,应考虑因波形敷设、弛度、电缆绕梁(柱)所增加的长度,以及电缆与设备连接、电缆接头等必要的预留长度。预留长度按照设计规定计算,设计无规定时按照下表规定计算。

序号	项目	预留长度(附加)	说明
1	电缆敷设弛度、波形弯度、交叉	2.5%,按电缆全长计算	
2	电缆进入建筑物	2.0 m	规范规定最小值
3	电缆进入沟内或吊架时引上(下)预留	1.5 m	规范规定最小值
4	变电所进线、出线	1.5 m	规范规定最小值
5	电力电缆终端头	1.5 m	检修余量最小值
6	电缆中间接头盒	两端各留2.0 m	检修余量最小值
7	电缆进控制、保护屏及模拟盘等	宽+高	按盘面尺寸
8	高压开关柜及低压配电盘、箱	2.0 m	盘下进出线
9	电缆至电动机	0.5 m	从电机接线盒起算
10	厂用变压器	3.0 m	从地坪起算
11	电缆绕过梁柱等增加长度	按实计算	按被绕物的断面情况计算增加长度
12	电梯电缆与电缆架固定点	每处0.5 m	规范最小值

注:1.电缆附加及预留的长度是电缆敷设长度的组成部分,应计入电缆长度工程量之内。

2.表中"电缆敷设的附加长度"不适用于矿物绝缘电缆预留长度,矿物绝缘电缆预留长度按厂家定制长度和规格参数执行。

7)"L配管配线工程"章说明和计算规则的主要内容

说 明

二、有关说明：

1.配管定额中钢管材质是按照镀锌钢管考虑的,定额不包括采用焊接钢管刷油漆、刷防火漆或防火涂料,管外壁防腐保护以及接线箱、接线盒、支架制作与安装,工程实际发生时,按相应定额子目执行。

2.工程采用镀锌电线管时,执行镀锌钢管定额计算安装费,镀锌电线管主材费按照镀锌钢管用量另行计算。

3.工程采用扣压式薄壁钢导管(KBG)时,按套接紧定式镀锌钢导管(JDG)定额子目执行。

6.配管定额是按照各专业间配合施工考虑的,定额中不包括凿槽、刨沟、凿孔(洞)及恢复等费用。

7.室外埋设配线管的土石方施工,按相应定额子目执行。

8.吊顶天棚板内敷设电气配管,根据管材质,按"砖、混凝土结构明敷"相关定额子目执行。

9.桥架安装定额包括组对、焊接、桥架开孔、隔板与盖板安装、接地、附件安装、修理等,不包括桥架支撑架安装。定额综合考虑了螺栓、焊接和膨胀螺栓三种固定方式,实际安装与定额不同时不作调整。

(1)梯式桥架安装定额是按照不带盖考虑的,若梯式桥架带盖,则执行相应的槽式桥架定额。

(2)钢制桥架主结构设计厚度大于3 mm时,执行相应安装定额,人工、机械乘以系数1.20。

(3)不锈钢桥架安装执行相应的钢制桥架定额,乘以系数1.10。

(4)电缆桥架安装定额是按照厂家供应成品安装编制的,若现场需要制作桥架时,应按第N章相应定额子目执行。

10.管内穿线定额包括扫管、穿线、焊接包头;绝缘子配线定额包括埋螺钉、钉木楞、埋穿墙管、安装绝缘子、配线、焊接包头;线槽配线定额包括清扫线槽、布线、焊接包头;导线明敷设定额包括埋穿墙管、安装瓷通、安装街码、上卡子、配线、焊接包头。

11.照明线路中导线截面积大于6 mm²时,按动力线路穿线相关定额子目执行。

12.车间配线定额包括支架安装、绝缘子安装、母线平直与连接及架设、刷分相漆,不包括母线伸缩器制作与安装。

13.接线箱、接线盒安装定额适用于电压等级小于或等于380 V电压等级用电系统。定额不包括接线箱、接线盒本体费用。暗装接线箱、接线盒定额中槽孔按照事先预留考虑,定额不包括人工打槽孔的费用。

工程量计算规则

一、配管敷设根据配管材质与直径,区别敷设位置、敷设方式,按设计图示长度计算。计算长度时,不计算安装损耗量,不扣除管路中间的接线箱、接线盒、灯头盒、开关盒、插座盒、管件等所占长度。

二、金属软管敷设根据金属软管直径,按设计图示长度计算。计算长度时,不计算安装损耗量。

三、线槽敷设根据线槽材质及规格,按设计图示长度计算。计算长度时,不计算安装损耗量,不扣除管路中间的接线箱、接线盒、灯头盒、开关盒、插座盒、管件等所占长度。

四、电缆桥架安装根据桥架材质与规格,按设计图示长度计算。

五、组合式桥架安装按设计图示数量以"片"计算;复合支架安装按设计图示数量以"副"计算。

六、管内穿线根据导线材质与截面积,区别照明线与动力线,按设计图示长度计算;管内穿多芯软导线根据软导线芯数与单芯软导线截面积,按设计图示长度计算。管内穿线的线路分支接头线长度已综合考虑在定额中,不得另行计算。

十四、接线箱安装根据安装形式及接线箱半周长,按设计图示数量以"个"计算。

十五、接线盒安装根据安装形式及接线盒类型,按设计图示数量以"个"计算。

十六、盘、柜、箱、板配线根据导线截面积,按设计图示配线长度计算。配线进入盘、柜、箱、板时,每根线的预留长度按照设计规定计算,设计无规定时按照下表规定计算。

配线进入盘、柜、箱、板的预留线长度表

序号	项目	预留长度	说明
1	各种开关箱、柜、板	高+宽	盘面尺寸
2	单独安装(无箱、盘)的铁壳开关、闸刀开关、启动器、母线槽进出线盒等	0.3 m	以安装对象中心算起
3	由地面管子出口引至动力接线箱	1 m	以管口计算
4	电源与管内导线连接(管内穿线与软、硬母线接头)	1.5 m	以管口计算
5	出户线	1.5 m	以管口计算

8)"N 附属工程"章说明和计算规则的主要内容

说　明

一、本章内容包括基础槽钢或角钢、电缆桥架支撑架、铁构件、金属箱与盒、金属围网、金属网门、穿墙板的制作与安装等。

二、有关说明:

1.电缆桥架支撑架制作与安装适用于电缆桥架的立柱、托臂现场制作与安装,如果生产厂家成套供货时,只计算安装费。

2.铁构件制作与安装定额适用于本册范围内除电缆桥架支撑架以外的各种支架、构件的制作与安装。

3.铁构件制作定额不包括镀锌、镀锡、镀铬、喷塑、除锈、刷油等其他金属防护费用,工程实际发生时,按相应定额子目另行计算。

4.轻型铁构件是指铁构件的主体结构厚度小于或等于3 mm的铁构件。单件质量大于100 kg的铁构件安装,按《静置设备与工艺金属结构制作安装工程》相应定额子目执行。

5.穿墙板制作与安装定额综合考虑了板的规格与安装高度,执行定额时不作调整。定额中不包括电木板、环氧树脂板的主材,应按照安装用量加损耗量另行计算主材费。

6.金属围网、网门制作与安装定额包括网或门的边柱、立柱制作与安装。

7.管道包封、人(手)孔砌筑及防水按照其他专业定额相应定额子目执行。

8.凿槽、打洞按照第九册《消防安装工程》中的相应定额子目执行。

工程量计算规则

一、基础槽钢、角钢制作与安装,根据设备布置,按设计图示长度计算。

二、电缆桥架支撑架制作与安装,按设计图示安装成品质量以"t"计算;铁构件的制作与安装,按设计图示质量以"kg"计算。计算质量时,计算制作螺栓及连接件质量,不计算制作与安装损耗量、焊条质量。

三、金属箱、盒制作,按设计图示成品质量以"kg"计算。计算质量时,计算制作螺栓及连接件质量,不计算制作损耗量、焊条质量。

9)"P 电气调整试验"章说明和计算规则的主要内容

说　明

一、本章内容包括输电、配电、用电工程中电气设备的分系统调试、整套启动调试、特殊项目测试与性能验收试验等。

二、有关说明：

1.调试定额是按照现行的输电、配电、用电工程启动试运及验收规程进行编制的，标准与规程未包括的调试项目和调试内容所发生的费用，应结合技术条件及相应的规定另行计算。

2.调试定额中已经包括熟悉资料、编制调试方案、核对设备、现场调试、填写调试记录、保护整定值的整定、整理调试报告等工作内容。

3.本章定额所用到的电源是按照永久电源编制的，定额中不包括调试与试验所消耗的电量。

4.分系统调试包括电气设备安装完毕后进行系统联动、对电气设备单体调试进行校验与修正、电气一次设备与二次设备常规的试验等工作内容。非常规的调试与试验，按特殊项目测试与性能验收试验相应的定额子目执行。

5.电气调试系统根据电气布置系统图，结合调试定额的工作内容进行划分，按照定额计量单位计算工程量。

6.电气设备常规试验不单独计算工程量，特殊项目的测试与试验，根据工程需要，按照实际数量计算工程量。

7.定额不包括设备的干燥处理和设备本身缺陷造成的元件更换修理，亦未考虑因设备元件质量低劣或安装质量问题对调试工作造成的影响，发生时按照有关规定进行处理。

8.定额是按照新的且合格的设备考虑的，当调试经更换修改的设备、拆迁的旧设备时，定额乘以系数1.15。

9.变压器的系统调试定额已包括该系统中的变压器、互感器、开关、仪表和继电器等一、二次设备的本体调试和回路试验。

10.干式变压器调试，按照同容量的电力变压器调试定额乘以系数0.8；调试带负荷调压装置的电力变压器时，按照同容量的电力变压器调试定额乘以系数1.12；三线圈变压器、整流变压器、电炉变压器，按照同容量的电力变压器调试定额乘以系数1.2。

11.变压器系统调试是按照每个电压侧有一台断路器考虑的，若断路器多于一台时，则按照相应的电压等级另行计算送配电设备系统调试费。

12.送配电装置系统调试中的电压等级小于或等于 1 kV 的定额适用于所有低压供电回路，如从低压配电装置至分配电箱的供电回路（包括照明供电回路）；从配电箱接至电动机的供电回路已包括在电动机的负载系统调试定额内。凡供电回路中带有仪表、继电器、电磁开关等调试元件的（不包括刀开关、保险器），均按照调试系统计算。移动式电器和以插座连接的家电设备不计算调试费用。送配电装置系统调试包括系统内的电缆试验、绝缘耐压试验等调试工作。供电桥回路中的断路器、母线分段接线回路中断路器，均作为独立的供电系统计算。配电箱内只有开关、熔断器等不含调试元件的供电回路，则不再作为调试系统计算。

13.送配电装置系统调试是按照一侧有一台断路器考虑的，若两侧均有断路器，则按照两个系统计算。

14.一般民用建筑电气工程中，配电室内带有调试元件的盘、箱、柜和带有调试元件的照明配电箱，应按照供电方式计算输配电设备系统调试数量。用户所用的配电箱供电不计算系统调试费。电量计量表一般是由供应单位经有关检验校验后进行安装，不计算调试费。

15.具有较高控制技术的电气工程（包括照明工程中由程控调光的装饰灯具），应按照控制方式计算系统调试工程量。

16.保护装置系统调试以被保护的对象主体为一套。其工程量按照下列规定计算：

(1)发电机组保护调试按照发电机台数计算。

(2)变压器保护调试按照变压器的台数计算。

(3)母线保护调试按照设计规定所保护的母线条数计算。

(4)线路保护调试按照设计规定所保护的进出线回路数计算。

(5)小电流接地保护按照装设该保护装置的套数计算。

17.调试定额是按照现行的国家标准《电气装置安装工程电气设备交接试验标准》(GB 50150)和相应的电气装置安装工程施工及验收规范进行编制的。标准与规范未包括的调试项目和调试内容所发生的费用,应结合技术条件及相应的规定另行计算。发电机、变压器、母线、线路的分系统调试中均包括了相应保护调试,"保护装置系统调试"定额适用于单独调试保护系统。

18.自动投入装置系统调试包括继电器、仪表等元件本身和二次回路的调整试验,其工程量按照下列规定计算:

(1)备用电源自动投入装置按照联锁机构的个数计算自动投入装置的系统工程量。一台备用厂用变压器作为三段厂用工作母线备用电源,按照三个系统计算工程量。设置自动投入的两条互为备用的线路或两台变压器,按照两个系统计算工程量。备用电动机自动投入装置亦按此规定计算。

(2)线路自动重合闸系统调试按照采用自动重合闸装置的线路自动断路器的台数计算系统工程量。综合重合闸亦按此规定计算。

(3)自动调频装置系统调试以一台发电机为一个系统计算。

(4)同期装置系统调试按照设计构成一套能够完成同期并车行为的装置为一个系统计算。

(5)用电切换系统调试按照设计能够完成交直流切换的一套装置为一个系统计算。

19.3~10 kV 母线系统调试定额中包含一组电压互感器,电压等级小于或等于 1 kV 母线系统调试定额中不包含电压互感器,定额适用于低压配电装置的各种母线(包括软母线)的调试。

20.电容器的调试,按每三相为一组计算,单个装设的亦按一组计算。

工程量计算规则

一、10 kV 以下电力变压器系统调试根据变压器容量,按设计图示数量以"系统"计算;成套箱式变电站系统调试根据变压器容量,按设计图示数量以"座"计算。

二、送配电装置系统调试按设计图示数量以"系统"计算。

三、保护装置系统调试按设计图示数量以"套(台)"计算。

四、自动投入装置系统调试按设计图示数量以"系统(套)"计算。

五、事故照明自动切换系统调试、故障录波系统调试根据设计标准,按照发电机组数量以"台"计算,独立变电站与配电室以"座"数计算。

六、不间断电源系统调试按设计图示数量以"台"计算。

七、母线系统调试按设计图示数量以"段"计算。

八、电容器系统调试按设计图示数量以"组"计算。

九、接地装置调试按设计图示数量以"组、系统"计算。

十、电抗器调试按设计图示数量以"组"计算。

十一、电除尘器系统调试根据烟气进除尘器入口净面积,按设计图示数量以"套"计算。按照一台升压变压器、一组整流器及附属设备为一套计算。

十二、硅整流设备、可控硅整流装置按设计图示数量以"系统"计算,按一套硅整流装置为一个系统计算。

十三、电缆试验按设计图示数量以"点"计算。

习题

1.单项选择题

1)依据《重庆市建设工程费用定额》(CQFYDE—2018)的规定,照明供电干线的取费应执行(   )分册。

A.电气设备安装工程   B.建筑智能化安装工程

C.自动化仪器仪表安装工程　　　　　　　D.消防安装工程

2)依据《重庆市建设工程费用定额》(CQFYDE—2018)的规定,电气动力的取费应执行
(　　)分册。

A.消防安装工程　　　　　　　　　　B.建筑智能化安装工程

C.电气设备安装工程　　　　　　　　D.自动化仪器仪表安装工程

3)依据《重庆市通用安装工程计价定额》(CQAZDE—2018)的规定,电缆敷设定额中的步距"截面"是指(　　)。

A.单芯主截面　　　　　　　　　　　B.多芯截面之和

C.相线截面之和　　　　　　　　　　D.电缆外截面

4)依据《重庆市通用安装工程计价定额》(CQAZDE—2018)的规定,以下哪种情况的电力电缆适用电缆在竖直通道敷设定额项目?(　　)

A.有楼板就适用　　　　　　　　　　B.无楼板才适用

C.高度大于3.6 m的竖井,且采用电缆卡子固定明敷在竖井壁

D.需要在施工方案中批准

5)依据《重庆市通用安装工程计价定额》(CQAZDE—2018)的规定,电缆保护管敷设直径
(　　)执行第四册《电气设备安装工程》配管配线定额相应项目。

A.150 mm以下　　　　B.100 mm以下　　　　C.80 mm以下　　　　D.50 mm以下

2.多项选择题

1)依据《重庆市通用安装工程计价定额》(CQAZDE—2018)的规定,桥架支撑架定额适用于(　　)。

A.非标支架安装　　　　B.立柱安装　　　　　　C.托臂安装

D.L形角钢吊架　　　　E.其他各种成品支撑架

2)依据《重庆市通用安装工程计价定额》(CQAZDE—2018)的规定,钢制桥架主结构设计
(　　)。

A.厚度大于3 mm时　　B.厚度大于4 mm时　　C.定额人工乘以系数1.2

D.定额材料乘以系数1.2　　　　　　　　E.定额机械乘以系数1.2

3)依据《重庆市通用安装工程计价定额》(CQAZDE—2018)的规定,桥架安装包括直通桥架和弯头等,按延长米计算工程量,不扣除(　　)等所占的长度。

A.弯头　　　　　　　　B.三通　　　　　　　　C.四通　　　　　　　　D.直通

E.连接片

2.5　供电系统清单计价

2.5.1　供电系统清单计价理论

1)10 kV以下变配电设备的清单项目

《通用安装工程工程量计算规范》(GB 50856—2013)中,10 kV以下变配电设备工程量清单项目设置、项目特征描述的内容、计量单位及工程量计算规则,应按表2.5.1的规定执行,表

中内容摘自该规范第52和55页。

表2.5.1　10 kV 以下变配电设备的清单项目

项目编码	项目名称	项目特征	计量单位	工程量计算规则	工作内容
030401002	干式变压器	1.名称 2.型号 3.容量(kV·A) 4.电压(kV) 5.油过滤要求 6.干燥要求 7.基础型钢形式、规格 8.网门、保护门材质、规格 9.温控箱型号、规格	台	按设计图示数量计算	1.本体安装 2.基础型钢制作、安装 3.温控箱安装 4.接地 5.网门、保护门制作、安装 6.补刷(喷)油漆
030402017	高压成套配电柜	1.名称 2.型号 3.规格 4.母线配置方式 5.种类 6.基础型钢形式、规格	台	按设计图示数量计算	1.本体安装 2.基础型钢制作、安装 3.补刷(喷)油漆 4.接地

2) 母线安装的清单项目

《通用安装工程工程量计算规范》(GB 50856—2013)中,母线安装工程量清单项目设置、项目特征描述的内容、计量单位及工程量计算规则,应按表2.5.2的规定执行,表中内容摘自该规范第56页。

表2.5.2　母线安装的清单项目

项目编码	项目名称	项目特征	计量单位	工程量计算规则	工作内容
030403003	带形母线	1.名称 2.型号 3.规格 4.材质 5.绝缘子类型、规格 6.穿墙套管材质、规格 7.穿通板材质、规格 8.母线桥材质、规格 9.引下线材质、规格 10.伸缩节、过渡板材质、规格 11.分相漆品种	m	按设计图示以单相长度计算(含预留长度)	1.母线安装 2.穿通板制作、安装 3.支持绝缘子、穿墙套管的耐压试验、安装 4.引下线安装 5.伸缩节安装 6.过渡板安装 7.刷分相漆

续表

项目编码	项目名称	项目特征	计量单位	工程量计算规则	工作内容
030403005	共箱母线	1.名称 2.型号 3.规格 4.材质	m	按设计图示尺寸以中心线长度计算	1.母线安装 2.补刷(喷)油漆
030403006	低压封闭式插接母线槽	1.名称 2.型号 3.规格 4.容量(A) 5.线制 6.安装部位			
030403007	始端箱、分线箱	1.名称 2.型号 3.规格 4.容量(A)	台	按设计图示数量计算	1.本体安装 2.补刷(喷)油漆
030403008	重型母线	1.名称 2.型号 3.规格 4.容量(A) 5.材质 6.绝缘子类型、规格 7.伸缩器及导板规格	t	按设计图示尺寸以质量计算	1.母线制作、安装 2.伸缩器及导板制作、安装 3.支持绝缘子安装 4.补刷(喷)油漆

注:1.软母线安装预留长度见规范表 D.15.7-1。
2.硬母线配置安装预留长度见表 2.5.3。

表 2.5.3　硬母线配置安装预留长度　　　　　　单位:m/根

序号	项目	预留长度	说明
1	带形、槽形母线终端	0.3	从最后一个支持点算起
2	带形、槽形母线与分支线连接	0.5	分支线预留
3	带形母线与设备连接	0.5	从设备端子接口算起
4	多片重型母线与设备连接	1.0	从设备端子接口算起
5	槽形母线与设备连接	0.5	从设备端子接口算起

3)控制设备及低压电器安装的清单项目

《通用安装工程工程量计算规范》(GB 50856—2013)中,控制设备及低压电器安装工程量清单项目设置、项目特征描述的内容、计量单位及工程量计算规则,应按表2.5.4的规定执行,表中内容摘自该规范第59和60页。

表2.5.4　控制设备及低压电器安装的清单项目

项目编码	项目名称	项目特征	计量单位	工程量计算规则	工作内容
030404004	低压开关柜(屏)	1.名称 2.型号 3.规格 4.种类 5.基础型钢形式、规格 6.接线端子材质、规格 7.端子板外部接线材质、规格 8.小母线材质、规格 9.屏边规格	台	按设计图示数量计算	1.本体安装 2.基础型钢制作、安装 3.端子板安装 4.焊、压接线端子 5.盘柜配线、端子接线 6.屏边安装 7.补刷(喷)油漆 8.接地
030404016	控制箱	1.名称 2.型号 3.规格 4.基础形式、材质、规格 5.接线端子材质、规格 6.端子板外部接线材质、规格 7.安装方式	台	按设计图示数量计算	1.本体安装 2.基础型钢制作、安装 3.焊、压接线端子 4.补刷(喷)油漆 5.接地
030404017	配电箱				
030404018	插座箱	1.名称 2.型号 3.规格 4.安装方式			1.本体安装 2.接地
030404019	控制开关	1.名称 2.型号 3.规格 4.接线端子材质、规格 5.额定电流(A)	个	按设计图示数量计算	1.本体安装 2.焊、压接线端子 3.接线

续表

项目编码	项目名称	项目特征	计量单位	工程量计算规则	工作内容
030404031	小电器	1.名称 2.型号 3.规格 4.接线端子材质、规格	个（套、台）		1.本体安装 2.焊、压接线端子 3.接线

注:1.控制开关包括:自动空气开关、刀型开关、铁壳开关、胶盖刀闸开关、组合控制开关、万能转换开关、风机盘管三速开关、漏电保护开关等。

2.小电器包括:按钮、电笛、电铃、水位电气信号装置、测量表计、继电器、电磁锁、屏上辅助设备、辅助电压互感器、小型安全变压器等。

3.其他电器安装指本节未列的电器项目。

4.其他电器必须根据电器实际名称确定项目名称,明确描述工作内容、项目特征、计量单位、计算规则。

5.盘、箱、柜的外部进出电线预留长度见规范表 D.15.7-3。

4)电机检查接线及调试的清单项目

《通用安装工程工程量计算规范》(GB 50856—2013)中,电机检查接线及调试工程量清单项目设置、项目特征描述的内容、计量单位及工程量计算规则,应按表2.5.5的规定执行,表中内容摘自该规范第62页。

表 2.5.5　电机检查接线及调试的清单项目

项目编码	项目名称	项目特征	计量单位	工程量计算规则	工作内容
030406006	低压交流异步电动机	1.名称 2.型号 3.容量(kW) 4.控制保护方式 5.接线端子材质、规格 6.干燥要求	台	按设计图示数量计算	1.检查接线 2.接地 3.干燥 4.调试
030406007	高压交流异步电动机	1.名称 2.型号 3.容量(kW) 4.保护类别 5.接线端子材质、规格 6.干燥要求			
030406008	交流变频调速电动机	1.名称 2.型号 3.容量(kW) 4.类别 5.接线端子材质、规格 6.干燥要求			
030406009	微型电机、电加热器	1.名称 2.型号 3.规格 4.接线端子材质、规格 5.干燥要求			

5)电缆安装的清单项目

《通用安装工程工程量计算规范》(GB 50856—2013)中,电缆安装工程量清单项目设置、项目特征描述的内容、计量单位及工程量计算规则,应按表 2.5.6 的规定执行,表中内容摘自该规范第 63 和 64 页。

表 2.5.6　电缆安装的清单项目

项目编码	项目名称	项目特征	计量单位	工程量计算规则	工作内容
030408001	电力电缆	1.名称 2.型号 3.规格 4.材质	m	按设计图示尺寸以长度计算(含预留长度及附加长度)	1.电缆敷设 2.揭(盖)盖板
030408002	控制电缆	5.敷设方式、部位 6.电压等级(kV) 7.地形			
030408003	电缆保护管	1.名称 2.材质 3.规格 4.敷设方式			保护管敷设
030408004	电缆槽盒	1.名称 2.材质 3.规格 4.型号		按设计图示尺寸以长度计算	槽盒安装
030408005	铺砂、盖保护板(砖)	1.种类 2.规格			1.铺砂 2.盖板(砖)
030408006	电力电缆头	1.名称 2.型号 3.规格 4.材质、类型 5.安装部位 6.电压等级(kV)	个	按设计图示数量计算	1.电力电缆头制作 2.电力电缆头安装 3.接地
030408007	控制电缆头	1.名称 2.型号 3.规格 4.材质、类型 5.安装方式			
030408008	防火堵洞	1.名称 2.材质 3.方式 4.部位	处	按设计图示数量计算	安装
030408009	防火隔板		m²	按设计图示尺寸以面积计算	
030408010	防火涂料		kg	按设计图示尺寸以质量计算	

续表

项目编码	项目名称	项目特征	计量单位	工程量计算规则	工作内容
030408011	电缆分支箱	1.名称 2.型号 3.规格 4.基础形式、材质、规格	台	按设计图示数量计算	1.本体安装 2.基础制作、安装

注:1.电缆穿刺线夹按电缆头编码列项。

2.电缆井、电缆排管、顶管,应按现行国家标准《市政工程工程量计算规范》(GB 50857)相关项目编码列项。

3.电缆敷设预留长度及附加长度见表2.5.7。

表2.5.7　电缆敷设预留及附加长度

序号	项目	预留(附加)长度	说明
1	电缆敷设驰度、波形弯度、交叉	2.5%	按电缆全长计算
2	电缆进入建筑物	2.0 m	规范规定最小值
3	电缆进入沟内或吊架时引上(下)预留	1.5 m	规范规定最小值
4	变电所进线、出线	1.5 m	规范规定最小值
5	电力电缆终端头	1.5 m	检修余量最小值
6	电缆中间接头盒	两端各留2.0 m	检修余量最小值
7	电缆进控制、保护屏及模拟盘、配电箱等	高+宽	按盘面尺寸
8	高压开关柜及低压配电盘、箱	2.0 m	盘下进出线
9	电缆至电动机	0.5 m	从电动机接线盒算起
10	厂用变压器	3.0 m	从地坪算起
11	电缆绕过梁柱等增加长度	按实计算	按被绕物的断面情况计算增加长度
12	电梯电缆与电缆架固定点	每处0.5 m	规范规定最小值

6)配管配线的清单项目

《通用安装工程工程量计算规范》(GB 50856—2013)中,配管配线工程量清单项目设置、项目特征描述的内容、计量单位及工程量计算规则,应按表2.5.8的规定执行,表中内容摘自该规范第67和68页及73和75页。

表2.5.8 配管、配线的清单项目

项目编码	项目名称	项目特征	计量单位	工程量计算规则	工作内容
030411001	配管	1.名称 2.材质 3.规格 4.配置形式 5.接地要求 6.钢索材质、规格	m	按设计图示尺寸以长度计算	1.电线管路敷设 2.钢索架设(拉紧装置安装) 3.预留沟槽 4.接地
030411002	线槽	1.名称 2.材质 3.规格			1.本体安装 2.补刷(喷)油漆
030411003	桥架	1.名称 2.型号 3.规格 4.材质 5.类型 6.接地方式			1.本体安装 2.接地
030411004	配线	1.名称 2.配线形式 3.型号 4.规格 5.材质 6.配线部位 7.配线线制 8.钢索材质、规格	m	按设计图示尺寸以单线长度计算(含预留长度)	1.配线 2.钢索架设(拉紧装置安装) 3.支持体(夹板、绝缘子、槽板等)安装
030411005	接线箱	1.名称 2.材质 3.规格 4.安装形式	个	按设计图示数量计算	本体安装
030411006	接线盒				

注:1.配管、线槽安装不扣除管路中间的接线箱(盒)、灯头盒、开关盒所占长度。

2.配管名称指电线管、钢管、防爆管、塑料管、软管、波纹管等。

3.配管配置形式指明配、暗配、吊顶内、钢结构支架、钢索配管、埋地敷设、水下敷设、砌筑沟内敷设等。

4.配线名称指管内穿线、瓷夹板配线、塑料夹板配线、绝缘子配线、槽板配线、塑料护套配线、线槽配线、车间带形母线等。

5.配线形式指照明线路,动力线路,木结构,顶棚内,砖、混凝土结构,沿支架、钢索、屋架、梁、柱、墙,以及跨屋架、梁、柱。

6.配线保护管遇到下列情况之一时,应增设管路接线盒和拉线盒:(1)管长度每超过30 m,无弯曲;(2)管长度每超过20 m,有1个弯曲;(3)管长度每超过15 m,有2个弯曲;(4)管长度每超过8 m,有3个弯曲。垂直敷设的电线保护管遇到下列情况之一时,应增设固定寻线用的拉线盒:(1)管内导线截面为50 mm² 及以下,长度每超过30 m;(2)管内导线截面为70~95 mm²,长度每超过20 m;(3)管内导线截面为120~240 mm²,长度每超过18 m。在配管清单项目计量时,设计无要求时上述规定可以作为计量接线盒、拉线盒的依据。

7.配管安装中不包括凿槽、刨沟,应按规范附录 D.13 相关项目编码列项。

8.配线进入箱、柜、板的预留长度见表2.5.10。

9.金属线槽和桥架之槽盒在小规格范围内基本无明显区别,原则上按照施工图设计说明立项,引述表格详见表2.5.9和表2.5.10。

表 2.5.9　盘、箱、柜的外部进出线预留长度　　　　　　　　　　　单位:m/根

序号	项目	预留长度	说明
1	各种箱、柜、盘、板、盒	高+宽	盘面尺寸
2	单独安装的铁壳开关、自动开关、刀开关、启动器、箱式电阻器、变阻器	0.5	从安装对象中心算起
3	继电器、控制开关、信号灯、按钮、熔断器等小电器	0.3	从安装对象中心算起
4	分支接头	0.2	分支线预留

表 2.5.10　配线进入箱、柜、板的预留长度　　　　　　　　　　　单位:m/根

序号	项目	预留长度	说明
1	各种开关箱、柜、板	高+宽	盘面尺寸
2	单独安装(无箱、盘)的铁壳开关、闸刀开关、启动器、线槽进出线盒等	0.3	从安装对象中心算起
3	由地面管子出口引至动力接线箱	1.0	从管口计算
4	电源与管内导线连接(管内穿线与软、硬母线接点)	1.5	从管口计算
5	出户线	1.5	从管口计算

7) 附属工程的清单项目

《通用安装工程工程量计算规范》(GB 50856—2013)中,附属工程的工程量清单项目设置、项目特征描述的内容、计量单位及工程量计算规则,应按表 2.5.11 的规定执行,表中内容摘自该规范第 70 和 71 页。

表 2.5.11　附属工程的清单项目

项目编码	项目名称	项目特征	计量单位	工程量计算规则	工作内容
030413001	铁构件	1.名称 2.材质 3.规格	kg	按设计图示尺寸以质量计算	1.制作 2.安装 3.补刷(喷)油漆
030413002	凿(压)槽	1.名称 2.规格 3.类型 4.填充(恢复)方式 5.混凝土标准	m	按设计图示尺寸以长度计算	1.开槽 2.恢复处理
030413003	打洞(孔)	1.名称 2.规格 3.类型 4.填充(恢复)方式 5.混凝土标准	个	按设计图示数量计算	1.开孔、洞 2.恢复处理

8)电气调整试验的清单项目

《通用安装工程工程量计算规范》(GB 50856—2013)中,电气调整试验工程量清单项目设置、项目特征描述的内容、计量单位及工程量计算规则,应按表 2.5.12 的规定执行,表中内容摘自该规范第 71 和 72 页。

表 2.5.12　电气调整试验的清单项目

项目编码	项目名称	项目特征	计量单位	工程量计算规则	工作内容
040414001	电力变压器系统	1.名称 2.型号 3.容量(kV·A)	系统	按设计图示系统计算	系统调试
030414002	送配电装置系统	1.名称 2.型号 3.电压等级(kV) 4.类型			
030414015	电缆试验	1.名称 2.电压等级(kV)	次 (根、点)	按设计图示数量计算	试验

注:1.功率大于 10 kW 电动机及发电机的启动调试用的蒸汽、电力和其他动力能源消耗及变压器空载试运转的电力消耗及设备需烘干处理应说明。

2.配合机械设备及其他工艺的单体试车,应按本规范附录 A 措施项目相关项目编码列项。

3.计算机系统调试应按本规范附录 F 自动化控制仪表安装工程相关项目编码列项。

2.5.2　建立预算文件体系

清单计价方式使用的主要文件类型是招标工程量清单和投标预算书(或招标控制价)。它们均是建立在"预算文件体系"上的。

1)建立预算文件体系

(1)预算文件体系的概念

预算文件体系是指预算文件按照基本建设项目划分的规则,从建设项目起至分项工程止的构成关系,如表 2.5.13 所示。

表 2.5.13　预算文件体系

项目划分	软件新建工程命名	图示
建设项目	某所职业学院	
单项工程	学生宿舍 D 栋	

项目划分	软件新建工程命名	图示
单位工程	建筑安装工程	
分部工程	建筑电气	
子分部工程	供电干线	
分项工程	线槽安装,梯架、托盘和槽盒安装,电缆敷设,电缆头制作等	

（2）建立预算文件夹

建立预算文件夹的具体操作可参照 1.4.2 节中的相应内容。

2）广联达计价软件的使用方式

广联达计价软件有两种登录方式,具体操作参照 1.4.2 节中的相应内容。

2.5.3 编制投标预算书

在已经建立的"预算文件体系"上,以学生宿舍 D 栋(单项工程)为例,采用已知"招标工程量清单"(见本书配套教学资源包),编制投标预算书(或招标控制价)。

1）投标预算书编制的假设条件

①本工程是一栋 6 层的学生宿舍,项目所在地是市区;

②承包合同约定人工按市场价 100 元/工日调整;

③物资供应方式均选择乙供,配电箱均按 1 000 元/个[含税价,税率按 13%计算,折算系数为 1/（1+13%）≈0.885]暂估价计入,其他设备和未计价材料暂不计价;

④暂列金额 50 000 元,总承包服务费率按 11.32%选取;

⑤计税采用增值税一般计税法。

2) 导入工程量数据

导入工程量数据是编制投标预算书的基础工作,具体操作见表1.4.8。

3) 套用计价定额

套用计价定额是编制投标预算书的基本工作之一,具体操作如表2.5.14所示。

表2.5.14　套用计价定额

步骤	工作	图标	工具→命令	说明
3.1	复制材料	控制电缆:阻燃塑料铜芯控制电缆ZRKVV-7×1.5	分部分项→Ctrl+C	
3.2	选择定额	1 ─ 030408002001 项 ... 定	分部分项→鼠标双击工具栏符号"…"处	
3.3	修改材料	CD0856未计价材料 编码 名称 规格型号 1 281104800 阻燃塑料铜芯控制电缆ZRK…	未计价材料→Ctrl+V	修改后宜习惯性点击空格
3.4	依次重复以上操作步骤			
3.5	逐项检查工程量表达式	工程量表达式 53.18 QDL	分部分项→工程量表达式→(定)QDL	此软件必须执行的程序
3.6	补充人材机	补充		区分设备或未计价材料
3.7	不同计量单位的换算	工程量表达式 14 QDL *0.005	分部分项→工程量表达式→(定)QDL×0.005	换算系数:0.005 t/处

4) 各项费用计取

各项费用计取既包括计价定额规定的综合系数,也包括费用定额规定的取费,具体操作见表1.4.10。

5) 人材机调价

人材机调价主要是针对人工单价调整和计取设备单价、未计价材料单价,具体操作见表1.4.11。

6)导出报表

选择报表的依据、选择报表的种类、报表导出等具体内容,请参照1.4.3节"6)导出报表"。

习题

1.单项选择题

1)依据《通用安装工程工程量计算规范》(GB 50856—2013)的规定,基础槽钢、角钢归属于(　　)。

A.槽形母线　　　　B.配管配线　　　　C.铁构件　　　　D.低压开关柜(屏)

2)依据《通用安装工程工程量计算规范》(GB 50856—2013)的规定,穿刺线夹安装归属于(　　)

A.电力电缆　　　　B.电力电缆头　　　　C.控制电缆　　　　D.控制电缆头

3)依据《通用安装工程工程量计算规范》(GB 50856—2013)的规定,电缆T接箱应归于清单项目的(　　)。

A.030404017 配电箱　　　　　　　　B.030404017 插座箱

C.030411005 接线箱　　　　　　　　D.030408011 电缆分支箱

4)依据《通用安装工程工程量计算规范》(GB 50856—2013)的规定,电力电缆终端头的预留及附加长度计算是(　　)。

A.每个电缆头预留 1.5 m　　　　　　B.每根电缆预留 1.5 m

C.盘下进出线预留 2.0 m　　　　　　D.按盘面尺寸预留高+宽

5)依据《通用安装工程工程量计算规范》(GB 50856—2013)的规定,电缆至电动机的预留及附加长度是从电动机接线盒算起(　　)。

A.0.3 m　　　　　　B.0.5 m　　　　　　C.0.8 m　　　　　　D.1.2 m

2.多项选择题

1)依据《通用安装工程工程量计算规范》(GB 50856—2013)的规定,整根电缆的预留及附加长度按全长计算 2.5%,这个全长包括(　　)。

A.电缆通过的路径全长　　　　　　　B.电缆从盘下进出线预留 2.0 m

C.电缆从上方进出线预留盘面尺寸高+宽

D.电缆进入建筑物 1.5 m　　　　　　E.电缆头的预留及附加长度

2)依据《通用安装工程工程量计算规范》(GB 50856—2013)的规定,"030411001 配管"的项目特征的配管名称是指(　　)。

A.明配　　　　　　B.暗配　　　　　　C.电线管　　　　　　D.塑料管

E.波纹管

3)依据《通用安装工程工程量计算规范》(GB 50856—2013)的规定,低压封闭插接式母线对应( )清单项目。

A.带形母线 B.槽形母线 C.低压封闭插接式母线

D.始端箱、分线箱 E.共箱母线

2.6 供电系统 BIM 建模实务

2.6.1 供电系统 BIM 建模前应知

1)以 CAD 为基础建立 BIM 模型

详见"1.5.1 防雷及接地系统 BIM 建模前应知"中的相应内容。

2)BIM(建筑信息模型)建模的常用软件

详见"1.5.1 防雷及接地系统 BIM 建模前应知"中的相应内容。

3)首推鲁班预算软件(免费版)的理由

详见"1.5.1 防雷及接地系统 BIM 建模前应知"的相应内容。

4)建模操作前已知的"三张表"

建模前请下载以下三张参数表(见本书配套教学资源包)作为后续学习的基础:

①供电系统"BIM 建模楼层设置参数表"(详见电子文件表 2.6.1);

②供电系统"BIM 建模系统编号设置参数表"(详见电子文件表 2.6.2);

③供电系统"BIM 建模构件属性定义参数表"(详见电子文件表 2.6.3)。

2.6.2 供电系统鲁班 BIM 建模

1)新建子分部工程文件夹

打开鲁班安装软件,建立供电系统文件夹,确定相关专业,这是建模的第一步,具体操作见表 1.5.1,主要区别是工程名称按相应的专业命名。

2)选择基点

①同一单项工程选择同一基点。学生宿舍 D 栋确定的基点是中部楼梯间右下角外墙交点,如图 2.6.1 所示。

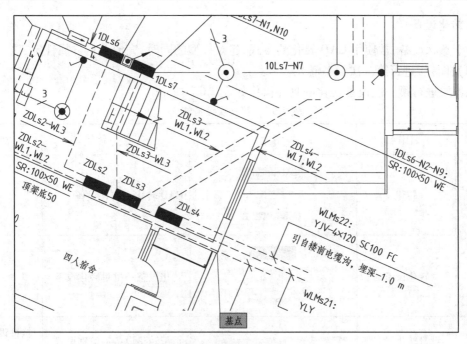

图 2.6.1 基点是中部楼梯间右下角外墙交点

②本工程第一次需要放置 CAD 图纸的楼层,如表 2.6.1 所示。

表 2.6.1 第一次需要放置 CAD 图纸的楼层

施工图参数				模型参数			备注
楼层表述	绝对标高(m)	相对标高(m)	层高(mm)	楼层表述	标高(mm)	层高(mm)	
道路(基础)	318.00	−5.0	5 000	0	−5 000	5 000	
1 层电气平面	323.00	0.00	3 300	1	0	3 300	首次设置
2~6 层电气平面	326.30	3.30	3 300	2	3 300	3 300	首次设置
屋顶防雷平面	342.80	19.80	3 300	7	19 800	5 000	首次设置

3)导入施工图

①方法一:采用此方法需要结合天正建筑软件,其优点是不需要事先对施工图进行处理,具体操作见表 1.5.3。

②方法二:在实务中,如果遇到设计方将多专业或多楼栋绘制在同一个施工图中,则必须将需要的施工图另存为一个单独的子分部工程文件,然后才能按照表 1.5.4 的程序进行操作。

4)系统编号管理

系统编号是建模过程中一个非常重要的参数,也是今后模型使用时分类提取数据的基础。设立系统编号的具体操作见表 1.5.5。

5)转化设备

对于点状设备,常使用 CAD 转化的方式,建立模型的同时,完成其构件属性定义。

(1)在首层进行第一次设备转化

在首层进行第一次设备转化的具体操作如表 2.6.2 所示。

表 2.6.2　第一次设备转化

步骤	工作	图标	工具→命令	说明
4.1	转化	CAD转化(D) 转化电气管线	CAD 转化→转化设备	
4.2	转化设备	布置(C) 转化设备	转化设备→批量转化设备	
4.3	批量转化设备		批量转化设备→类别设置	构件设置:设备/配电箱
4.4	提取二维	提取二维	提取二维→选择构件→指定插入点	
4.5	选择三维	选择三维	选择三维→选择构件→指定插入点	
4.6	更正名称	配电箱 宿舍楼层配电箱1DLS1	更正名称→选择"BIM 建模构件属性定义表"中相应项目	复制/粘贴法
4.7	标高设置	标高设置 F(顶)	标高设置(依据安装部位)	
4.8	增加设备	增加	增加→后续转化设备	
4.9	按照以上 4.4 至 4.8 步骤循环			
4.10	转化范围	转化范围 全部楼层	转化范围→全部楼层→当前楼层	部分未转化的也可以选择当前
4.11	转化	转化	转化(列表中需要检查成功否)	

（2）从最低一层起检查并进行第二次设备转化及标高调整

因为实际施工图中 CAD 绘制的诸多因素,会导致不同楼层的相同设备或不同设备未能充分或全部进行转化,所以需要有规律地从最低一层起,进行"设备是否转化"和"设备是否全部转化"的详细检查;还需要针对相同设备在不同楼层具有的不同标高,进行对应楼层关系的调整。上述内容具体操作如表 2.6.3 所示。

表 2.6.3　检查并进行第二次设备转化及标高调整

步骤	工作	图标	工具→命令	说明
4.12	转换楼层	电气 1 层 配电箱柜 配电箱	专业→楼层	从最低一层起
4.13	检查		相同的是否已经成功转化不同的选择进行转化	
4.14	补充转化设备	批量转化设备 图例选择	按照表 2.6.2 中步骤 4.9 操作	相同的构件,在名称后加后缀〔〕
4.15	转化范围	转化范围 当前楼层	转化范围→当前楼层→选择当前	转化单一构件时,采用"选择当前"
4.16	高度调整	h 高度调整	编辑→高度调整	取消"高度随属性调整"选项
4.17	相同增加	复制	编辑→复制	

6) 属性定义

（1）已转换设备（构件）的属性定义

对于已经成功转换的设备（构件）,需要到属性定义工具中进行参数设置,具体操作如表 2.6.4 所示。

表 2.6.4　成功转换的设备(构件)属性定义

步骤	工作	图标	工具→命令	说明
5.1	属性定义	属性(D)	属性→属性定义	
5.2	删除原构件	属性定义 照明器具　设备　配电箱柜 构件列表 配电箱	属性定义→删除原构件	
5.3	修改参数	属性　　值 构件宽度(mm)　600 构件高度(mm)　1800 构件厚度(mm)　400 安装高度(mm)　10 类型　　照明配电柜 容量　　8回路以下 安装方式　落地	调整控制箱参数	

（2）非转化构件(管线等)的属性定义

对于设备之间连接的管线,其构件一般无法便捷地采用转化方式实现,常常需要先进行构件属性定义(也就是清单的立项工作),具体操作如表 2.6.5 所示。

表 2.6.5　非转化构件的属性定义

步骤	工作	图标	工具→命令	说明
6.1	属性定义	属性(D)	属性→属性定义	
6.2	线槽	属性定义 设备　箱柜　穿管引线　线槽桥架 线槽	线槽桥架→线槽	重新命名, 并删除不用 的构件
6.3	配管	属性定义 设备　箱柜　穿管引线 配管	穿管引线→配管	重新命名, 并删除不用 的构件
6.4	配线	属性定义 设备　箱柜　穿管引线 配线	穿管引线→配线	重新命名, 并删除不用 的构件

步骤	工作	图标	工具→命令	说明
6.5	控制电缆	属性定义　设备　箱柜　穿管引线　线槽桥架 电缆	线槽桥架→电缆	重新命名,并删除不用的构件
6.6	配管配线	属性定义　设备　箱柜　穿管引线 配管配线	穿管引线→配管配线	重新命名,并删除不用的构件
6.7	接线盒	属性定义　设备　箱柜　穿管引线　线槽桥架　附件　构件列表 接线盒	附件→接线盒	
6.8	防火封堵	属性定义　设备　箱柜　穿管引线　线槽桥架　附件　构件列表 套管	附件→套管	
6.9	支架	属性定义　设备　箱柜　穿管引线　线槽桥架　附件　零星构件　构件列表　规则设 支架	零星构件→支架	
6.10	沟槽 1	工具(T) 材质规格	工具→材质规格	
6.11	沟槽 2	导管 类型 砖墙沟槽	电/导管→砖墙沟槽/规格	
6.12	沟槽 3	属性定义　设备　箱柜　穿管引线 配管	穿管引线→配管/砖墙沟槽	

7)配电箱柜与管线的布置

(1)配电箱柜及线槽布置

配电箱柜及线槽布置的具体操作如表2.6.6所示。

表2.6.6 配电箱柜及线槽布置

步骤	工作	图标	工具→命令	说明
7.1	箱柜布置	配电箱柜 1 任意布箱柜 — 选择布箱柜 ◄ 任意布元件 1 电气 1层 配电箱柜 配电箱	配电箱柜→任意布箱柜/配电箱	
7.2	旋转		单击鼠标右键→旋转	
7.3	移动	✛移动	编辑→移动	
7.4	水平线槽	桥架线槽 3 水平桥架 →0	桥架线槽 3→水平桥架	
7.5	垂直线槽	桥架线槽 3 水平桥架 →0 垂直桥架 ←1	桥架线槽 3→垂直桥架	楼层相对标高
7.6	水平线槽	桥架线槽 3 水平桥架 →0	桥架线槽 3→水平桥架	
7.7	跨层线槽	桥架线槽 3 水平桥架 →0 垂直桥架 ←1	桥架线槽 3→垂直桥架	工程相对标高

(2)平面管线的布置

供电系统的平面管线是指从某平面层的各楼层配电箱至用户配电箱的管线。学生宿舍D栋工程中,需要分层进行平面(相似)布置的平面见表2.6.1。下面以1层平面为例进行说明,具体操作如表2.6.7所示。

表2.6.7 平面管线的布置

步骤	工作	图标	工具→命令	说明
8.1	(纯)探测管线布置准备	穿管引线 2 任意布管线 — 选择布管线 ◄	穿管引线→选择布管线	系统编码:1DLs1/配管配线:PC 管 ϕ63YJV$-4\times70+1\times35$

续表

步骤	工作	图标	工具→命令	说明
8.2	敷设方式	主意布管线 敷设方式与标高 敷 设 方 式： CC(3200) CC(3200)-天棚暗敷 □ 自定义标高值 楼层相对标高(mm)： 3200	敷设方式→CC	
8.3	管线敷设起点	**选择第一个对象**	命令栏提示:选择第一个对象	楼层箱
8.4	管线敷设中间	**选择下一对象**	命令栏提示:选择下一个对象	
8.5	管线敷设终点	**选择下一对象**	单击鼠标右键确认	户内箱
8.6	线路转折	**选择第一个点(D)]**	命令栏提示:选择第一个点/录入字母 D	

其他楼层平面管线布置的特殊处理,具体操作如表 2.6.8 所示。

表 2.6.8　其他楼层平面管线布置的特殊处理

步骤	工作	图标	工具→命令	说明
8.7	1 层	附件 5 布置接线盒	各分支处增加转换的接线盒	
8.8	2 层	同上	同上	
8.9	3 层	同上	同上	
8.10	4 层	同上	同上	
8.11	5 层	同上	同上	
8.12	6 层	同上	同上	
8.13	屋顶层	同上	增加屋顶处的接线盒/建立竖向管线关系	
8.14	跨层配线	桥架线槽 3 跨配引线 ✓6	桥架线槽 3→跨配引线	
8.15	跨层桥架	命令： rkpyx 选择跨层桥架	命令栏提示:选择跨层桥架	

续表

步骤	工作	图标	工具→命令	说明
8.16	选择楼层	跨层配线引线 配线引线信息 楼层 系统编号 配线引线信息 水平标高 -1　　　　电缆引入桥架端　　50 点此选择引出端	命令栏提示:可切换楼层选择引入端(点此选择引出端)	
8.17	跨层桥架(引出)	选择需引出电缆的桥架	命令栏提示:选择引出电缆的桥架	
8.18	指定引出标高	指定桥架引出点的标高	命令栏提示:指定桥架引出的标高	
8.19	选择设备	选择设备[指定下一点(D)]	命令栏提示:选择设备	
8.20	系统编号	跨层配线引线 配线引线信息 楼层 系统编号 -1 -1 J&J1B	跨层配线引线→J1B	
8.21	选择配线(配管)	电缆桥架 3 跨配引线 ✓6	跨层配线引线→已选构件(配线)/配管信息(配管)	

8)汇总计算与形成工程量表

(1)汇总计算和形成系统表并导出

以上建模步骤完成以后,宜对照施工图再次进行检查,确认无误后即可进行工程量计算,形成系统表并导出,具体操作见表1.5.9。

(2)工程量表的整理及形成

通过建模获得的工程量是不全面、不规范的,不可以直接使用,还必须按照《通用安装工程工程量计算规范》(GB 50856—2013)和《重庆市通用安装工程计价定额》(CQAZDE—2018)对工程预(结)算编制立项与工程量计算的要求进行整理,具体操作如表2.6.9所示。

表2.6.9　工程量表的整理及形成

步骤	工作	图标	工具→命令	说明
10.1	另建工程量表	供电系统工程量表 (示例一)	另存为工程量表	一般以1层及以上为基准

续表

步骤	工作	图标	工具→命令	说明
10.2	更改表名	查找和选择	查找→替换	
10.3	合并数据区分部位		将两份表复制粘贴为工程量表并备注地下层的项目	
10.4	合并相同项	= 10+G14	单击鼠标右键→隐藏（相同项）	数量合计到第一行
10.5	区别配线的敷设方式	配线:阻燃塑料铜芯软铰线 ZRRVS-2*1.5〈桥架内〉 配线型号:RVS 耐燃等级:阻燃(ZR) 配线规格(mm²):1.5 纤芯:铜芯 芯数:2芯 结构:砖、混凝土结构 布线方式:线槽配线	布线方式→线槽配线	
10.6	修正名称	35 凿槽:φ25管人工砖墙沟槽-25	修改不宜在软件中准确命名名称的项目	
10.7	隐藏不计项目		单击鼠标右键→隐藏（相同项）	
10.8	重新编排序号		隐藏与编排序号宜同步进行	

实训任务

供电系统鲁班BIM建模实训任务

任务1:采用某办公楼施工图完成本子分部工程的建模任务。

任务2:采用某医院施工图独立完成本子分部工程除8层及以下其他楼层的建模任务。

2.6.3 供电系统广联达BIM建模

下面以学生宿舍D栋供电干线系统为例介绍广联达BIM建模。

1）打开软件

鼠标左键双击或右键单击打开广联达BIM安装算量GQI2015快捷图标,如图2.6.2所示。

图2.6.2 广联达BIM安装算量GQI2015图标

2）新建工程

①进入"欢迎使用GQI2015"界面,单击"新建向导",进入"新建工程"对话框,输入相应内容,单击"创建工程",如图2.6.3所示。

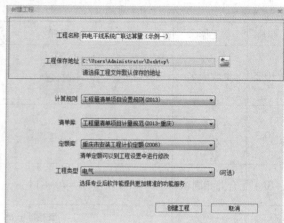

图 2.6.3　新建工程

②界面切换：

a.WIN7 转换为 XP。点击▦，直接选择 XP 界面，如图 2.6.4 所示。

图 2.6.4　WIN7 转换为 XP　　　　　　　　图 2.6.5　XP 转换为 WIN7

b.XP 转换为 WIN7。单击"视图"→"界面切换"→"WIN7 界面"，如图 2.6.5 所示。

3)楼层设置

单击"楼层设置"，根据工程情况，首层层高改为 3.3 m；然后单击"插入楼层"，完成楼层输入，如图 2.6.6 和 2.6.7 所示。此处所建"系统层"只是为了方便建模而设置。

图 2.6.6　单击楼层设置

	编码	楼层名称	层高(m)	首层	底标高(m)	相同层数	板厚(mm)
1	14	全图层	3.3	☐	42.8	1	120
2	13	第6层竖向	3.3	☐	39.5	1	120
3	12	第5层竖向	3.3	☐	36.2	1	120
4	11	第4层竖向	3.3	☐	32.9	1	120
5	10	第3层竖向	3.3	☐	29.6	1	120
6	9	第2层竖向	3.3	☐	26.3	1	120
7	8	第1层竖向	3.3	☐	23	1	120
8	7	屋顶层	3.2	☐	19.8	1	120
9	2~6	第2~8层	3.3	☐	3.3	5	120
10	1	首层	3.3	☑	0	1	120
11	0	基础层	3	☐	-3	1	500

1、如果标记为首层，则标记层为首层，相邻楼层的编码自动变化，基础层的编码不变。
2、基础层和标准层不能设置为首层，设置首层标志后，楼层编码自动变化。

图 2.6.7　进行楼层设置

4)图纸管理

单击"图纸管理"→"添加图纸",选择图纸所在位置并打开,即可导入图纸,如图2.6.8所示。

图2.6.8 导入图纸

单击"分割定位图纸",根据提示栏提示,鼠标左键点选定位点(定位点的选择同鲁班BIM建模中的基点),单击鼠标右键确认;拉框选择要分割的图纸,单击鼠标右键确认;弹出"请输入图纸名称"对话框,名称可以手动输入,也可以点击图纸名称右侧小按钮来识别CAD图中的图纸名称,"楼层选择"选择相对应的楼层,如图2.6.9所示。标准层的图纸放在标准楼层的第一层即可。单击"生成分配图纸",即可将图纸匹配到相对应楼层,如图2.6.10所示。

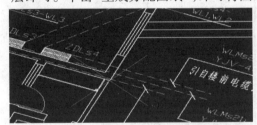

图2.6.9 定位点的确定及图纸名称的输入

	图纸名称	图纸比例	对应楼层	楼层
1	学生宿舍D栋电施_t3	1:1		
2	一层电气平面图	1:1	首层	1.1
3	一层电气平面图竖向	1:1	第1层竖向	8.1
4	二~六电气平面图	1:1	第2~6层	2~6.1
5	二层电气平面图竖向	1:1	第2层竖向	9.1
6	三层电气平面图竖向	1:1	第3层竖向	10.1
7	四层电气平面图竖向	1:1	第4层竖向	11.1
8	五层电气平面图竖向	1:1	第5层竖向	12.1
9	六层电气平面图竖向	1:1	第6层竖向	13.1
10	屋顶电气平面图	1:1	屋顶层	7.1
11	全图层	1:1	全图层	14.1

图2.6.10 生成分配图纸

5)构件定义(系统图层)

(1)系统图

单击"系统图"→"提取配电箱",左键点选配电箱名称及尺寸信息,修改配电箱的属性;单击"系统图",左键拉框选择所需要的内容;单击"回路编号"右边按钮,框选 CAD 图中的回路编号,修改完成,单击"确定"按钮,如图 2.6.11 至图 2.6.13 所示。

图 2.6.11　系统图

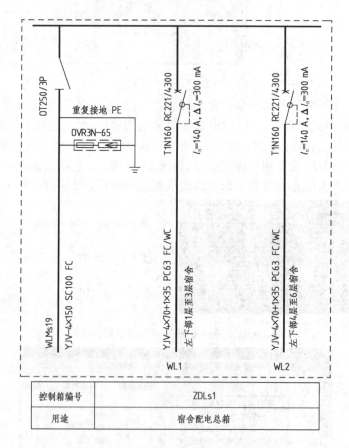

图 2.6.12　读系统图框选范围示意

(2)材料表

对于未能识读的构件,可以通过左边的编辑器"新建",如图 2.6.14 所示。

(3)自行定义的构件

本工程涉及的金属线槽,可以在电缆导管中新建并修改属性,如图 2.6.15 所示。

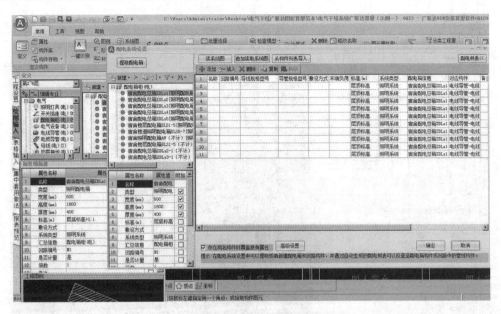

图 2.6.13 配电箱的设置

图 2.6.14 电缆等构件的设置

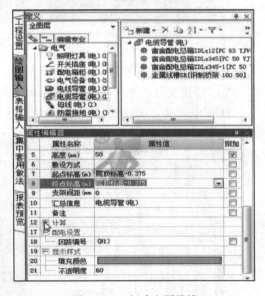

图 2.6.15 新建金属线槽

6)点式构件的识别

(1)识别点式构件

单击"图例",鼠标左键点选或框选要识别的图例(CAD 中是块则可以点选或框选,否则必须框选),单击鼠标右键确定;弹出"选择要识别成的构件"对话框,选择要识别的构件,单击"选择楼层",选择所需楼层,单击"确定"按钮。循环此过程完成配电箱的识别,如图2.6.16所示。

(2)点式构件的属性修改

选中已经识别的配电箱,属性中可以对标高进行调整。

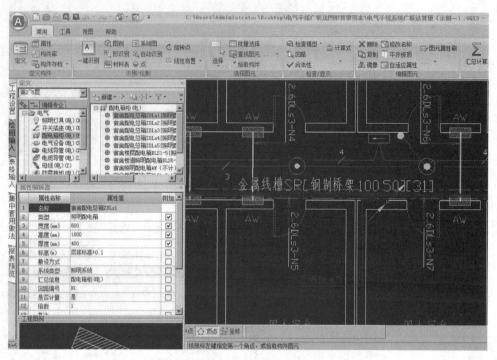

图 2.6.16　识别点式构件——配电箱

7)测量型的图形绘制

(1)楼层配电箱至房间配电箱管线的图形绘制

①配电箱向金属线槽引线的绘制:选择"直线"命令绘制,如图 2.6.17 所示。

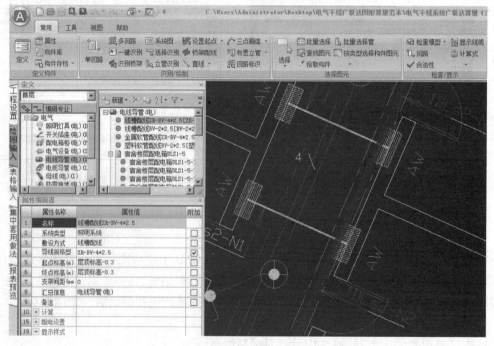

图 2.6.17　楼层配电箱至线槽管线的绘制

②通过线槽向房间内配电箱引线的绘制:采用"设置起点"命令绘制,如图2.6.18所示。

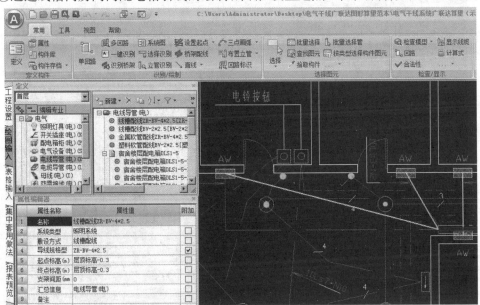

图 2.6.18　线槽引至房间配电箱管线的绘制

(2)总配电箱至楼层配电箱的管线绘制

①底层水平管线的绘制:仍然采用"直线"命令绘制,如图 2.6.19 所示。

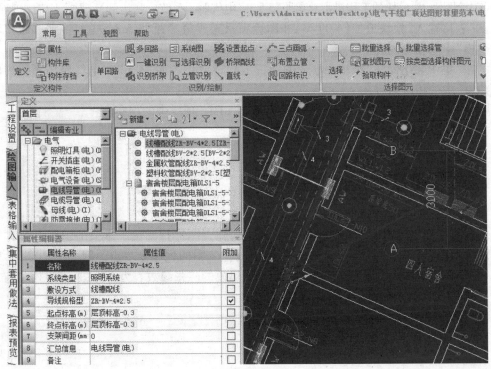

图 2.6.19　总配电箱至楼层配电箱底层的配线

②竖向线管的绘制:采用"布置立管"命令绘制,如图 2.6.20 所示。

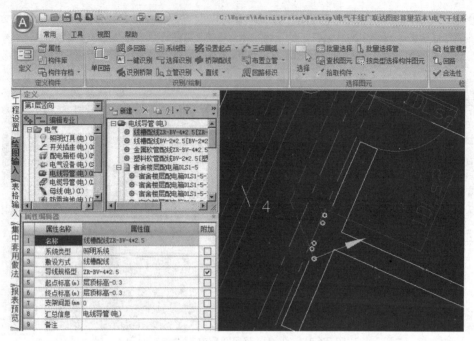

图 2.6.20 竖向线管的绘制

8)工程量的汇总计算

①"绘图输入"模块的工程量汇总参照"3.5.3 电气照明系统广联达 BIM 建模"中的相应内容。

②"表格输入"模块增加(长度类)非图算项目工程量参照"3.5.3 电气照明系统广联达 BIM 建模"中的相应内容。

③在"集中套用做法"模块中形成的项目工程量清单参照"3.5.3 电气照明系统广联达 BIM 建模"中的相应内容。

④整理工程量表参照"2.6.2 供电系统鲁班 BIM 建模"中的相应内容。

2.7 供电系统识图实践

供电系统施工图需要配合建筑施工图和结构施工图进行阅读。本节的识图学习建立在已完成的"建模算量"的基础上,进一步掌握识读施工图的程序及要点。因此,本节以学生宿舍 D 栋 CAD 施工图为例,以建立供电系统 BIM 建模的三张参数表为目标,来进行相关施工图的阅读。

2.7.1 供电系统识图准备

1)识读图纸目录

识读建筑安装工程施工图,第一个步骤是识读图纸目录。通过读图纸目录,可以了解施工图的构成情况,对应的图纸编号和存放地址;理解施工图设计总说明,主要设备材料表,系统图、平面图的布置关系,如图2.7.1所示。

序号	图纸名称	图号	张数	图幅	备注
0	图纸目录及选用图集	电施-00	1	A2	
1	设计总说明	电施-01	1	A1	
2	主要设备材料表	电施-02	1	A1	
3	配电干线系统图	电施-03	1	A1	
4	配电箱系统图 消火栓按钮启泵系统图	电施-04	1	A1	
5	学生宿舍D栋综合布线系统图 有线电视系统图	电施-05	1	A1	
6	学生宿舍D栋1层电气平面图	电施-06	1	A1	
7	学生宿舍D栋2~6层电气平面图	电施-07	1	A1	
8	学生宿舍D栋屋顶防雷平面图	电施-08	1	A1	
9	学生宿舍D栋基础接地平面图	电施-09	1	A1	
10	学生宿舍D栋1层弱电平面图	电施-10	1	A1	
11	学生宿舍D栋2~6层弱电平面图	电施-11	1	A1	

图2.7.1 图纸目录

2)识读施工图设计总说明

识读建筑安装工程施工图,第二个步骤是识读施工图设计总说明,需要:

①读工程概况,了解建筑各功能区域的总体概况,如图2.7.2所示。

一、工程概况
1.1 本工程为D栋学生宿舍楼,新建工程"××职业学院新校区"中的一部分。D栋学生宿舍楼高6层,小于24 m,单层面积小于2000 ㎡。校区设有变电所和各弱电中心。
1.2 本工程结构为现浇处理。

图2.7.2 工程概况

②读供电系统设计说明,理解工作原理和构成系统,如图2.7.3所示。

四、供配电系统
4.1 电源:该栋宿舍楼由校区变电所引来低压电源,采用电缆直埋的引入方式。
4.2 负荷等级:楼道应急疏散照明为二级负荷,其他为三级负荷。
4.3 负荷计算:

用电单位	设备负荷(kW)	计算负荷(kW)	计算电流(A)	备注
宿舍D栋	812.5	609.4	1154.1	

4.4 计量方式:在校区变电所高压总计量,低压二次计量;宿舍一表一计。
4.5 无功补偿:在校区变电所电压侧集中补偿,补偿后功率因数达到0.92~0.95。
4.6 配电方式:采用放射式和树干式相结合。

图2.7.3 设计总说明

③读设计对施工工艺的要求,掌握管线布置的信息,如图2.7.4所示。

3)识读建筑施工图

识读建筑安装工程施工图时,第三个步骤不是先急于深入识读本专业的施工图,而是应先识读建筑施工图,并做到:

①识读建筑立、剖面图,获得楼层标高的信息,如图2.7.5所示。

六、管线选择及线路敷设

6.1　金属线槽配线安装作法参见图集96D301-1。

6.2　校区室外主干线路敷设于电缆沟(详下阶段总图设计),从电缆沟引出至各单元配电总箱段线路穿钢管埋地敷设,埋深-1.0 m;各单体建筑内水平或垂直线路集中处于金属线槽内敷设;除标注外,其余干线及水平分支线均穿刚性阻燃塑料管暗敷于顶板/地板/墙体内。引入至各栋的线路穿墙时均须做好防水及防火隔断处理。

敷设方式标注说明:

CC 暗敷在屋面或顶板内	FC 底板或地面下敷设	WC 暗敷在墙内
CE 沿顶棚或顶板面敷设	ACC 吊顶内敷设	WE 沿墙面敷设
CLC 暗敷设在柱内	SC 穿钢管敷设	PC 穿塑料管敷设
CT 电缆桥架敷设	SR 金属槽线敷设	

七、设备安装

7.1　工程所有配电设备均采用标准型,由厂家定型生产,箱体均为静电喷涂处理,平面中的ZDLs1~ZDLs5型箱屏落地安装,安装方法见04D702-1;各宿舍计度表箱暗装高1.8 m,除特殊说明外,其余配电箱距地1.6 m暗装。

图 2.7.4　设计对供电系统施工工艺的要求

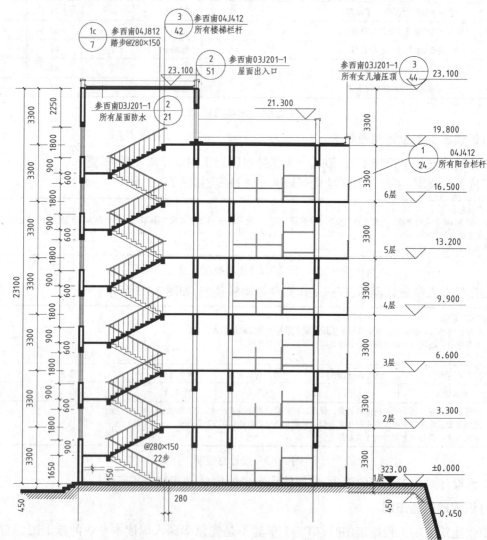

图 2.7.5　建筑单项工程剖面图

②识读建筑平面图的设计总说明,获取装修的特殊信息。需特别关注"顶棚"的做法,明

确哪些部位设置了"吊顶"。

4)获得"BIM 建模楼层设置参数表"的信息

经过前面 3 个识图步骤,主要的成果是能够填写"BIM 建模楼层设置参数表",详见电子文件表 2.6.1(见本书配套教学资源包)。

另外,还需整理出第一次需要放置 CAD 图纸的楼层,见表 2.6.1。

2.7.2　识读供电系统图

1)识读供电系统主要设备材料表

①供电系统电线电缆类型号及图例信息,如图 2.7.6 所示。

电线电缆类						
序号	名称	型号	图例	数量	单位	备注
01	低压电力电缆	YJV-4×185		按需	m	
02	低压电力电缆	YJV-4×150		按需	m	
03	低压电力电缆	YJV-4×120		按需	m	
04	低压电力电缆	YJV-4×70+1×35		按需	m	
05	低压电力电缆	YJV-4×50+1×25		按需	m	
06	低压电力电缆	YJV-4×10+1×10		按需	m	
07	低压电力电缆	YJV-4×6+1×6		按需	m	
08	低压电力电缆	ZR-BV-2.5 mm²		按需	m	
09	低压电力电缆	BV-4 mm²		按需	m	
10	低压电力电缆	BV-2.5 mm²		按需	m	

图 2.7.6　供电系统的电线电缆类型号及图例

②理解线槽及管材类型号及图例信息,如图 2.7.7 所示。

线槽及管材类						
序号	名称	型号	图例	数量	单位	备注
01	金属线槽	SR 200×100		按需	m	
02	金属线槽	SR 100×50		按需	m	
03	钢管	SC100		按需	m	
04	钢管	SC65		按需	m	
05	钢管	SC32		按需	m	
06	钢管	SC20		按需	m	
07	阻燃刚性塑料管	PC16		按需	m	
08	阻燃刚性塑料管	PC20		按需	m	
09	阻燃刚性塑料管	PC25		按需	m	
10	阻燃刚性塑料管	PC32		按需	m	
11	阻燃刚性塑料管	PC40		按需	m	
12	阻燃刚性塑料管	PC50		按需	m	

图 2.7.7　供电系统的线槽及管材类型号及图例

③掌握配电设备类型号及图例信息,如图2.7.8所示。

配电设备类						
序号	名称	型号	图例	数量	单位	备注
01	宿舍D栋总配电箱	ZDLs1	▭	1	台	落地
02	宿舍D栋总配电箱	ZDLs2	▭	1	台	落地
03	宿舍D栋总配电箱	ZDLs3	▭	1	台	落地
04	宿舍D栋总配电箱	ZDLs4	▭	1	台	落地
05	宿舍D栋总配电箱	ZDLs5	▭	1	台	落地
06	宿舍D栋左下部1~6层楼层配电箱	1DLs1~6DLs1	▬	6	块	距地1.6 m暗装
07	宿舍D栋左上部1~6层楼层配电箱	1DLs2~6DLs2	▬	6	块	距地1.6 m暗装
08	宿舍D栋上左部1~6层楼层配电箱	1DLs3~6DLs3	▬	6	块	距地1.6 m暗装
09	宿舍D栋上中部1~6层楼层配电箱	1DLs4~6DLs4	▬	6	块	距地1.6 m暗装
10	宿舍D栋上右部1~6层楼层配电箱	1DLs5~6DLs5	▬	6	块	距地1.6 m暗装
11	宿舍D栋左部1~6层楼道照明配电箱	1DLs6	▬	1	块	距地1.6 m暗装
12	宿舍D栋上部1~6层楼道照明配电箱	1DLs7	▬	1	块	距地1.6 m暗装
13						
14	宿舍计度表箱	AW	▬	317	块	距地1.8 m暗装

图2.7.8 供电系统配电设备类型号及图例

④获得"BIM 建模构件属性定义参数表"的项目信息。经过对供电系统主要设备材料表的识读,需要填写"BIM 建模构件属性定义参数表",详见电子文件表2.6.3(见本书配套教学资源包)。

2)识读供电系统系统图

①掌握配电干线系统图的信息,如图2.7.9所示。

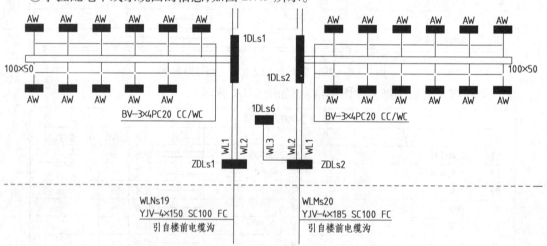

图2.7.9 供电系统配电干线系统图的信息

②获得回路关系的信息,如图2.7.10所示。

③获得"BIM 建模系统编号设置参数表"的信息。经过对供电系统系统图的识读,需要填写"BIM 建模系统编号设置参数表",详见电子文件表2.6.2(见本书配套教学资源包)。

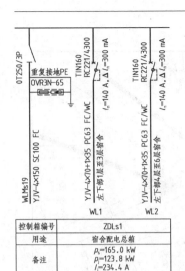

控制箱编号	ZDLs1
用途	宿舍配电总箱
备注	$p_s=165.0$ kW $p_j=123.8$ kW $I_j=234.4$ A

600×1800×400　共1台

控制箱编号	ZDLs2
用途	宿舍配电总箱
备注	$p_s=190.0$ kW $p_j=142.5$ kW $I_j=269.9$ A

600×1800×400　共1台

控制箱编号	ZDLs3
用途	宿舍配电总箱
备注	$p_s=157.5$ kW $p_j=118.1$ kW $I_j=223.7$ A

600×1800×400　共1台

图 2.7.10　供电系统回路的信息

2.7.3　识读供电系统平面图

1) 选择一处可以将各楼层上下串通的基点

本工程确定的基点如图 2.7.11 所示。

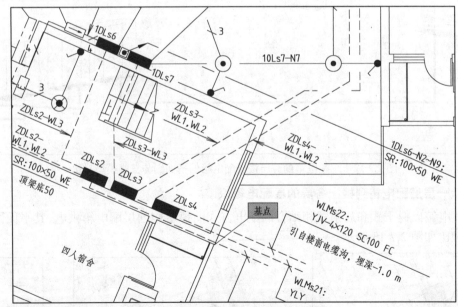

图 2.7.11　中部楼梯间外墙右下角顶点

2) 从总配电箱出发至一层楼层配电箱识读

从落地安装的总配电箱底部起,引两根电缆 YJV-4×70+1×35 穿 PC63 塑料管,通过沿地板暗敷与沿墙暗敷引到各层的层配电箱,其首层总配电箱 ZDLs2 与首层层配电箱 1DLs2 的平面关系及三维模型对比如图 2.7.12 所示。

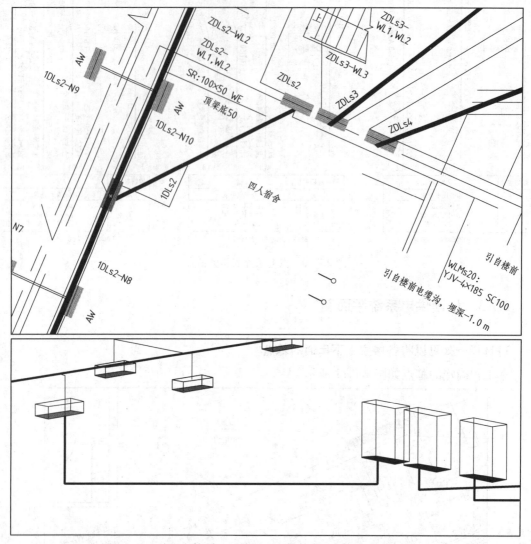

图 2.7.12　总配电箱到一层楼层配电箱的平面图与三维模型对比

3) 从一层层配电箱到楼上各层的层配电箱识读

总配电箱以树干式和放射式相结合的配电方式向每层楼的层配电箱供电,其平面图与三维模型对比如图 2.7.13 所示。

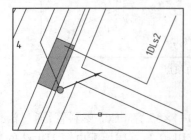
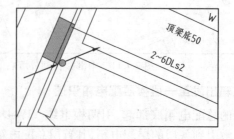
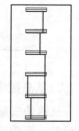

图 2.7.13　楼层配电箱之间的竖向关系连接平面图与三维模型对比

4)从各楼层配电箱到用户配电箱识读

各楼层配电箱引出 BV-3×4 的导线通过金属线槽与塑料线管向各用户配电箱配电,如图2.7.14 所示。

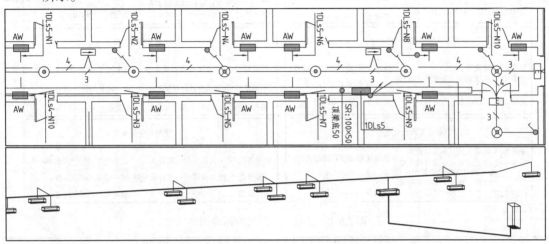

图 2.7.14　楼层配电箱到用户配电箱的平面图与三维模型对比

实训任务

供电系统识图实训

识读某办公楼的供电系统,并整理出 BIM 建模的"三张表"。

2.8　供电系统识图理论

正确阅读供电系统施工图,需要将施工图纸和与供电系统相关的设计规范、标准图集相结合。本节介绍标准图集对供电系统典型节点的表述,以进一步巩固供电系统识图的相关理论。

2.8.1　电气干线图的典型节点大样

1)电气干线常用的标准图集

(1)供电干线常用的标准图集

供电干线常用的标准图集包括《电气竖井设备安装》《矿物绝缘电缆敷设》《封闭式母线安装》《电缆桥架安装》《预制分支电力电缆安装》《硬塑料管配线安装》等相关规范,如图2.8.1所示。

(2)电气动力常用的标准图集

电气动力常用的标准图集包括《常用风机控制电路图》《常用水泵控制电路图》,如图2.8.2所示。与消防设备相关的控制图详见智能建筑分部。

电气竖井设备安装		
批准部门 中华人民共和国建设部	批准文号	建质[2004]73号
主编单位 机械工业第一设计研究院	统一编号	GJBT-749
实行日期 二〇〇四年六月一日	图集号	04D701-1

矿物绝缘电缆敷设		
批准部门 中华人民共和国住宅和城乡建设部	批准文号	建质[2009]161号
主编单位 中国建筑标准设计研究院 久盛电气股份有限公司	统一编号	GJBT-1121
实行日期 二〇〇九年十二月一日	图集号	09D101-6

封闭式母线安装		
批准部门 建设部	批准文号	建质[2002]48号
主编单位 机械电子工业部第十设计研究院	统一编号	JSJT-219
实行日期 二〇〇二年三月一日	图集号	91D701-2

电缆桥架安装		
批准部门 中华人民共和国建设部	批准文号	建质[2004]28号
主编单位 五洲工程设计研究院	统一编号	GJBT-721
实行日期 二〇〇四年三月一日	图集号	04D701-3

预制分支电力电缆安装		
批准部门 中华人民共和国建设部	批准文号	建质[2002]48号
主编单位 中国建筑标准设计研究院 (原中国建筑标准设计研究所) 中国·胜武实业有限公司	统一编号	GJBT-526
实行日期 二〇〇二年三月一日	图集号	00D101-7

硬塑料管配线安装		
批准部门 中华人民共和国建设部	批准文号	建质[2002]48号
主编单位 机械工业部第一设计研究院	统一编号	GJBT-479
实行日期 二〇〇四年三月一日	图集号	98D301-2

图 2.8.1　供电干线常用的标准图集

国家建筑标准设计图集　**16D303-2**
（替代 10D303-2）

常用风机控制电路图

批准部门：中华人民共和国住房和城乡建设部
组织编制：中国建筑标准设计研究院

国家建筑标准设计图集　**16D303-3**
（替代 10D303-3）

常用水泵控制电路图

批准部门：中华人民共和国住房和城乡建设部
组织编制：中国建筑标准设计研究院

图 2.8.2　电气动力常用的标准图集

2) 电缆分支节点大样

电缆分支节点大样见标准图集《电气竖井设备安装》(04D701-1)，如表2.8.1所示。

表2.8.1

表 2.8.1　电缆分支节点大样标准图集摘录

名称	页码	摘要
链接式配电——端子箱	28	线路从金属线槽引向端子箱采用管道分支
链接式配电——分支分配器箱安装	38	线路从金属线槽引向分支分配器箱采用线槽分支
树干式配电——穿刺线夹	34	线路采用穿刺线夹分支
树干式配电——单根预分支电缆	31	单根预分支电缆竖向明敷设
树干式配电——多根预分支电缆	32	多根预分支电缆竖向明敷设
预分支电力电缆在电缆桥架上安装	33	多根预分支电缆在电缆桥架上安装

3）封闭式母线安装节点大样

封闭式母线安装节点大样见标准图集《电气竖井设备安装》(04D701-1)，如表2.8.2所示。

表2.8.2

表 2.8.2 封闭式母线安装节点大样标准图集摘录

名称	页码	摘要
封闭式母线垂直安装柔性支撑之一	5	在横截面宽度方向上柔性支撑
封闭式母线垂直安装柔性支撑之二	6	在横截面高度方向上柔性支撑
封闭式母线水平安装之一	13	在横截面宽度方向上吊架支撑
封闭式母线水平安装之二	14	在横截面高度方向上吊架支撑
封闭式母线垂直与水平过渡	15	直接或间接连接

4）电缆桥架安装节点大样

电缆桥架安装节点大样见标准图集《电气竖井设备安装》(04D701-1)，如表2.8.3所示。

表2.8.3

表 2.8.3 电缆桥架安装节点大样标准图集摘录

名称	页码	摘要
电缆桥架垂直安装之一	18	直接采用螺栓副连接
电缆桥架垂直安装之二	19	采用压板连接
电缆桥架水平安装	20	采用压板连接

5）金属线槽安装节点大样

金属线槽安装节点大样见标准图集《电气竖井设备安装》(04D701-1)，如表2.8.4所示。

表2.8.4

表 2.8.4 金属线槽安装节点大样标准图集摘录

名称	页码	摘要
金属线槽垂直安装	23	扁钢支架
金属线槽水平安装	24	吊杆支架

6）防火封堵安装节点大样

防火封堵安装节点大样见标准图集《电气竖井设备安装》(04D701-1)，如表2.8.5所示。

表2.8.5

表2.8.5 防火封堵安装节点大样标准图集摘录

名称	页码	摘要
封闭式母线穿墙防火封堵安装	16	母线穿墙防火封堵
电缆桥架穿竖井防火封堵安装	21	桥架穿竖井防火封堵
电缆、接地干线穿竖井防火封堵安装	36	电缆、接地干线穿竖井防火封堵

7) 常用水泵控制箱电路与尺寸

常用水泵控制箱电路与尺寸见标准图集《常用水泵电气控制图》(16D303-3),如表2.8.6所示。

表2.8.6 常用水泵控制箱电路与尺寸标准图集摘录

名称	页码	摘要
消防水泵控制箱功能选择表	11	消防水泵控制箱方案和功率参数
生活水泵控制箱功能选择表	14	生活水泵控制箱方案和功率参数
消防水泵一用一备全压启动控制电路图 XKF-1-2	24	消防水泵控制箱尺寸表

8) 常用风机控制箱电路与尺寸

常用风机控制箱电路与尺寸见标准图集《常用风机电气控制图》(16D303-2),如表 2.8.7 所示。

表 2.8.7 常用风机控制箱电路与尺寸标准图集摘录

名称	页码	摘要
编制说明	6	控制箱代号的含义
消防兼平面两用双速风机电路图 XKXF-1	29	主回路和外部端子接线路
消防兼平面两用双速风机电路图 XKXF-1	30	控制原理图
控制箱示意图	105	单、双电源进线模块和单速风机模块尺寸
控制箱示意图	106	双速风机模块尺寸
控制箱示意图	107	模块组合 Ⅰ～Ⅳ型
控制箱示意图	108	模块组合 Ⅴ～Ⅶ型
明装按钮箱做法示意图	109	落地安装和挂墙安装

2.8.2 典型的电气干线系统

1) 供电干线的系统图

①链接式供电干线系统图,如图 2.8.3 所示。

图 2.8.3　链接式供电干线系统图

②树干式供电干线系统图,如图 2.8.4 所示。

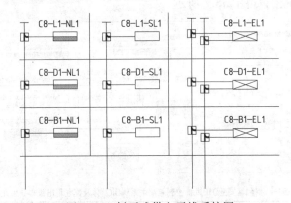

图 2.8.4　树干式供电干线系统图

③放射式供电干线系统图,如图 2.8.5 所示。

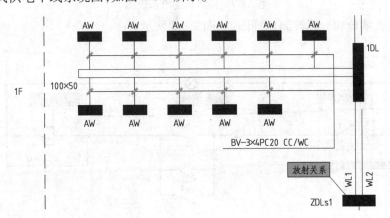

图 2.8.5　放射式供电干线系统图

④混合式供电干线系统图,如图 2.8.6 所示。

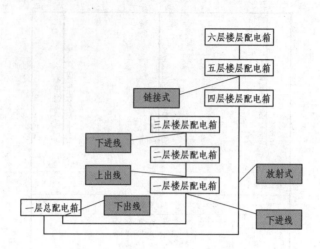

图 2.8.6 混合式供电干线系统图

2)电气动力的系统图

①排风机配电系统图,如图 2.8.7 所示。

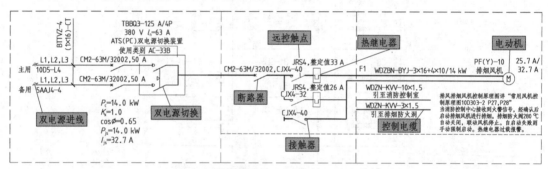

P8-D1-XP1 8#楼1区商业D1F风机控制箱配电系统图(箱体及配电箱出线部分由九龙公司安装)

注:矿物绝缘电缆采用金属护套作PE线。

图 2.8.7 排风机配电系统图

②轴流风机就地和远程控制原理图,如图 2.8.8 所示。

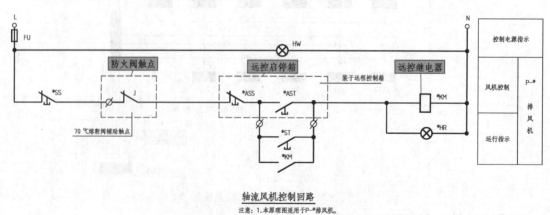

轴流风机控制回路

注意:1.本原理图适用于P-*排风机。

图 2.8.8 轴流风机就地和远程控制原理图

3) 应急照明箱的系统图

应急照明箱的系统图,如图 2.8.9 所示。

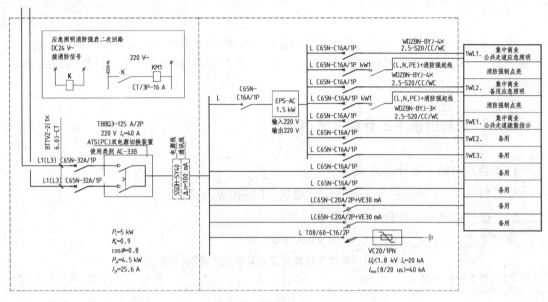

C8-B1-EL1 8#楼商业B1F应急照明箱配电系统图

注:矿物绝缘电缆采用金属护套作PE线。

图 2.8.9 应急照明的系统图

4) 电井布置大样图

电井布置大样图,如图 2.8.10 所示。

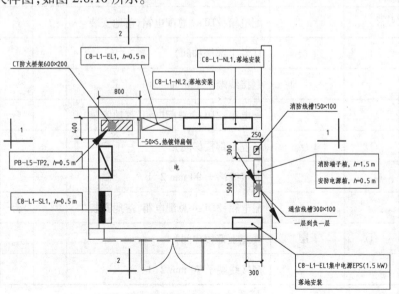

8#楼L1F商业电气井设备布置示意图1:50

图 2.8.10 电井布置大样图

2.9 供电系统手工计量

供电系统手工计量是一项传统的工作,随着 BIM 建模技术的推广,手工计量在造价活动中所占的份额会大大减少,但近期不会消失。因此,学习者有必要了解手工计量的相关知识,掌握基本的操作技能。

2.9.1 工程造价手工计量方式概述

1)工程造价的手工计量方式

详见"1.8.1 工程造价手工计量方式概述"中的相应内容。

2)安装工程造价工程量手工计算表

手工计量宜采用规范的计算表格,如表 2.9.1 所示。

表 2.9.1 安装工程造价工程量手工计算表(示例)

工程名称:学生宿舍 D 栋 　　　　　　　　　　　　　　子分部工程名称:供电干线系统

项目序号	部位序号	编号/部位	项目名称/计算式	减数	单位	工程量	备注
1			配电箱:ZDLs1 总配电箱,落地安装		台	1	
	①	1 层	1(左下部楼梯间)			1	
			铜接线端子 95 mm 2:1			1	
2			配电箱:ZDLs2 总配电箱,落地安装		台	1	
	①	1 层	1(左上部楼梯间)			1	
			铜接线端子 120 mm 2:1			1	
3			配电箱:ZDLs3 总配电箱,落地安装		台	1	
	①	1 层	1(左上部楼梯间)			1	
			铜接线端子 90 mm 2:1			1	
4			配电箱:ZDLs4 总配电箱,落地安装		台	1	
	①	1 层	1(左上部楼梯间)			1	
			铜接线端子 70 mm 2:1			1	

2.9.2　安装工程手工计量的程序和技巧

1) 以科学的识图程序为前提

(1) 安装工程识图的主要程序

详见"1.8.2　安装工程手工计量的程序和技巧"中的相应内容。

(2) 识读系统图和平面图的技巧

①宜以"流向"为主线,确定"系统的起点";

②供电系统应以变配电室、变配电柜、总配电箱等为起点,随着线路的走向引到各级分配电箱。

2) 立项的技巧

①从点状设备(总配电箱,须关注:接地线)开始,顺电流流向楼层配电箱,再到用户(末级)配电箱;

②然后确立配管(对应电缆关系);

③接下来是电缆头;

④再考虑附加项目,如管沟土方、管道油漆等;

⑤不可遗漏总配电箱的送配电调试项目。

3) 计量的技巧

①依据已经确立清单项目的顺序依次进行;

②区分不同楼层作为部位的第一层级关系;

③先数"个数",然后按照配电箱系统图分回路计算配管,依据配管计算电缆(或电线)长度及附加长度;

④使用具有汇总统计功能的计量软件。

2.9.3　供电系统在 BIM 建模后的手工计量

1) 针对不宜在 BIM 建模中表达的项目

采用 BIM 技术建模,从提高工作效率的角度出发,并不需要将工程造价涉及的所有定额子目全部建立,因此需要采用手工计量的方式补充必要的项目。供电系统常见的需要采用手工计量的项目如下:

①接线盒:线路中间采用的接线盒;

②拉线盒:线路中间采用的拉线盒;

③电缆中间头;

④防火堵料质量的换算;

⑤防火隔板面积的换算;

⑥铁构件(支架)质量的换算。

2)特殊部位的立项及核算

①调试项目的立项及核算;

②供电干线与特殊连接外部设备(类如主机、风阀)的详细尺寸核算。

2.10　供电干线系统招标工程量清单编制

本节以学生宿舍 D 栋已经形成的 BIM 模型工程量表为基础,按照《通用安装工程工程量计算规范》(GB 50856—2013)的规定,编制供电干线系统招标工程量清单。

2.10.1　建立预算文件体系

建立预算文件体系是招标工程量清单编制的基础工作,操作程序可参照 2.5.2 节中的相应内容,主要区别是新建项目时选择"新建招标项目"。

2.10.2　编辑工程量清单

1)建立分部和子分部,添加清单项目

建立清单项目就是依据"供电干线系统工程量表"的数据,按照《通用安装工程工程量计算规范》(GB 50856—2013)的规定,进行相应编辑工作。操作可分成以下两个阶段:

(1)添加项目及工程量

添加项目及工程量的具体操作如表 2.10.1 所示。

表 2.10.1　添加项目及工程量

步骤	工作	图标	工具→命令	说明
1.1	建立分部	类别　名称 整个项目 部　电气设备安装工程 部　供电系统	下拉菜单→选择安装工程→电气设备安装工程	
1.2	建立子分部	类别　名称 整个项目 部　电气设备安装工程 部　供电系统	单击鼠标右键增加子分部,输入"供电系统"	
1.3	添加项目	查询	查询→查询清单	

续表

步骤	工作	图标	工具→命令	说明
1.4	选择项目	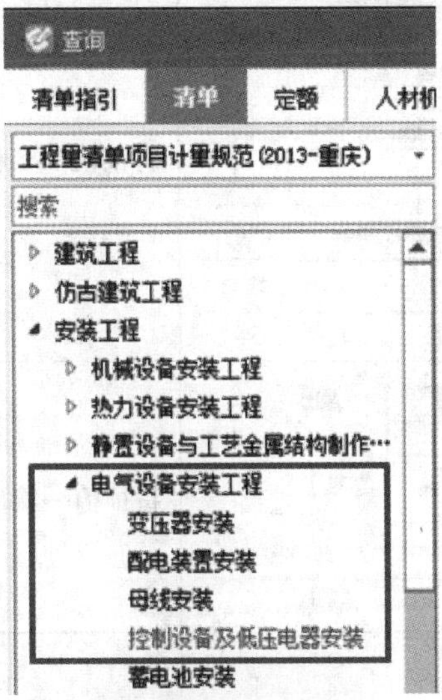	查询→清单→安装工程→电气设备安装工程→控制设备及低压电气安装→项目	
1.5	修改名称	 编辑[名称] 配电箱：ZDLS1总配电箱	名称→选中→复制→粘贴（表格数据）	
1.6	修改工程量	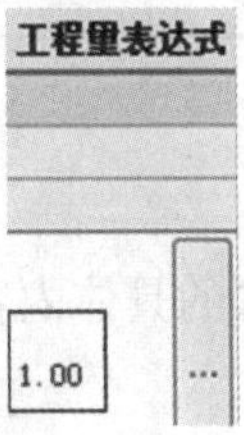 工程量表达式 1.00　…	工程量表达式→选中→复制→粘贴（表格数据）	
1.7	逐项重复以上操作			

（2）编辑项目特征和工作内容

编辑项目特征是编制招标工程量清单中具有一定难度的工作。做好此工作,必须要掌握清单计价的理论,并且熟悉施工图设计要求和理解施工工艺。工作内容是依据项目特征进行选择的,具体操作如表 2.10.2 所示。

表 2.10.2　编辑项目特征和工作内容

步骤	工作	图标	工具→命令	说明
2.1	选择特征命令	 特征及内容　工程量明细　反 特征值	名称→特征及内容	

续表

步骤	工作	图标	工具→命令	说明
2.2	编辑项目特征	信息 安装费用 **特征及内容** 工程量明细 特征 / 特征值 / 输出 1 名称 配电箱 ☑ 2 型号 ZDLS1 ☑ 3 规格 600*1800*400 ☑ 4 基础形式、材质、规格 ☐ 5 接线端子材质、规格 铜接线端子95mm2 ☑ 6 端子板外部接线材质、规格 ☐ 7 安装方式 落地 ☑	特征值→名称/规格等	
2.3	编辑工作内容	**工作内容** 输出 1 本体安装 ☑ 2 基础型钢制作、安装 ☐ 3 焊、压接线端子 ☑ 4 补刷(喷)油漆 ☑ 5 接地 ☑	特征值→输出(选择)	
2.4	逐项重复以上操作			
2.5	清单排序	清单排序 ○ 重排流水码 ● 清单排序 ○ 保存清单顺序	整理清单→清单排序	

2) 导出报表

选择报表的依据、选择报表的种类、报表导出等的具体内容,参照 1.9.2 节"2)导出报表"。

实训任务

供电系统招标工程量清单实训任务

独立完成某学校学生宿舍 D 栋供电系统招标工程量清单编制及导出。

2.11 供电系统 BIM 建模实训

BIM 建模实训是在完成前述内容的学习后,本着强化 BIM 建模技能而安排的一个环节。

2.11.1 BIM 建模实训的目的与任务

1) BIM 建模实训的目的

BIM 建模实训的目的是让学习者从"逆向学习"变为"顺向工作",具体内容详见 1.10.1 节"1)BIM 建模实训的目的"。

2)BIM 建模实训的任务

将顺向工作法中难度较大的"立项与计量"环节作为实训任务,如图 1.10.3 所示。

2.11.2　BIM 建模实训的方案

1)BIM 建模实训的工作程序

BIM 建模实训的工作程序如图 1.10.4 所示。

2)整理基础数据的结果

整理基础数据就是需要形成三张参数表,如图 1.10.5 所示。

3)形成的工程量表应符合规范要求

形成的工程量表的数据质量,应符合《通用安装工程工程量计算规范》(GB 50856—2013)项目特征描述的要求,并满足《重庆市通用安装工程计价定额》(CQAZDE—2018)计价定额子目的需要。

在时间允许的条件下,宜通过编辑"招标工程量表"进行验证。

2.11.3　供电系统 BIM 建模实训的关注点

1)实训内容

采用某办公楼进行实训。

为达到既能检验学习效果,又不过多占用学生在校时间的目的,实训已知条件如下:

①选择从进户电表箱(含箱)起进行实训;

②原施工图的敷设部位属于设计失误,应该改正为暗配直线布置;

③电缆采用放射式、跨层敷设。

2)实训前提示

①电表箱和总配电箱均应布置接地线;

②电缆配管跨层敷设应借用"桥架跨配引线方式"处理;

③电缆配管埋地会涉及"管沟土方",应提交土建项目立项;

④统一采用①/Ⓐ轴线交点作为建模基点。

第3章 电气照明系统

3.1 本章导论

3.1.1 电气照明系统的含义

本章所指的"电气照明系统",是指依据《建筑工程施工质量验收统一标准》(GB 50300—2013)附录B"建筑工程的分部工程、分项工程划分"的规定,在"建筑电气"分部工程中,包含的"电气照明系统"子分部工程的全部分项工程。它与供电系统的照明配电箱(盘)分项工程的分界点划定在:电气照明系统包含"供电干线子分部工程"或"电气动力子分部工程"的最末级照明配电箱(盘)分项工程,也可以理解为电气照明系统的起点是从进入房间内的照明配电箱(盘)分项工程开始。电气照明系统还包括了消防应急照明和疏散指示系统。

3.1.2 本章的学习内容及要求

本章将围绕电气照明系统的概念、构成、常用材料与设备、主要施工工艺,以及电气照明系统对应项目的计价定额与工程量清单计价、施工图识读、BIM模型的建立、手工算量的技巧等一系列知识点,形成一个相对闭合的学习环节,从而全面解读电气照明系统工程预(结)算文件编制的全过程。学习完本章内容后,学习者应掌握电气照明系统工程预(结)算的相关知识,具备计价、识图、BIM建模和计算工程量的技能,拥有编制电气照明系统工程预(结)算的能力。

3.2 初识电气照明系统

3.2.1 电气照明系统概述

1)电气工程分类

根据电气工程的功能、作用和特点,习惯上把它分为以下两类:

(1)建筑电气(强电)工程

强电的处理对象是能源(电力),其特点是电压高、电流大、功率大、频率低,主要考虑的问题是减小损耗、提高效率及安全用电。

(2)智能建筑(弱电)工程

弱电的处理对象主要是信息,即信息的传送与控制,其特点是电压低、电流小、功率小、频率高,主要考虑的问题是信息传送的效果,诸如信息传送的保真度、速度、广度和可靠性等。

2)建筑电气分部工程的构成

(1)施工质量验收标准中建筑电气工程的构成

《建筑工程施工质量验收统一标准》(GB 50300—2013)中建筑电气由7个子分部工程构成,即室外电气、变配电室、供电干线、电气动力、电气照明、备用和不间断电源、防雷及接地。

其中,电气照明分项工程有以下几种:成套配电柜、控制柜(屏、台)和动力、照明配电箱(盘)安装;梯架、托盘和槽盒安装;导管敷设;管内穿线和槽盒内敷线;塑料护套线直敷布线;钢索配线;电缆头制作、导线连接和线路绝缘测试;普通灯具安装;专用灯具安装;开关、插座、风扇安装;建筑照明通电试运行。

(2)工程量计算规范中电气设备安装工程的构成

《通用安装工程工程量计算规范》(GB 50856—2013)》中"D电气设备安装工程"的14类构成,如图3.2.1所示。

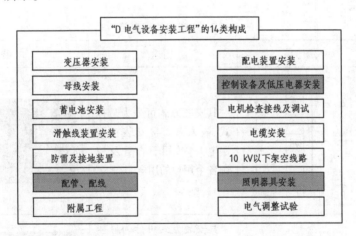

图3.2.1 电气设备安装工程的14类构成

3)建筑电气照明系统的构成

(1)供电干线系统与电气照明系统的分界

供电干线系统与电气照明系统的分界如图3.2.2所示,以末端配电箱为分界线。从末端配电箱到用电设备属于电气照明系统,末端配电箱之前的则是供电干线系统。

(2)工程量计算规范之电气照明

结合《通用安装工程工程量计算规范》(GB 50856—2013),本章的电气照明系统包含控制设备与低压电器、配管配线、照明器具以及附属工程等。

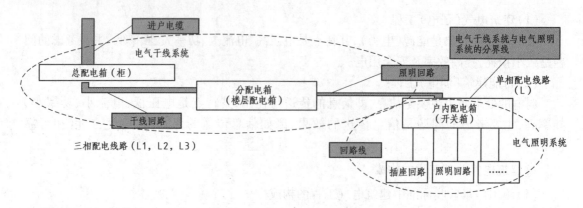

图 3.2.2 供电干线与电气照明分界图

3.2.2 电气照明系统的设备及材料

1)控制设备与低压电器

电气照明系统中常用的控制设备与低压电器主要有配电箱、控制开关、照明开关、插座等。

①配电箱。常用的配电箱主要有分户电表箱、照明配电箱、应急照明配电箱,其图例及用途如表 3.2.1 所示。

表 3.2.1 常用的配电箱

序号	名称	图例	用途	图片
1	分户电表箱	Wh Wh Wh PE N	其安装方式可分为悬挂式、嵌入式。常安装在楼层电井内,用于查看及控制各个用户的用电	
2	照明配电箱	AL	其安装方式可分为悬挂式、嵌入式、落地式。常安装在入户处,用于控制室内各个回路的用电。右图采用的是嵌入式	
3	应急照明配电箱	ALE	其安装方式可分为悬挂式、嵌入式、落地式。常安装于控制室或电井内	

②控制开关,如表 3.2.2 所示。

表 3.2.2　常用的控制开关

序号	名称	图例	用途	工程图片
1	三极自动空气开关		又称为自动空气断路器,它集控制和多种保护功能于一身。除了能完成接触和分断电路外,尚能对电路或电气设备发生的短路、严重过载及欠电压等进行保护,同时也可以用于不频繁地启动电动机	
2	双极自动空气开关		同上	
3	单极自动空气开关		同上	
4	三相漏电保护开关		当主回路中发生漏电或绝缘破坏时,漏电保护开关可根据判断结果将主电路接通或断开,而且具有对漏电流进行检测和判断的功能	
5	单相漏电保护开关		同上	
6	风机盘管三速开关		区分液晶显示和机械式	

③照明开关,如表 3.2.3 所示。

表 3.2.3　常用的照明开关

序号	名称	图例	用途	图片
1	扳式、暗装单联单控开关		用于照明灯具用电的控制,此图例为单联开关	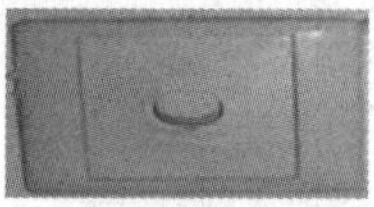
2	扳式、明装照明开关		用于照明灯具及风扇和其他小电器的用电控制	
3	扳式、暗装双联单控开关		用于照明灯具用电的控制,两块翘板分别控制两盏(或组)不同的灯	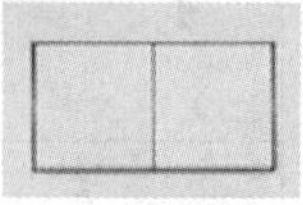
4	扳式、暗装三联开关		三块翘板分别控制三盏(或组)不同的灯	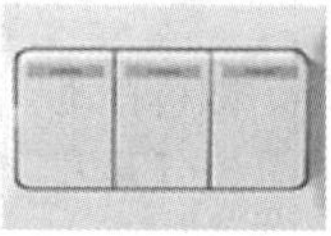
5	单联双控开关		用两个开关同时控制一盏灯	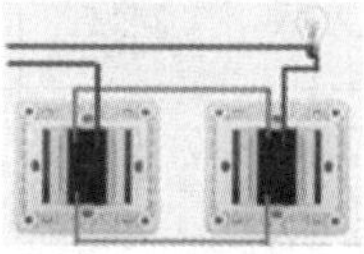
6	单相(双级)拉线开关		根据具体环境的要求,将开关置于更高或更低的位置,防止触电,使用拉线进行控制	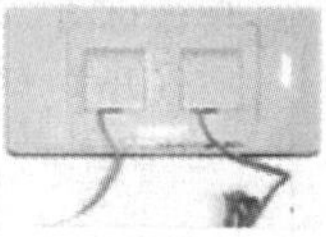
7	声光控延时开关	 SG	一般用于楼道灯(当光线暗淡时),无须开启关闭,人走过只要有声音就会启动,方便、节能	
8	声控延时开关	 S	当有人经过该开关附近时,脚步声、说话声、拍手声均可将声控开关启动(灯亮),延时一定时间后,声控开关自动关闭(灯灭)。广泛用于楼道、建筑走廊、洗漱室、厕所、厂房、庭院等场所	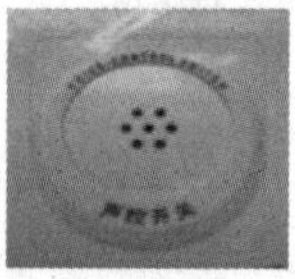

④插座,如表 3.2.4 所示。

表 3.2.4　常用的插座

序号	名称	图例	用途	图片
1	单相(带开关)三极暗插座		产品插孔内带有安全挡板,防止小孩用手指或小金属物插入内部而触电	

序号	名称	图例	用途	图片
2	单相三（孔）极暗插座		一般为 16 A,用于热水器、空调等大功率的电器	
3	单相三（孔）极明插座		明装一般适用于已经装修好的房间,其优点是安装速度快,且价格比较实惠。另外,如果电路出现了问题,维修比较方便	
4	单相五（孔）极暗插座		一般为 10 A,用于小型家用电器	
5	单相防水三(孔)极插座		一般用于卫生间等用水较多的地方	
6	三相四（孔）极暗插座		用于需要三相电源的电器	
7	三相五（孔）极暗插座		常用于移动电器、柜式空调、服装和制鞋电机等大功率电器	

⑤风扇。常用的风扇如表 3.2.5 所示。

表 3.2.5　常用的风扇

序号	名称	图例	用途	图片
1	壁扇		安装到墙壁上的小型电扇,可以节约空间。优点是方便、实用、美观。一般可摆头吹风,吹风范围广,风力强劲。多用于食堂、饭馆、工厂等场所	
2	吊扇		其作用主要是调节空气流动	
3	轴流风扇		一般而言,大型轴流风扇主要适用于有粉尘的场所,以及碎石场等场所的排风;中型轴流风扇主要适用于室内的通风及排热,例如粮仓等;小型轴流风扇主要适用于机械设备的通风散热	
4	(壁装)换气扇		又称通风扇,其作用是除去室内的污浊空气,调节室内温度,广泛应用于家庭及公共场所	

⑥小电器和其他电器。常用的小电器和其他电器如表 3.2.6 所示。

表 3.2.6　常用的小电器和其他电器

序号	名称	图例	用途	图片
1	电铃		电铃可以根据人们工作学习时间的长短预定,一般用于学校等场所	
2	红外线浴霸		即灯暖浴霸,依靠大功率灯来发光发热,一般用于卫生间、浴室等场所	

2)配管配线

将绝缘导线穿入保护管内敷设,称为配管(线管)配线。采用配管配线敷设方式,可避免导线受腐蚀气体的侵蚀和遭受机械损伤,更换导线也方便。

（1）配管

常用的配管如表 3.2.7 所示。

表 3.2.7　常用的配管

序号	名称	用途	图片
1	刚性阻燃管 PVC（硬质塑料管）	为乳白色硬质材料,耐火,直接头或螺接头连接,小管径可用弹簧弯曲。它是塑料管中应用最广泛的电气穿线管,但不适用于经常发生机械冲击、碰撞、摩擦等易受机械损伤的场所	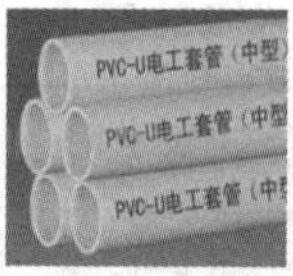 
2	焊接钢管 SC	用作电线、电缆的保护管,可以暗配于一些潮湿场所或直埋于地下,也可以沿建筑物、墙壁或支吊架敷设	
3	半硬塑料管 FPC	多用于一般居住和办公建筑等干燥场所的电气照明工程中,暗敷布线。一般成捆供应,每捆 100 m,连接方式采用粘接,完全无须加热	
4	金属软管	主要用于桥架或线槽出线到室内的连接部分,或者有吊顶处的吸顶灯具与天棚灯头盒之间的连接。应急照明部分采用金属软管	

续表

序号	名称	用途	图片
5	塑料波纹管	主要用于桥架或线槽出线到室内的连接部分,或者有吊顶处的吸顶灯具与天棚灯头盒之间的连接。普通照明部分采用塑料波纹管	
6	扣压式(KBG)、紧定式(JDG)电气钢导管	多用作敷设在干燥场所的电线、电缆的保护管,可明敷或暗敷	

(2)线槽

常用的线槽如表3.2.8所示。

表3.2.8　常用的线槽

序号	名称	用途	图片
1	PVC线槽	用于将电线等线材整理规范,是固定在墙上或天花板上的电气材料。配线方便,布线整齐,安装可靠,便于查找、维修和调换线路	
2	金属线槽	同上	

(3)电线

电线是指传导电流的导线,它有很多种形式,按绝缘状况一般分为裸导线、电磁线和绝缘电线。裸导线没有绝缘层,包括铜、铝绞线,钢芯铝合金导线等。裸导线主要用于户外架空及室内汇流排和开关箱。在电气照明系统中一般都是用绝缘电线导电,绝缘电线又按每根导线的股数分为单股线和多股线,通常10 mm² 以上的绝缘电线都是多股线,10 mm² 及以下的是单股线,如图3.2.3所示。

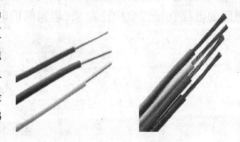

图3.2.3　单股线和多股线

电气照明系统常用的绝缘电线如表3.2.9所示。

表 3.2.9　电气照明系统常用的绝缘电线

类型	符号	名称	用途	图片
橡皮绝缘电线	BX(BLX)	铜(铝)芯橡皮绝缘线	用于交流 500 V 及以下或直流 1 000 V 及以下的电气设备及照明装置	
聚氯乙烯绝缘电线	BV(BLV)	铜(铝)芯聚氯乙烯绝缘线	适用于各种交流、直流的动力装置,日用电器,仪表,电信设备及照明线路固定敷设	
	BVV (BLVV)	铜(铝)芯聚氯乙烯绝缘氯乙烯护套圆形电线	同上	
	BVVB (BLVVB)	铜(铝)芯聚氯乙烯绝缘氯乙烯护套平形电线	同上	

（4）接线盒

在家居装修中,接线盒是电工辅料之一。装修用的电线是穿过电线管的,接线盒一般用于电线的接头部位(如线路比较长或者在电线管要转角的地方),电线管与接线盒连接,线管里面的电线在接线盒中连起来,起到保护电线和连接电线的作用。接线盒如图 3.2.4 所示。

图 3.2.4　常用接线盒

3）照明灯具

根据《通用安装工程工程量计算规范》(GB 50856—2013)的规定,常用的灯具主要有普通灯具、工厂灯具、荧光灯、装饰灯等。房屋建筑工程中电气照明系统常用的照明灯具如表3.2.10所示。

表 3.2.10　电气照明系统常用的照明灯具

类型	序号	名称	图例	图片	类型	序号	名称	图例	图片
普通灯具	1	半圆球吸顶灯			工厂灯具	1	工厂罩灯		
	2	圆球吸顶灯				2	防水防尘灯		
	3	方形吸顶灯				3	碘钨灯		
	4	软线吊灯				4	投光灯		
	5	座灯头				5	泛光灯		
	6	吊链灯				6	混光灯		
	7	防水吊灯				7	洁净密闭灯		
	8	壁灯				8	应急灯		
荧光灯	1	单管荧光灯			装饰灯具标志、诱导装饰灯	1	安全出口标志灯疏散指示灯		
	2	吸顶式双管荧光灯							
	3	吊管式双管荧光灯							
	4	嵌入式三管荧光灯							

3.2.3 电气照明系统接线基本原理与基本工艺

1)单相照明灯具接线

原理图中,火线(Live Wire)用"L"表示;零线(Neutral Wire)用"N"表示,"K"则表示开关控制线,"PE"表示接地线。一般火线常用黄色、绿色、红色表示,零线用蓝色表示,接地线用黄绿双色表示。

(1)单控开关与照明灯具接线的基本原理

如图 3.2.5 所示是单控单联开关与照明灯具接线的基本原理图,可以看出连接灯具的有两根线,一根零线,一根控制线;连接开关处有两根线,一根火线,一根控制线。

如图 3.2.6 所示是单控双联开关与照明灯具接线的基本原理图,双联开关一联控制灯 1,一联控制灯 2,可以看出连接开关处有三根线,一根为火线,一根控制线 K1 控制灯 1,另外一根控制线 K2 控制灯 2;同时,灯 1 处有三根线,灯 2 处有两根线。

零线一般不去开关;去开关线数=一根相线+相应开关回路的线数。

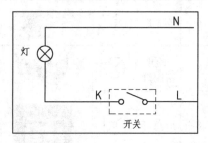

图 3.2.5　单控单联开关与照明灯具
　　　　　接线基本原理图

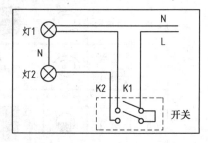

图 3.2.6　单控双联开关与照明灯具
　　　　　接线基本原理图

(2)双控开关接线

双控开关接线的基本原理如图 3.2.7 所示,可以看出双控开关是两个开关控制一盏灯,开关之间是两根线联系;去开关是三根线,其中的一根接相线或灯具。

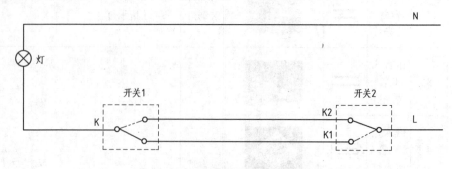

图 3.2.7　双控开关接线原理图

(3)双控开关在消防应急回路的特殊接线

双控开关在消防应急回路的特殊接线原理如图 3.2.8 所示,去开关是两根相线,去灯具的是一根开关线。

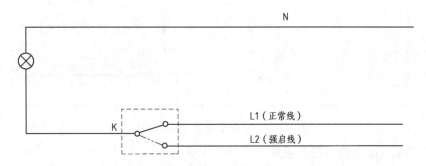

图3.2.8 双控开关在消防应急回路的特殊接线原理图

(4)照明灯具与开关在立面的常见关系

照明灯具与开关在立面的常见关系如图3.2.9所示。

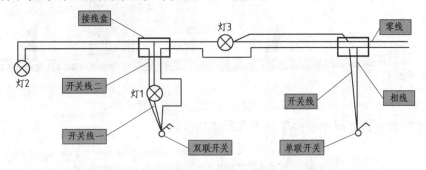

图3.2.9 照明灯具与开关在立面的常见关系图

通过上述学习,识读如图3.2.10所示单相照明回路平面图,识读结果如图上所示。

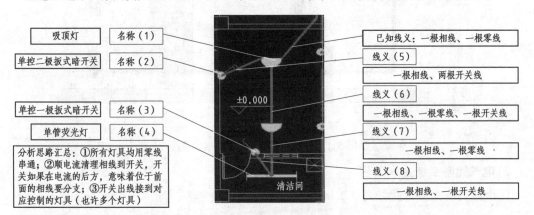

图3.2.10 单相照明回路识读分析

2)单相照明插座接线

①单相照明插座接线原理如图3.2.11所示,去单相插座用的是三根线;单相插座之间用三根线串联;接线关系应满足:面对插座,左零线、右相线、上接地线。

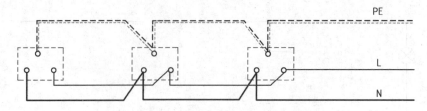

图 3.2.11　单相照明插座接线原理图

②插座暗敷线路立面布置关系如图 3.2.12 所示。

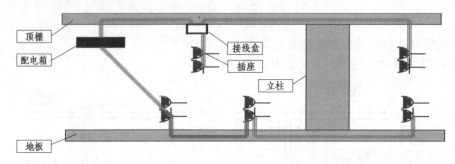

图 3.2.12　插座暗敷线路立面布置关系

③插座明敷线路立面布置关系如图 3.2.13 所示。

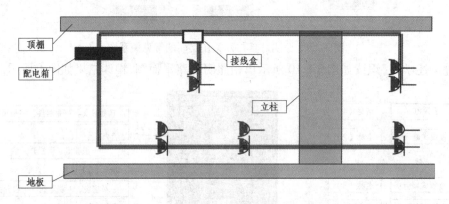

图 3.2.13　插座明敷线路立面布置关系

3)电气照明系统基本工艺

①电线分支连接方式如图 3.2.14 所示。

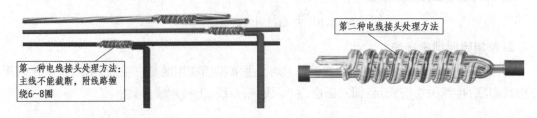

图 3.2.14　电线分支连接方式

②后期装修阶段暗敷线路做法一如图 3.2.15 所示。

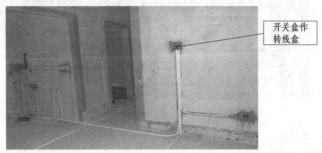

开关盒作转线盒

图 3.2.15　后期装修阶段暗敷线路做法一

③后期装修阶段暗敷线路做法二如图 3.2.16 所示。

弱电箱低置适度减少出线长度

交叉点处理

插座进线

图 3.2.16　后期装修阶段暗敷线路做法二

④电气暗敷线路工艺解析如图 3.2.17 所示。

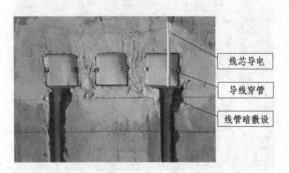

线芯导电

导线穿管

线管暗敷设

图 3.2.17　电气暗敷线路工艺解析

⑤配电箱安装。配电箱安装的典型节点详见标准图集《常用低压设备配电安装》（04D702-1）。配电箱安装典型节点的实际做法如图 3.2.18、图 3.2.19 和图 3.2.20 所示。

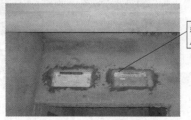

箱体安装与后塞口处理

图 3.2.18　嵌入式配电箱体预埋　　　　　图 3.2.19　嵌入式配电箱体抹灰后

图 3.2.20　配电箱内部构造示意图

⑥配管的基本工艺做法。如图 3.2.21 和图 3.2.22 是转线盒或开关盒或插座盒的暗敷示意图。

图 3.2.21　顶棚暗配多管路相交转线盒的安装　　　　图 3.2.22　墙面暗配开关盒或插座盒

图 3.2.23 为地板暗配 PVC 刚性阻燃管示意图,可见预埋管在地板内预埋穿上板面;图 3.2.24 为顶棚暗配 PVC 刚性阻燃管示意图;图 3.2.25 为明敷配管示意图。

图 3.2.23　地板暗配 PVC 刚性阻燃管示意图

图 3.2.24　顶棚暗配 PVC 刚性阻燃管

图 3.2.25　明敷配管示意图

3.2.4　初识电气照明施工图

本节以学生宿舍 D 栋电气照明施工图中宿舍间为例,建立识图程序和项目的初步概念。主要思路是:首先通过读设备材料表,了解所用图例符号的含义和本系统使用的主要设备及材料项目;然后读系统图,理解系统的工作原理和项目之间的连接关系;最后读平面图,掌握设备的布置方位和管线之间的连接关系。

1)学生宿舍 D 栋建筑设计说明

建筑设计说明如图 3.2.26 所示,可知楼层层高为 3.3 m,墙体厚度为 240 mm,楼地面采用地砖地面,顶棚采用水泥砂浆喷涂料,宿舍房间内无吊顶。

3. 墙体

　3.1 墙体图例　　　钢筋混凝土墙　[图例]
　　　　　　　　　　砖墙　[图例]

　3.2 墙厚240/120的墙体均为砖墙及砂浆,标号详结施。

　3.3 所有墙体用料外形尺寸要求准确统一,表面无边角破损,砖块或砌块墙体上下皮之间应互相错缝搭接,不得有垂直
　　　 通缝,转角处咬砌伸入墙内长度≥1/2砖块,砌筑砂浆应饱满。所有墙体砌筑砂浆比例及墙体标号均详见结施说明。

　3.4 墙体防潮处理,在室内地坪标高以下60处用1:2防水水泥砂浆抹20厚防潮层,内加5%防水剂。

4. 楼地面

　4.1 本工程楼地面为地砖地面,做法详西南04J312;二次精装修由甲方确定。

　4.2 楼面孔洞详结施,并在施工中与设备专业详细核对,管道安装完成后其缝隙用细石混凝土填塞密实。

　4.3 公共卫生间地面低于相邻房间标高60,并向地漏1%找坡。

　防水做法详西南04J517,防水层为改性沥青一布四涂。

　4.4 装修地面:由业主另外委托装修单位进行设计。

5. 顶棚

　5.1 本工程顶棚为水泥砂浆喷涂料,走道为矿棉板,吊顶高2.7 m。

图 3.2.26　学生宿舍 D 栋建筑设计说明

2)学生宿舍 D 栋电气照明施工图

(1)识读电气照明系统设备材料表

学生宿舍 D 栋涉及的电气照明系统主要设备材料表,如图 3.2.27、图 3.2.28 所示。

灯具插接件类						表一
序号	名称	型号	图例	数量	单位	备注
06	单管荧光灯	YG1-1-1×32 W	⊢——⊣	634	个	吸顶
07	双管荧光灯	YG1-1-2×32 W	⊨====⊨	0	个	吸顶
08	吸顶灯	DLXD22-1×32 W	▽	317	个	吸顶
09	环形日光灯	DLXD16-1×22 W	⊖	317	个	吸顶
10	卫生间换气扇	1×15 W 型号甲方自定	⊂⊙⊃	317	个	距地2.3 m嵌墙
11	宿舍摇头扇	1×40 W 型号甲方自定	⊖⊙⊖	317	个	吸顶
12	单位开关	B51/1	✎	166	个	距地1.3 m暗装
13	双位开关	B52/1	✎	323	个	距地1.3 m暗装
14	三位开关	B53/1	✎	317	个	距地1.3 m暗装
15	摇头扇调速开关	B5M3	⌇	317	个	距地1.3 m暗装
16	二三孔暗插座	B5/10S	▲	1585	组	距地1.3 m暗装
17	分体式空调插座	B5/16U	▲K	317	组	距地1.3 m暗装

图 3.2.27　灯具插接件类型号及图例

配电设备类						表五
序号	名称	型号	图例	数量	单位	备注
14	宿舍计度表箱	AW	▬	317	块	距地1.8 m暗装

线槽及管材类						表三
序号	名称	型号	图例	数量	单位	备注
97	阻燃刚性塑料管	PC16	——	按需	m	

电线电缆类						表二
序号	名称	型号	图例	数量	单位	备注
10	低压电力电线	BV-2.5 mm²	——	按需	m	

图 3.2.28　配电箱、配管、配线型号及图例

(2)识读电气照明系统图

学生宿舍 D 栋宿舍间的配电箱系统图如图 3.2.29 所示。由图可知,配电箱为 AW,尺寸为 200 mm×300 mm×160 mm,此尺寸一般表示为宽度×高度×厚度,即配电箱 AW 的宽度为200 mm、高度为 300 mm、厚度为 160 mm;从宿舍配电箱出来有三条回路,分别是照明回路 N1和插座回路 N2,N3;N1—N3 回路中配管为 PC16,即直径为 16 mm 的硬塑料管,同时采用 CC或 WC 的敷设方式,根据表 3.2.11 线路敷设方式的标注,可知线路是采用暗敷在天棚顶内或者暗敷在墙内的方式。

进线电缆、线	主开关	相序	回路开关	线路及敷设方式	回路编号	用处
BV-3×4PC 20CC	IC卡预付费计度表 S260/2P, C20 Wh DD864 5(20) A	L,N	S260/1P, C16	BV-2×25 PC16CC	N1	照明
		L,N	S260/1P, D16	BV-3×25 PC16WC	N1	壁挂式空调插座
		L,N,PE	GS260/1P, C16/0.03 1P+N	BV-3×25 PC16WC	N3	一般插座
		L,N,PE				
	宿舍照明配电箱		AW			P_e=2.5 kW
共317块			200×300×160			

图 3.2.29　配电箱系统图

表 3.2.11　施工图对线路敷设方式的标注

序号	名称	标注文字符号	序号	名称	标注文字符号
1	暗敷在梁内	BC	6	吊顶内敷设	SCE
2	暗敷在柱内	CLC	7	地面内敷设	FC
3	暗敷在墙内	WC	8	沿屋架梁敷设	BE
4	沿天棚顶敷设	CE	9	沿墙明敷	WE
5	暗敷在天棚顶内	CC			

(3)识读电气照明系统平面图

学生宿舍 D 栋宿舍间的电气照明系统平面图如图 3.2.30 所示。将平面图与系统图及设备材料表相结合,可以建立三维模型。

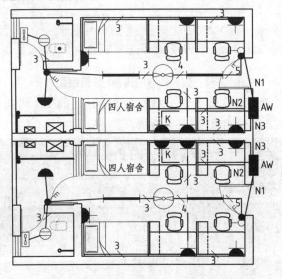

图 3.2.30　宿舍间电气照明系统平面图

由平面图可知,N1 回路有 2 个荧光灯、1 个摇头扇、1 个吸顶灯、1 个环形日光灯、1 个排气扇、三位开关和双位开关各 1 个及摇头扇的开关。N1 回路配管模型图(根据平面图建立)如图 3.2.31 所示,由图可知,因多于两根配管,相交处需设置接线盒,采用此种方式会增加费用,故按照实际情况重新建立 N1 回路配管模型,如图 3.2.32 所示。

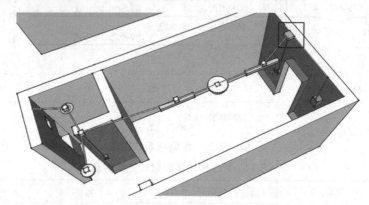

图 3.2.31 宿舍间 N1 回路配管模型图一(根据平面图建立)

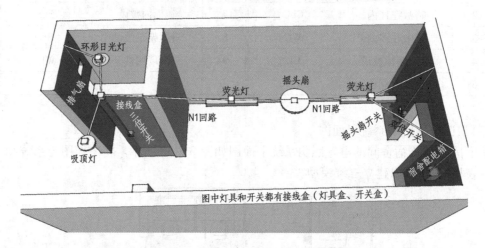

图 3.2.32 宿舍间 N1 回路配管模型图二

同理,由平面图可知,N2 回路有 1 个分体式空调插座,而 N3 回路则有 5 个二三孔暗插座,建立的三维模型如图 3.2.33 和图 3.2.34 所示。

图 3.2.33 N2 回路配管模型图

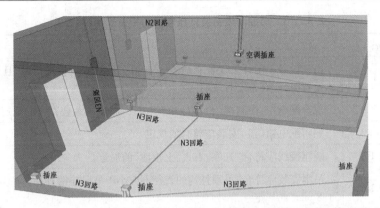

图 3.2.34 N2 和 N3 回路配管模型图

配电箱、照明灯具、开关、插座等在图纸上的安装方式及高度都有标注,但是配管一般都需要根据图纸来判断。由上述模型图可知,配管沿墙敷设时要垂直或水平,暗敷在地板或天棚内,地面的配管可以两点间最短距离斜向敷设。根据材质、管径、标高、安装方式等并经分析,学生宿舍 D 栋电气照明系统的配管规格如表 3.2.12 所示。

表 3.2.12 电气照明系统配管规格表

管材	管径(mm)	标高(m)	安装方式	备注
PC	16(立管)	(1.8+0.3)~3.3	沿墙暗敷	配电箱上端出线
PC	16(立管)	1.8~0	沿墙暗敷	配电箱下端出线
PC	20(水平管)	3.3	沿天棚敷设	N1 回路双位开关至第一个单管荧光灯,第一个单管荧光灯至摇头扇
PC	16(水平管)	3.3	沿天棚敷设	N1、N2 回路其他部分
PC	20(立管)	3.3~1.3	沿墙暗敷	双位开关
PC	16(立管)	3.3~1.3	沿墙暗敷	三位开关
PC	16(立管)	3.3~2.3	沿墙暗敷	N1 排气扇
PC	16(立管)	2.2~3.3	沿墙暗敷	空调插座
PC	16(水平管)	0	埋地敷设	N3 回路
PC	16(立管)	0~0.3	沿墙暗敷	二三孔暗插座

注:4 根线位置穿 PC20。

3.2.5 施工质量验收规范对电气照明的要求

《建筑电气工程施工质量验收规范》(GB 50303—2015)对电气照明系统的相关规定如下。

1)控制设备及低压电器

对控制设备及低压电器的相关规定如表 3.2.13 所示。

表3.2.13

表 3.2.13　对控制设备及低压电器的相关规定(摘要)

序号	条码	知识点	页码
1.1	3.1.3	电气设备上的计量仪表、与电气保护有关的仪表应检定合格,且当投入运行时,应在检定有效期内	6
1.2	3.3.2	成套配电柜、控制柜(台、箱)和配电箱(盘)的安装应符合的规定	14
1.3	5.1.12	照明配电箱(盘)安装应符合的规定	27
1.4	20.1.3	插座接线应符合"左零、右火、上接地"的规定	82
1.5	20.1.6	吊扇安装应符合"吊扇挂钩的直径不应小于吊扇挂销直径,且不应小于 8 mm"的规定	83
1.6	20.1.7	壁扇安装应符合"膨胀螺栓的数量不应少于 3 个,且直径不应小于 8 mm"的规定	84
1.7	20.2.3	照明开关安装应符合"开关边缘距门框边缘的距离宜为 0.15 ~ 0.20 m"的规定	84

2)配管、配线

对配管、配线的相关规定如表 3.2.14 所示。

表3.2.14

表 3.2.14　对配管、配线的相关规定(摘要)

序号	条码	知识点	页码
2.1	12.1.3	当塑料导管在砌体上剔槽埋设时,应采用强度等级不小于 M10 的水泥砂浆抹面保护,保护层厚度不应小于 15 mm	51
2.2	12.2.1	导管的弯曲半径应符合的规定(如:当直埋于地下时,其弯曲半径不宜小于管外径的 10 倍)	51
2.3	12.2.4	进入配电(控制)柜、台、箱内的导管管口,当箱底无封板时,管口应高出柜、台、箱、盘的基础面 50~80 mm	52
2.4	12.2.5	对于埋地敷设的钢导管,埋设深度应符合设计要求,钢导管的壁厚应大于 2 mm	52
2.5	12.2.6	明配的电气导管应符合的规定	53
2.6	12.2.7	当设计无要求时,埋设在墙内或混凝土内的塑料导管应采用中型及以上的导管	54
2.7	12.2.8	刚性导管经柔性导管与电气设备、器具连接时,柔性导管的长度在动力工程中不宜大于 0.8 m,在照明工程中不宜大于 1.2 m	54
2.8	14.1.1	同一交流回路的绝缘导线不应敷设于不同的金属槽盒内或穿于不同金属导管内	61
2.9	14.1.2	除设计要求以外,不同回路、不同电压等级和交流与直流线路的绝缘导线不应穿于同一导管内	61
2.10	14.1.3	绝缘导线接头应设置在专用接线盒(箱)或器具内,不得设置在导管和槽盒内	61
2.11	14.2.5	槽盒内敷线应符合的规定(如:同一槽盒内不宜同时敷设绝缘导线和电缆)	63
2.12	17.2.2	导线与设备或器具连接的规定(如:截面积在 10 mm² 及以下的单股铜芯线和单股铝/铝合金芯线可直接与设备或器具的端子连接)	69

3) 照明器具

对照明器具的相关规定如表 3.2.15 所示。

表 3.2.15

表 3.2.15　对照明器具的相关规定（摘要）

序号	条码	知识点	页码
3.1	3.2.10	照明灯具及附件的进场验收应符合的规定（如：灯具的绝缘电阻值不应小于 2 MΩ，灯具内绝缘导线的绝缘层厚度不应小于 0.6 mm）	9
3.2	3.3.15	照明灯具安装应符合的规定	17
3.3	18.1.1	灯具固定应符合的规定	72
3.4	18.1.4	由接线盒引至嵌入式灯具或灯槽的绝缘导线应符合的规定（如：绝缘导线应采用柔性导管保护，不得裸漏，且不应在灯槽内明敷）	73
3.5	18.2.1	引向单个灯具的绝缘导线截面积应与灯具功率相匹配，绝缘铜芯导线的线芯截面积不应小于 1 mm^2	75
3.6	19.1.3	应急灯具安装应符合的规定	77

习题

1.单项选择题

1) 以下不属于智能建筑(弱电)工程主要考虑问题的是(　　)。

A.信息传送的保真度　　　　　　　　　　B.减小损耗

C.信息传送的速度　　　　　　　　　　　D.信息传送的可靠性

2) 以下不属于建筑电气(强电)工程主要考虑问题的是(　　)。

A.提高效率　　　　　　　　　　　　　　B.减小损耗

C.信息传送的保真度　　　　　　　　　　D.安全用电

3) 一般来说,(　　)以上的绝缘电线都是多股线。

A.12 mm^2　　　　　　B.10 mm^2　　　　　　C.8 mm^2　　　　　　D.6 mm^2

4) 电线型号 BV 是指(　　)。

A.铜芯聚氯乙烯绝缘线

B.铝芯聚氯乙烯绝缘线

C.铜芯聚氯乙烯绝缘氯乙烯护套圆形电线

D.铝芯聚氯乙烯绝缘氯乙烯护套圆形电线

5) 根据《建筑电气工程施工质量验收规范》(GB 50303—2015)对电气照明系统的相关规定,柜、台、箱、盘应安装牢固,且不应设置在水管的正下方。柜、台、箱、盘安装垂直度,允许偏差不应大于(　　)。

A.2.5‰　　　　　　　　B.1.5‰　　　　　　　C.1.0‰　　　　　　　D.0.5‰

6)根据《建筑电气工程施工质量验收规范》(GB 50303—2015)对电气照明系统的相关规定,对于单相两孔插座,以下说法正确的是(   )。

A.面对插座的左孔或上孔应与相线连接　　　　B.左孔或下孔应与中性导体(N)连接

C.面对插座的左孔或下孔应与相线连接　　　　D.右孔或上孔应与中性导体(N)连接

2.多项选择题

1)建筑电气(强电)工程的特点是(   )。

A.电压高　　　　B.电流大　　　　C.功率大　　　　D.频率低　　　　E.功率小

2)弱电的处理对象主要是信息,即信息的传送与控制,其特点是(   )。

A.电压低　　　　B.电流小　　　　C.功率小　　　　D.频率低　　　　E.频率高

3)根据《通用安装工程工程量计算规范》(GB 50856—2013)的规定,控制设备与低压电器主要包括(   )。

A.配管　　　　B.控制开关　　　　C.配电箱　　　　D.照明开关　　　　E.插座

4)照明配电箱安装方式可分为(   )。

A.悬挂式　　　　B.埋地式　　　　C.嵌入式　　　　D.落地式　　　　E.吸顶式

5)根据《建筑电气工程施工质量验收规范》(GB 50303—2015)对电气照明系统的相关规定,以下说法正确的是(   )。

A.对于单相两孔插座,面对插座的右孔或上孔应与相线连接

B.对于单相两孔插座,左孔或下孔应与中性导体(N)连接

C.对于单相三孔插座,面对插座的右孔应与相线连接

D.对于单相三孔插座,左孔应与中性导体(N)连接

E.对于单相三孔插座,面对插座的左孔应与相线连接

6)根据《建筑电气工程施工质量验收规范》(GB 50303—2015)对电气照明系统的相关规定,导管的进场验收应符合下列规定(   )。

A.钢导管应有产品质量证明书

B.塑料导管应有合格证及相应检测报告

C.钢导管应可以被压扁

D.镀锌钢导管不应有锈蚀

E.塑料导管及配件不应碎裂,表面应有阻燃标记和制造厂标

3.3　电气照明系统计价定额

3.3.1　电气照明系统计价前应知

1)编制工程造价文件的三个维度

请参照"1.3.1　防雷及接地系统计价前应知"中的相应内容。

2)重庆市 2018 费用定额

请参照"1.3.1 防雷及接地系统计价前应知"中的相应内容。

3)出厂价、工地价、预算价的不同概念

请参照"1.3.1 防雷及接地系统计价前应知"的相应内容。

4)电气照明系统造价分析指标

（1）传统指标体系

传统指标体系即以单位面积为基数的分析方法：

$$造价指标 = \frac{分部工程造价}{建筑面积}$$

（2）专业指标体系

专业指标体系是以本专业的"主要技术指标"为基数的分析方法。

$$电气照明子分部造价指标 = \frac{电气照明子分部工程造价}{配电箱功率合计}$$

（3）建立造价分析指标制度的作用

①近期作用：是宏观评价本次造价水平（质量）的依据；

②远期作用：积累经验。

3.3.2 电气照明系统计价前应知的定额类别

电气照明系统计价定额主要来自《重庆市通用安装工程计价定额》（CQAZDE—2018）第四册《电气设备安装工程》，该定额包含的内容如图 3.3.1 所示。电气照明系统相关定额子目如表 3.3.1 所示。

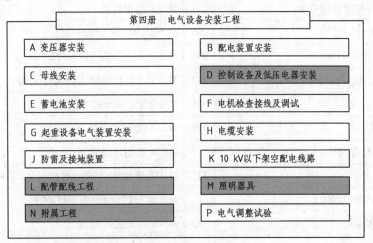

图 3.3.1　第四册《电气设备安装工程》包含的内容

表 3.3.1　电气照明系统相关定额子目

子分部定额子目	起始页码	子分部定额子目	起始页码
D 控制设备及低压电器安装(030404)说明	85	L.3.2 玻璃钢桥架	337
工程量计算规则	86	L.3.3 铝合金桥架	338
D.16 控制箱(编码:030404016)		L.3.4 组合式桥架/复合支架安装	340
D.16.1 同期小屏控制箱安装	99	L.3.5 防火桥架	341
D.17 配电箱(编码:030404017)		L.4 配线(编码:030411004)	
D.17.1 成套配电箱安装	99	L.4.1 管内穿线	341
D.31 小电器(编码:030404031)	112	L.4.2 鼓形绝缘子穿线	345
D.31.1 按钮/讯响器安装	112	L.4.3 针式绝缘子穿线	346
D.33 风扇(编码:030404033)	117	L.4.4 蝶式绝缘子穿线	348
D.33.1 风扇安装	117	L.4.5 塑料护套线明敷设	350
D.34 照明开关(编码:030404034)		L.4.6 绝缘导线明敷设	352
D.34.1 开关及按钮安装	118	L.4.7 线槽配线	354
D.35 插座(编码:030404035)		L.5 接线箱(编码:030411005)	362
D.35.1 明装插座安装	119	L.6 接线盒(编码:030411006)	363
D.35.2 暗装插座安装	120	L.7 其他项目	364
D.35.3 防爆插座安装	120	M 照明器具(030412)说明	367
D.35.4 带保险盒盖插座安装	121	M.1 普通灯具(编码:030412001)	
D.35.5 多联组合开关插座安装	121	M.1.1 吸顶灯具	371
L 配管配线(030411)说明	295	M.1.2 其他普通灯具	371
L.1 配管(编码:030411001)	297	M.2 工厂灯(编码:030412002)	
L.1.1 套接紧定式镀锌钢导管(JDG)敷设	297	M.2.1 工厂灯及防水防尘灯安装	372
L.1.2 镀锌钢管敷设	301	M.2.2 工厂其他灯具安装	373
L.1.3 防爆钢管敷设	312	M.2.3 混光灯安装	374
L.1.4 可挠金属套管敷设	319	M.2.4 密闭灯具安装	374
L.1.5 塑料管敷设	322	M.3 高度标志(障碍)灯(编码:030412003)	375
L.2 线槽(编码:030411002)		M.4 装饰灯(编码:030412004)	
L.2.1 塑料线槽安装	332	M.4.1 吊式艺术装饰灯具	376
L.2.2 金属线槽敷设	333	M.4.2 吸顶式艺术装饰灯具	379
L.3 桥架(编码:030411003)		M.4.3 荧光艺术装饰灯具	386
L.3.1 钢制桥架	334	M.4.4 几何形状组合艺术灯具	388

子分部定额子目	起始页码	子分部定额子目	起始页码
M.4.5 标志诱导装饰灯具	390	M.5 荧光灯(编码:030412005)	404
M.4.6 水下艺术装饰灯具	390	M.6 医疗专用灯(编码:030412006)	406
M.4.7 点光源艺术装饰灯具	391	M.7 一般路灯(编码:030412007)	406
M.4.8 景观灯安装	392	M.8 中杆灯(编码:030412008)	415
M.4.9 盆景花木装饰灯具	393	M.9 高杆灯(编码:030412009)	417
M.4.10 歌舞厅灯具	393	M.10 桥栏杆灯(编码:030412010)	419
M.4.11 霓虹灯安装		M.11 地道涵洞灯(编码:030412011)	420
M.4.12 嵌入式地灯	399	第九册《消防安装工程》	
M.4.13 楼宇亮化灯安装	399	F 其他	
M.4.14 艺术喷泉照明系统安装	400	F.3 剔堵槽沟(编码:030906003)	86

3.3.3　与电气照明系统相关的定额分项

重庆市 2018 计价定额有关电气照明系统的册说明及与电气照明相关的定额分项如下。

1)第四册《电气设备安装工程》册说明的主要内容

册说明

一、第四册《电气设备安装工程》(以下简称"本册定额")适用于工业与民用电压等级小于或等于 10 kV 变配电设备及线路安装、车间动力电气设备及电气照明器具、防雷及接地装置安装、配管配线、电气调整试验等安装工程。包括:变压器、配电装置、母线、控制设备及低压电器、蓄电池、电机检查接线及调试、电缆、防雷接地装置、10 kV 以下架空配电线路、配管、配线、照明器具、附属工程、起重设备电气装置等安装及电气调整试验内容。

二、本册定额除各章另有说明外,均包括下列工程内容:

施工准备、设备与器材及工器具的场内运输、开箱检查、安装、设备单体调整试验、收尾清理、配合质量检验、不同工种间交叉配合、临时移动水源与电源等工作内容。

四、下列费用可按系数分别计取:

1.脚手架搭拆费(不包括第 P 章"电气调整试验"中的人工费,不包括装饰灯具安装工程中的人工费)按定额人工费的 5% 计算,其费用中人工费占 35%。电压等级小于或等于 10 kV 架空配电线路工程、直埋敷设电缆工程、路灯工程不单独计算脚手架费用。

2.操作高度增加费:安装高度距离楼面或地面大于 5 m 时,超过部分工程量按定额人工费乘以系数 1.1 计算(已经考虑了超高因素的定额项目除外,如:小区路灯、投光灯、庑气灯、烟囱或水塔指示灯、装饰灯具、避雷针),电压等级小于或等于 10 kV 架空配电线路工程不执行本条规定。

3.建筑物超高增加费:指在建筑物层数大于 6 层或建筑物高度大于 20 m 以上的工业与民用建筑物上进行安装时,按表计算。建筑物超高增加的费用中,人工费占 65%。

建筑物高度(m)	≤40	≤60	≤80	≤100	≤120	≤140	≤160	≤180	≤200
建筑层数(层)	≤12	≤18	≤24	≤30	≤36	≤42	≤48	≤54	≤60
按人工费的百分比(%)	1.83	4.56	8.21	12.78	18.25	23.73	29.2	34.68	40.15

4.在地下室内(含地下车库)、净高小于 1.6 m 楼层、断面小于 4 m² 且大于 2 m² 的洞内进行安装的工程,定额人工费乘以系数 1.08。

5.在管井内、竖井内、断面小于或等于 2 m² 隧道或洞内、已封闭吊顶内进行安装的工程(竖井内敷设电缆项目除外),定额人工费乘以系数 1.15。

6.安装与生产同时进行时增加的费用,按定额人工费的 10%计算。

2)控制设备及低压电器安装常用定额子目

下面对控制设备及低压电器安装常用定额子目加以解释说明,以下表中内容均摘自《重庆市通用安装工程计价定额》(CQAZDE—2018)第四册《电气设备安装工程》"D 控制设备及低压电器安装(030404)"。

(1)配电箱(表 3.3.2、表 3.3.3)

表 3.3.2　配电箱定额说明和计算规则(摘录)

D 控制设备及低压电器安装	内容	页码
定额说明	1.设备安装定额包括屏、柜、台、箱设备本体及其辅助设备安装,即标签框、光字牌、信号灯、附加电阻、连接片。定额不包括支架制作与安装、二次喷漆及喷字、设备干燥、焊(压)接线端子、端子板外部(二次)接线、基础槽(角)钢制作与安装、设备上开孔。 7.成品配套空箱体安装参照相应的"成套配电箱"安装定额子目乘以系数 0.5 执行。	85
定额计算规则	三、成套配电箱安装,根据设备安装方式及箱体半周长,按照设计图示数量以"台"计算。 五、电表箱分四表以下和四表以上,按照设计图示数量以"台"计算。电表分单相电表和三相电表,按照设计图示数量以"个"计算。	86

表 3.3.3　D.16 和 D.17 配电箱定额图解

定额名称	定额编号	图片	定额名称	定额编号	图片
同期小屏控制箱安装	CD0334		成套配电箱安装悬挂嵌入式半周长（0.5/1.0/1.5/2.5/3 m以内）	CD0336 CD0337 CD0338 CD0339 CD0340	悬挂式
成套配电箱安装落地式	CD0335				嵌入式

（2）开关（表 3.3.4、表 3.3.5）

表 3.3.4　开关定额说明和计算规则（摘录）

表3.3.4和表3.3.6

D 控制设备及低压电器安装	内容	页码
定额说明	无	85
定额计算规则	十五、开关、按钮安装，根据安装形式与种类、开关极数及单控与双控，按照设计图示数量以"套"计算。十六、声控（红外线感应）延时开关、柜门触动开关安装，按照设计图示数量以"套"计算。	118

表 3.3.5　D.34.1 照明开关定额图解

定额名称	定额编号	图片	定额名称	定额编号	图片
拉线开关	CD0426		翘板暗开关（单控三联/六联以下，双控三联/六联以下）	CD0428 CD0429 CD0430 CD0431	
翘板开关明装	CD0427		延时开关	CD0434	

（3）插座（表 3.3.6、表 3.3.7）

表 3.3.6　插座定额说明和计算规则（摘录）

D 控制设备及低压电器安装	内容	页码
定额说明	9.插座箱安装参照"成套配电箱"相应定额子目执行。	85
定额计算规则	十七、插座安装，根据电源数、定额电流、插座安装形式，按照设计图示数量以"套"计算。	86

表 3.3.7　D.35.1/2 插座定额图解

定额名称	定额编号	图片	定额名称	定额编号	图片
明装插座安装	CD0439—CD0444		单相带接地暗插座安装 16/32 A 以下	CD0447 CD0448	
单相暗插座安装 16/32 A 以下	CD0445 CD0446		三相带接地暗插座安装 16/32 A 以下	CD0449 CD0450	

（4）小电器及风扇和浴霸（表 3.3.8、表 3.3.9）

表 3.3.8　小电器及风扇和浴霸定额说明和计算规则（摘录）

D 控制设备及低压电器安装	内容	页码
定额说明	4.低压电器安装定额适用于工业低压用电装置、家用电器的控制装置及电器的安装。定额综合考虑了型号、功能，执行定额时不作调整。	85
定额计算规则	十二、民用电器安装，根据类型与规模，按照设计图示数量以"台""个""套"计算。	86

表 3.3.9　D.33 风扇定额图解

定额名称	定额编号	图片	定额名称	定额编号	图片
吊风扇	CD0422		轴流排气扇	CD0424	
壁扇	CD0423		吊扇带灯	CD0425	

3) 配管配线工程常用定额子目

下面对配管配线工程常用定额子目加以解释说明,以下内容均摘自《重庆市通用安装工程计价定额》(CQAZDE—2018)第四册《电气设备安装工程》"L 配管配线工程(030411)"。

(1) 配管(表 3.3.10、表 3.3.11)

表 3.3.10 配管定额说明和计算规则(摘录)

L 配管配线工程	内容	页码
定额说明	1.配管定额中钢管材质是按照镀锌钢管考虑的,定额不包括采用焊接钢管刷油漆、刷防火漆或防火涂料,管外壁防腐保护以及接线箱、接线盒、支架制作与安装,工程实际发生时,按相应定额子目执行。 2.工程采用镀锌电线管时,执行镀锌钢管定额计算安装费,镀锌电线管主材费按照镀锌钢管用量另行计算。 3.工程采用扣压式薄壁钢导管(KBG)时,按套接紧定式镀锌钢导管(JDG)定额子目执行。 4.定额中的电工硬质塑料绝缘套管,管材为直管,管子连接采用专用接头连接;电工半硬质塑料绝缘套管为阻燃聚乙烯软管,管材成盘供应,管子连接采用专用接头粘接。 5.定额中可挠金属套管是指普利卡金属管(PULLKA),可挠金属套管规格见表。 6.配管定额是按照各专业间配合施工考虑的,定额中不包括凿槽、刨沟、凿孔(洞)及恢复等费用。 7.室外埋设配线管的土石方施工,按相应定额子目执行。 8.吊顶天棚板内敷设电气配管,根据管材材质,按"砖、混凝土结构明敷"相关定额子目执行。	295
定额计算规则	一、配管敷设根据配管材质与直径,区别敷设位置、敷设方式,按设计图示长度计算。计算长度时,不计算安装损耗量,不扣除管路中间的接线箱、接线盒、灯头盒、开关盒、插座盒、管件等所占长度。 二、金属软管敷设根据金属软管直径,按设计图示长度计算。计算长度时,不计算安装损耗量。	296

表 3.3.11 配管定额图解

定额名称	定额编号	图片	定额名称	定额编号	图片
套接紧定式镀锌钢导管(JDG)敷设	CD1330—CD1351		镀锌钢管敷设	CD1352—CD1399	

续表

定额名称	定额编号	图片	定额名称	定额编号	图片
电工硬质塑料绝缘套管	CD1448—CD1473		波纹电线管敷设	CD1488—CD1493	
电工半硬质塑料绝缘套管	CD1474—CD1487		金属软管敷设	CD1494—CD1517	

（2）桥架和线槽（表 3.3.12、表 3.3.13）

表3.3.12

表 3.3.12　桥架、线槽定额说明和计算规则（摘录）

L 配管配线工程	内容	页码
定额说明	9.桥架安装定额包括组对、焊接、桥架开孔、隔板与盖板安装、接地、附件安装、修理等,不包括桥架支撑架安装。定额综合考虑了螺栓、焊接和膨胀螺栓三种固定方式,实际安装与定额不同时不作调整。 （1）梯式桥架安装定额是按照不带盖考虑的,若梯式桥架带盖,则执行相应的槽式桥架定额。 （2）钢制桥架主结构设计厚度大于 3 mm 时,执行相应安装定额,人工、机械乘以系数 1.20。 （3）不锈钢桥架安装执行相应的钢制桥架定额,乘以系数 1.10。 （4）电缆桥架安装定额是按照厂家供应成品安装编制的,若现场需要制作桥架时,应按第 N 章相应定额子目执行。	295
定额计算规则	三、线槽敷设根据线槽材质及规格,按设计图示长度计算。计算长度时,不计算安装损耗量,不扣除管路中间的接线箱、接线盒、灯头盒、开关盒、插座盒、管件等所占长度。 四、电缆桥架安装根据桥架材质与规格,按设计图示长度计算。 五、组合式桥架安装按设计图示数量以"片"计算;复合支架安装按设计图示数量以"副"计算。	296

表 3.3.13　线槽定额图解

定额名称	定额编号	图片	定额名称	定额编号	图片
塑料线槽 线槽断面周长（mm）以内	CD1526—CD1529		金属线槽敷设（宽＋高 mm 以内）	CD1530—CD1534	

(3)配线(表3.3.14、表3.3.15)

表3.3.14

表3.3.14 配线定额说明和计算规则(摘录)

L 配管配线工程	内容	页码
定额说明	10.管内穿线定额包括扫管、穿线、焊接包头;绝缘子配线定额包括埋螺钉、钉木楞、埋穿墙管、安装绝缘子、配线、焊接包头;线槽配线定额包括清扫线槽、布线、焊接包头;导线明敷设定额包括埋穿墙管、安装瓷通、安装街码、上卡子、配线、焊接包头。 11.照明线路中导线截面积大于 6 mm² 时,按动力线路穿线相关定额子目执行。 12.车间配线定额包括支架安装、绝缘子安装、母线平直与连接及架设、刷分相漆,不包括母线伸缩器制作与安装。 13.接线箱、接线盒安装定额适用于电压等级小于或等于 380 V 电压等级用电系统。定额不包括接线箱、接线盒本体费用。暗装接线箱、接线盒定额中槽孔按照事先预留考虑,定额不包括人工打槽孔的费用。 14.灯具、开关、插座、按钮等预留线,已分别综合在相应项目内,不另行计算。	295
定额计算规则	六、管内穿线根据导线材质与截面积,区别照明线与动力线,按设计图示长度计算;管内穿多芯软导线根据软导线芯数与单芯软导线截面积,按设计图示长度计算。管内穿线的线路分支接头线长度已综合考虑在定额中,不得另行计算。 七、绝缘子配线根据导线截面积,区别绝缘子形式、绝缘子配线位置,按设计图示长度计算。当绝缘子暗配时,计算引下线工程量,其长度从线路支持点计算至天棚下缘距离。 八、线槽配线根据导线截面积按设计图示长度计算。 九、塑料护套线明敷设根据导线芯数与单芯导线截面积,区别导线敷设位置,按设计图示长度计算。 十、绝缘导线明敷设根据导线截面积,按设计图示长度计算。 十四、接线箱安装根据安装形式及接线箱半周长,按设计图示数量以"个"计算。 十五、接线盒安装根据安装形式及接线盒类型,按设计图示数量以"个"计算。 十六、盘、柜、箱、板配线根据导线截面积,按设计图示配线长度计算。配线进入盘、柜、箱、板时,每根线的预留长度按照设计规定计算,设计无规定时按照下表规定计算。	296

配线进入盘、柜、箱、板的预留线长度表

序号	项目	预留长度	说明
1	各种开关箱、柜、板	高+宽	盘面尺寸
2	单独安装(无箱、盘)的铁壳开关、闸刀开关、启动器、母线槽进出线盒等	0.3 m	以安装对象中心算起
3	由地面管子出口引至动力接线箱	1 m	以管口计算
4	电源与管内导线连接(管内穿线与软、硬母线接头)	1.5 m	以管口计算
5	出户线	1.5 m	以管口计算

配线部分定额项目较多,此处主要对管内穿线和线槽配线进行区分,如表 3.3.15 所示。

表 3.3.15　配线定额图解

定额名称	定额编号	图片	定额名称	定额编号	图片
管内穿线照明线路单芯导线截面积（mm² 以内）	CD1601—CD1604	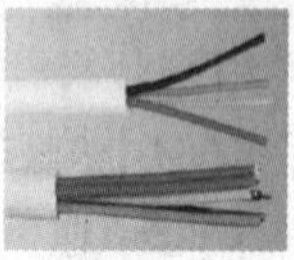	线槽配线导线截面积（mm² 以内）	CD1714—CD1721	

4)照明器具常用定额子目

下面对照明器具常用定额子目加以解释说明,以下内容均摘自《重庆市通用安装工程计价定额》(CQAZDE—2018)第四册《电气设备安装工程》" M 照明器具 (030412)。"

（1）普通灯具(表 3.3.16、表 3.3.17)

表 3.3.16　普通灯具定额说明和计算规则(摘录)

M 照明器具	内容	页码
定额说明	1.灯具引导线是指灯具吸盘到灯头的连线,除注明者外,均按照灯具自备考虑。如引导线需要另行配置时其安装费不变,主材费另行计算。 6.照明灯具安装除特殊说明外,均不包括支架制作与安装。工程实际发生时,按第 N 章相关定额子目执行。 7.定额包括灯具组装、安装、利用摇表测量绝缘及一般灯具的试亮工作。 9.普通灯具安装定额适用范围见下表。 **普通灯具安装定额适用范围表** 表格如下： | 定额名称	灯具种类
---	---
圆球吸顶灯	材质为玻璃的独立的半圆球吸顶灯、扁圆罩吸顶灯、平圆形吸顶灯
方型吸顶灯	材质为玻璃的独立的矩形罩吸顶灯、方形罩吸顶灯、大口方罩吸顶灯
软线吊灯	利用软线为垂吊材料的,独立的,材质为玻璃、塑料罩等各式软线吊灯
吊链灯	利用吊链作辅助悬吊材料的,独立的,材质为玻璃、塑料罩的各式吊链灯
防水吊灯	一般防水吊灯
一般弯脖灯	圆球弯勃灯、风雨壁灯
一般墙壁灯	各种材质的一般壁灯、镜前灯
软线吊灯头	一般吊灯头
声光控座灯头	一般声控、光控座灯头
座灯头	一般塑料、瓷质座灯头 | 19.灯具安装定额中灯槽、灯孔按照事先预留考虑。	367 368
定额计算规则	一、普通灯具安装,根据灯具的种类规格,按设计图示数量以"套"计算。	370

注:定额说明中的 1,6,7,19 对于所有灯具是通用的。

表 3.3.17　普通灯具定额图解

定额名称	定额编号	图片	定额名称	定额编号	图片
吸顶灯具灯罩周长（800/1 100 mm 以内）（1 100 mm 以外）	CD1785—CD1787		普通弯脖灯	CD1791	
软线吊灯	D1788		普通壁灯	CD1792	
吊链灯	D1789		防水灯头	CD1793	
防水吊灯	CD1790		座灯头	CD1794	

（2）工厂灯（表 3.3.18、表 3.3.19）

表 3.3.18　工厂灯定额说明和计算规则（摘录）

表3.3.18

M 照明器具	内容		页码
定额说明	13.工厂灯及防水防尘灯安装定额适用范围见下表。 **工厂灯及防水防尘灯安装定额适用范围表**<table><tr><td>定额名称</td><td>灯具种类</td></tr><tr><td>直杆工厂吊灯</td><td>配照（GC1-A）、广照（GC3-A）、深照（GC5-A）、斜照（GC7-A）、圆球（GC17-A）、双照（GC19-A）</td></tr><tr><td>吊链式工厂灯</td><td>配照（GC1-B）、深照（GC3-B）、斜照（GC5-C）、圆球（GC7-B）、双照（GC19-A）、广照（GC19-B）</td></tr><tr><td>吸顶式工厂灯</td><td>配照（GC1-C）、广照（GC3-C）、深照（GC5-C）、斜照（GC7-C）、双照（GC19-C）</td></tr><tr><td>弯杆式工厂灯</td><td>配照（GC1-D/E）、广照（GC3-D/E）、深照（GC5-D/E）、斜照（GC7-D/E）、双照（GC19-C）、局部深照（GC26-F/H）</td></tr><tr><td>悬挂式工厂灯</td><td>配照（GC21-2）、深照（GC23-2）</td></tr><tr><td>防水防尘灯</td><td>广照（GC9-A、B、C）、广照保护网（GC11-A、B、C）、散照（GC15-A、B、C、D、E、F、G）</td></tr></table>		368

续表

M 照明器具	内容	页码
定额说明	14.工厂其他灯具安装定额适用范围见下表。 **工厂其他灯具安装定额适用范围表** | 定额名称	灯具种类
---	---
防潮灯	扁形防潮灯(GC-31) 防潮灯(GC-33)
腰形船顶灯	腰形船顶灯 CCD-1
管形氙气灯	自然冷却式 220 V/380 V 功率≤20 kW
投光灯	TG 型室外投光灯 | 注意,"密闭灯具"类的防爆荧光灯和应急灯的特殊子目。	368
定额计算规则	十三、工厂灯及防水防尘灯安装,根据灯具安装形式,按设计图示数量以"套"计算。 十四、工厂其他灯具安装,根据灯具类型、安装形式、安装高度,按设计图示数量以"套"或"个"计算。	370

表 3.3.19 工厂灯定额图解

定额名称	定额编号	图片	定额名称	定额编号	图片
工厂罩灯安装 吸顶式/弯杆式/悬挂式/吊杆式/吊链式	CD1795—CD1799	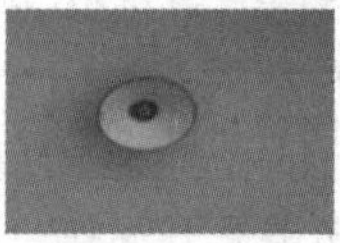	混光灯安装	CD1807—CD1809	
防水防尘灯安装 直杆式/弯杆式/吸顶式	CD1800—CD1802	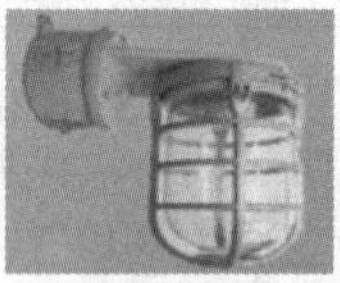	密闭灯具安装 安全灯/防爆灯	CD1810—CD1813	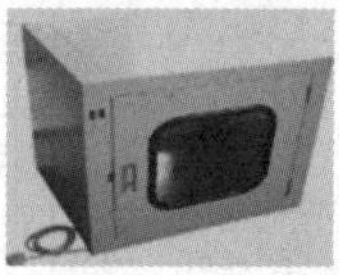
工厂其他灯具安装 防潮灯/腰形船顶灯/管形疝气灯/投光灯	CD1803—CD1806	 投光灯	应急灯	CD1817	

（3）装饰灯具（表 3.3.20、表 3.3.21）

表3.3.20

表 3.3.20　装饰灯具定额说明和计算规则（摘录）

M 照明器具	内容	页码
定额说明	1.灯具引导线是指灯具吸盘到灯头的连线,除注明者外,均按照灯具自备考虑。如引导线需要另行配置时其安装费不变,主材费另行计算。 3.装饰灯具安装定额考虑了超高安装因素,并包括脚手架搭拆费用。 6.照明灯具安装除特殊说明外,均不包括支架制作与安装。工程实际发生时,按第 N 章相关定额子目执行。 7.定额包括灯具组装、安装、利用摇表测量绝缘及一般灯具的试亮工作。 11.装饰灯具安装定额适用范围见下表。 **装饰灯具安装定额适用范围表** {表见下}	367 368

装饰灯具安装定额适用范围表

定额名称	灯具种类（形式）
吊式艺术装饰灯具	不同材质、不同灯体垂吊长度、不同灯体直径的蜡烛灯、挂片灯、串珠（穗）、串棒灯、吊杆式组合灯、玻璃罩(带装饰)灯
吸顶式艺术装饰灯具	不同材质、不同灯体垂吊长度、不同灯体几何形状的串珠（穗）、串棒灯、挂片、挂碗、挂吊蝶灯、玻璃罩(带装饰)灯
荧光艺术装饰灯具	不同安装形式、不同灯管数量的组合荧光灯光带,不同几何组合形式的内藏组合灯,不同几何尺寸、不同灯具形式的发光棚,不同形式的立体广告灯箱、荧光灯光沿
几何形状组合艺术灯具	不同固定形式、不同灯具形式的繁星灯、钻石星灯、礼花灯、玻璃罩钢架组合灯、凸片灯、反射挂灯、筒形钢架灯、U 形组合灯、弧形管组合灯
标志、诱导装饰灯具	不同安装形式的标志灯、诱导灯
水下艺术装饰灯具	简易型彩灯、密封型彩灯、喷水池灯、幻光型灯
点光源艺术装饰灯具	不同安装形式、不同灯体直径的筒灯、牛眼灯、射灯、轨道射灯
草坪灯具	各种立柱式、墙壁式的草坪灯
歌舞厅灯具	各种安装形式的变色转盘灯、雷达射灯、幻影转彩灯、维纳斯旋转彩灯、卫星旋转效果灯、飞碟旋转效果灯、多头转灯、滚筒灯、频闪灯、太阳灯、雨灯、歌星灯、边界灯、射灯、泡泡发生器、迷你满天星灯、迷你单灯（盘彩灯）、多头宇宙灯、镜面球灯、蛇光灯

19.灯具安装定额中灯槽、灯孔按照事先预留考虑。

续表

M 照明器具	内容	页码
定额计算规则	二、吊式艺术装饰灯具安装,根据装饰灯具示意图所示,区别不同装饰物以及灯体直径和灯体垂吊长度,按设计图示数量以"套"计算。 三、吸顶式艺术装饰灯具安装,根据装饰灯具示意图所示,区别不同装饰物、吸盘几何形状、灯体直径、灯体周长和灯体垂吊长度,按设计图示数量以"套"计算。 四、荧光艺术装饰灯具安装,根据装饰灯具示意图所示,区别不同安装形式和计量单位计算。 1.组合荧光灯带安装,根据灯管数量,按设计图示长度计算。 2.内藏组合式荧光灯安装,根据灯具组合形式,按设计图示长度计算。 3.发光棚荧光灯安装,按设计图示发光棚数量以"m"计算。灯具主材根据实际安装数量加损耗量以"套"另行计算。 4.立体广告灯箱、天棚荧光灯光带安装,按设计图示长度计算。 五、几何形状组合艺术灯具安装,根据装饰灯具示意图所示,区别不同安装形式及灯具形式,按设计图示数量以"套"计算。 六、标志、诱导装饰灯具安装,根据装饰灯具示意图所示,区别不同安装形式,按设计图示数量以"套"计算。 十二、嵌入式地灯安装根据灯具安装形式,按设计图示数量以"套"计算。	370

表 3.3.21　装饰灯具定额图解

定额名称	定额编号	图片	定额名称	定额编号	图片
标志诱导装饰灯具吸顶式	CD1968		标志诱导装饰灯具墙壁式	CD1970	
标志诱导装饰灯具吊杆式	CD1969		标志诱导装饰灯具嵌入式	CD1971	

(4)荧光灯(表 3.3.22、表 3.3.23)

表 3.3.22　荧光灯定额说明和计算规则(摘录)

表3.3.22

M 照明器具	内容	页码
定额说明	10.组合荧光灯带、内藏组合式灯、发光棚荧光灯、立体广告灯箱、天棚荧光灯带的灯具设计用量与定额不同时,成套灯具根据设计数量加损耗量计算主材费,安装费不作调整。 12.荧光灯具安装定额按照成套型荧光灯考虑,工程实际采用组合式荧光灯时,执行相应的成套型荧光灯安装定额,乘以系数 1.1。荧光灯具安装定额适用范围见下表。	367 368

续表

M 照明器具	内容	页码
定额说明	**荧光灯具安装定额适用范围表** | 定额名称	灯具种类 | |---|---| | 成套型荧光灯 | 单管、双管、三管、吊链式、吊管式、吸顶式、嵌入式、成套独立荧光灯 |	367 368
定额计算规则	十一、荧光灯具安装,根据灯具的安装形式、灯具种类、灯管数量,按设计图示数量以"套"计算。	370

表 3.3.23　荧光灯定额图解

定额名称	定额编号	图片	定额名称	定额编号	图片
荧光灯吊链式单管/双管/三管	CD2076—CD2078	吊链式双管荧光灯	荧光灯吸顶式单管/双管/三管	CD2082—CD2084	吸顶式双管荧光灯
荧光灯吊管式单管/双管/三管	CD2079—CD2081	吊管式双管荧光灯	荧光灯嵌入式单管/双管/三管	CD2085—CD2088	嵌入式三管荧光灯

5) 附属工程常用定额子目

表 3.3.24 摘自《重庆市通用安装工程计价定额》(CQAZDE—2018)第四册《电气设备安装工程》"N 附属工程(030413)"。

表3.3.24

表 3.3.24　附属工程定额说明和计算规则(摘录)

N 附属工程	内容	页码
定额说明	2.电缆桥架支架制作与安装、(电气支架)铁构件制作与安装,以及金属结构刷油,均应套用相应的定额子目。 4.轻型铁构件是指铁构件的主体结构厚度小于或等于 3 mm 的铁构件。 8.凿槽、打洞按照第九册《消防安装工程》中的相应定额子目执行。	423
定额计算规则	四、机械钻孔项目,区分混凝土楼板及混凝土墙体钻孔,区分钻孔直径,按实际数量以"个"计算。 五、剔堵槽沟项目,区分砖结构及混凝土结构,区分截面尺寸,按实际长度以"m"计算。	84(第九册《消防安装工程》)

习题

1.单项选择题

1）根据《重庆市通用安装工程计价定额》（CQAZDE—2018）第四册《电气设备安装工程》的规定,成套配电箱定额子目是按照（　　）区分不同定额的。

A.宽度　　　　　　　B.高度　　　　　　　C.半周长　　　　　　D.厚度

2）工程常用的阻燃PVC管,应选择《重庆市通用安装工程计价定额》（CQAZDE—2018）第四册《电气设备安装工程》的（　　）定额类别。

A.套管（JDG）敷设　　　　　　　　　　B.电工硬质塑料绝缘套管敷设

C.电工半硬质塑料绝缘套管敷设　　　　　D.套管（KBG）敷设

3）根据《重庆市通用安装工程计价定额》（CQAZDE—2018）第四册《电气设备安装工程》的规定,铜多芯软导线按照（　　）单位计量。

A.m　　　　　　　　　B.100 m 单线　　　　C.100 m/束　　　　　D.10 m

4）根据《重庆市通用安装工程计价定额》（CQAZDE—2018）第四册《电气设备安装工程》的规定,铜单芯导线按照（　　）单位计量。

A.m　　　　　　　　　B.100 m 单线　　　　C.100 m/束　　　　　D.10 m

5）根据《重庆市通用安装工程计价定额》（CQAZDE—2018）第四册《电气设备安装工程》的规定,管内穿线根据导线材质与截面积,区分照明线与动力线,按设计图示（　　）计算。

A.面积　　　　　　　B.长度　　　　　　　C.重量　　　　　　　D.数量

6）根据《重庆市通用安装工程计价定额》（CQAZDE—2018）第四册《电气设备安装工程》的规定,防爆荧光灯和应急灯属于（　　）灯具类型。

A.工厂灯　　　　　　B.普通灯　　　　　　C.装饰灯　　　　　　D.荧光灯

7）根据《重庆市通用安装工程计价定额》（CQAZDE—2018）第四册《电气设备安装工程》的规定,轻型铁构件是指其主体结构厚度（　　）的铁构件。

A.>3 mm　　　　　　B.<3 mm　　　　　　C.≤3 mm　　　　　　D.≥2 mm

8）根据《重庆市通用安装工程计价定额》（CQAZDE—2018）第四册《电气设备安装工程》的规定,铁构件的制作与安装,按设计图示质量以"kg"计算。计算时,计算（　　）质量。

A.制作螺栓及连接件　　　　　　　　　　B.制作与安装损耗量

C.焊条　　　　　　　　　　　　　　　　D.油漆

9）根据《重庆市通用安装工程计价定额》（CQAZDE—2018）第四册《电气设备安装工程》的规定,在地下室内（含地下车库）、净高小于 1.6 m 楼层、断面小于 4 m^2 且大于 2 m^2 的洞内进行安装的工程,定额人工费乘以系数（　　）。

A.1.12　　　　　　　B.1.08　　　　　　　C.1.15　　　　　　　D.1.2

10）根据《重庆市通用安装工程计价定额》（CQAZDE—2018）第四册《电气设备安装工程》的规定,在管井内、竖井内、断面小于或等于 2 m^2 的隧道或洞内、已封闭吊顶内进行安装的工程（竖井内敷设电缆项目除外）,定额人工费乘以系数（　　）。

A.1.12　　　　　　　B.1.08　　　　　　　C.1.15　　　　　　　D.1.2

2.多项选择题

1)根据《重庆市通用安装工程计价定额》(CQAZDE—2018)第四册《电气设备安装工程》的规定,成套配电箱安装需要区分(　　)安装方式。

A.落地式　　　　　　　B.悬挂式　　　　　　　C.嵌入式　　　　　　　D.明装

E.暗装

2)根据《重庆市通用安装工程计价定额》(CQAZDE—2018)第四册《电气设备安装工程》的规定,风扇的定额子目区分为(　　)。

A.台式风扇　　　　　　B.吊风扇　　　　　　　C.壁扇　　　　　　　　D.轴流排气扇

E.吊扇带灯

3)根据《重庆市通用安装工程计价定额》(CQAZDE—2018)第四册《电气设备安装工程》的规定,照明翘板暗开关的定额子目区分为(　　)。

A.延时开关　　　　　　B.单控三联以下　　　　C.单控六联以下

D.双控三联以下　　　　E.双控六联以下

4)根据《重庆市通用安装工程计价定额》(CQAZDE—2018)第四册《电气设备安装工程》的规定,明装插座、暗装插座、防爆插座均应区分(　　)。

A.单相　　　　　　　　B.10 A 以下　　　　　　C.30 A 以下　　　　　　D.单相带接地

E.三相

5)根据《重庆市通用安装工程计价定额》(CQAZDE—2018)第四册《电气设备安装工程》的规定,配管敷设根据配管材质与直径,区别敷设位置、敷设方式,按设计图示长度计算。计算长度时,不计算安装损耗量,不扣除管路中间的(　　)、插座盒、管件等所占长度。

A.接线箱　　　　　　　B.灯头盒　　　　　　　C.配电箱　　　　　　　D.开关盒

E.接线

3.4　电气照明系统清单计价

3.4.1　电气照明系统的清单计价理论

电气照明系统常用的清单项目有控制设备与低压电器、配管配线、照明器具以及附属工程等。

1)控制设备与低压电器安装工程的清单项目

《通用安装工程工程量计算规范》(GB 50856—2013)中,控制设备与低压电器安装工程量清单项目设置、项目特征描述的内容、计量单位及工程量计算规则,应按表3.4.1的规定执行,表中内容摘自该规范第59和60页。

2)配管、配线工程的清单项目

《通用安装工程工程量计算规范》(GB 50856—2013)中,配管、配线工程量清单项目设置、项目特征描述的内容、计量单位及工程量计算规则,应按表3.4.2的规定执行,表中内容摘自该规范第67和68页。

表 3.4.1　D.4 控制设备与低压电器安装(编码:030404)

项目编码	项目名称	项目特征	计量单位	工程量计算规则	工作内容
030404016	控制箱	1.名称 2.型号 3.规格 4.基础形式、材质、规格	台	按设计图示数量计算	1.本体安装 2.基础型钢制作、安装 3.焊、压接线端子 4.补刷(喷)油漆 5.接地
030404017	配电箱	5.接线端子材质、规格 6.端子板外部接线材质、规格 7.安装方式			
030404018	插座箱	1.名称 2.型号 3.规格 4.安装方式			1.本体安装 2.接地
030404031	小电器	1.名称 2.型号 3.规格 4.接线端子材质、规格	个 (套、台)	按设计图示数量计算	1.本体安装 2.焊、压接线端子 3.接线
030404032	端子箱	1.名称 2.型号 3.规格 4.安装部位	台		1.本体安装 2.接线
030404033	风扇	1.名称 2.型号 3.规格 4.安装方式			1.本体安装 2.调速开关安装
030404034	照明开关	1.名称 2.材质 3.规格 4.安装方式	个		1.本体安装 2.接线
030404035	插座				
030404036	其他电器	1.名称 2.规格 3.安装方式	个 (套、台)		1.安装 2.接线

注:1.控制开关包括:自动空气开关、刀型开关、铁壳开关、胶盖刀闸开关、组合控制开关、万能转换开关、风机盘管三速开关、漏电保护开关等。

　2.小电器包括:按钮、电笛、电铃、水位电气信号装置、测量表计、继电器、电磁链、屏上辅助设备、辅助电压互感器、小型安全变压器等。

　3.其他电器安装指:本节未列的电器项目。

　4.其他电器必须根据电器实际名称确定项目名称,明确描述工作内容、项目特征、计量单位、计算规则。

　5.盘、箱、柜的外部进出电线预留长度见规范表 D.15.7-3。

表 3.4.2　D.11 配管、配线(编码:030411)

项目编码	项目名称	项目特征	计量单位	工程量计算规则	工作内容
030411001	配管	1.名称 2.材质 3.规格 4.配置形式 5.接地要求 6.钢索材质、规格	m	按设计图示尺寸以长度计算	1.电线管路敷设 2.钢索架设(拉紧装置安装) 3.预留沟槽 4.接地
030411002	线槽	1.名称 2.材质 3.规格			1.本体安装 2.补刷(喷)油漆
030411003	桥架	1.名称 2.型号 3.规格 4.材质 5.类型 6.接地方式			1.本体安装 2.接地
030411004	配线	1.名称 2.配线方式 3.型号 4.规格 5.材质 6.配线部位 7.配线线制 8.钢索材质、规格	m	按设计图示尺寸以单线长度计算(含预留长度)	1.配线 2.钢索架设(拉紧装置安装) 3.支持体(夹板、绝缘子、槽板等)安装
030411005	接线箱	1.名称 2.材质 3.规格 4.安装形式	个	按设计图示数量计算	本体安装
030411006	接线盒				

注:1.配管、线槽安装不扣除管路中间的接线箱(盒)、灯头盒、开关盒所占长度。

2.配管名称指电线管、钢管、防爆管、塑料管、软管、波纹管等。

3.配管配置形式指明配、暗配、吊顶内、钢结构支架、钢索配管、埋地敷设、水下敷设、砌筑沟内敷设等。

4.配线名称指管内穿线、瓷夹板配线、塑料夹板配线、绝缘子配线、槽板配线、塑料护套配线、线槽配线、车间带形母线等。

5.配线形式指照明线路,动力线路,木结构,顶棚内,砖、混凝土结构,沿支架、钢索、屋架、梁、柱、墙,以及跨屋架、梁、柱。

6.配线保护管遇到下列情况之一时,应增设管路接线盒和拉线盒:(1)管长度每超过 30 m,无弯曲;(2)管长度每超过 20 m,有 1 个弯曲;(3)管长度每超过 15 m,有 2 个弯曲;(4)管长度每超过 8 m,有 3 个弯曲。垂直敷设的电线保护管遇到下列情况之一时,应增设固定导线用的拉线盒:(1)管内导线截面为 50 mm² 及以下,长度每超过 30 m;(2)管内导线截面为 70~95 mm²,长度每超过 20 m;(3) 管内导线截面为 120~240 mm²,长度每超过 18 m。在配管清单项目计量时,设计无要求时上述规定可以作为计量接线盒、拉线盒的依据。

7.配管安装中不包括凿槽、刨沟,应按规范附录 D.13 相关项目编码列项。

8.配线进入箱、柜、板的预留长度见规范表 D.15.7-8。

3)照明器具安装工程的清单项目

《通用安装工程工程量计算规范》(GB 50856—2013)中,照明器具安装工程量清单项目设置、项目特征描述的内容、计量单位及工程量计算规则,应按表3.4.3的规定执行,表中内容摘自该规范第68和70页。

表 3.4.3 D.12 照明器具安装(编码:030412)

项目编码	项目名称	项目特征	计量单位	工程量计算规则	工作内容
030412001	普通灯具	1.名称 2.型号 3.规格 4.类型	套	按设计图示数量计算	本体安装
030412002	工厂灯	1.名称 2.型号 3.规格 4.安装形式			
030412003	高度标志(障碍)灯	1.名称 2.型号 3.规格 4.安装部位 5.安装高度			
030412004	装饰灯	1.名称 2.型号 3.规格 4.安装形式			
030412005	荧光灯				

注:1.普通灯具包括圆球吸顶灯、半圆球吸顶灯、方形吸顶灯、软线吊灯、座灯头、吊链灯、防水吊灯、壁灯等。
  2.工厂灯包括工厂罩灯、防水灯、防尘灯、碘钨灯、投光灯、泛光灯、混光灯、密闭灯等。
  3.高度标志(障碍)灯包括烟囱标志灯、高塔标志灯、高层建筑屋顶障碍指示灯等。
  4.装饰灯包括吊式艺术装饰灯、吸顶式艺术装饰灯、荧光艺术装饰灯、几何型组合艺术装饰灯、标志灯、诱导装饰灯、水下(上)艺术装饰灯、点光源艺术灯、歌舞厅灯具、草坪灯具等。
  5.医疗专用灯包括病房指示灯、病房暗脚灯、紫外线杀菌灯、无影灯等。
  6.中杆灯是指安装在高度小于或等于19 m的灯杆上的照明器具。
  7.高杆灯是指安装在高度大于19 m的灯杆上的照明器具。

4)附属工程的清单项目

《通用安装工程工程量计算规范》(GB 50856—2013)中,附属工程工程量清单项目设置、项目特征描述的内容、计量单位及工程量计算规则,应按表3.4.4的规定执行,表中内容摘自该规范第70和71页。

表 3.4.4 D.13 附属工程(编码:030413)

项目编码	项目名称	项目特征	计量单位	工程量计算规则	工作内容
030413001	铁构件	1.名称 2.材质 3.规格	kg	按设计图示尺寸以质量计算	1.制作 2.安装 3.补刷(喷)油漆
030413002	凿(压)槽	1.名称 2.规格 3.类型 4.填充(恢复)方式 5.混凝土标准	m	按设计图示尺寸以长度计算	1.开槽 2.恢复处理
030413003	打洞(孔)	1.名称 2.规格 3.类型 4.填充(恢复)方式 5.混凝土标准	个	按设计图示数量计算	1.开孔、洞 2.恢复处理

3.4.2 建立预算文件体系

清单计价方式使用的主要文件类型是招标工程量清单和投标预算书(或招标控制价)。它们均是建立在"预算文件体系"上的。

1)建立预算文件体系

(1)预算文件体系的概念

预算文件体系是指预算文件按照基本建设项目划分的规则,从建设项目起至分项工程止的构成关系,如表 3.4.5 所示。

表 3.4.5 预算文件体系

项目划分	软件新建工程命名	图示
建设项目	某所职业学院	
单项工程	学生宿舍 D 栋	

续表

项目划分	软件新建工程命名	图示
单位工程	建筑安装工程	
分部工程	建筑电气	
子分部工程	电气照明	
分项工程	照明配电箱(盘)安装,导管敷设,管内穿线和槽盒内敷线等	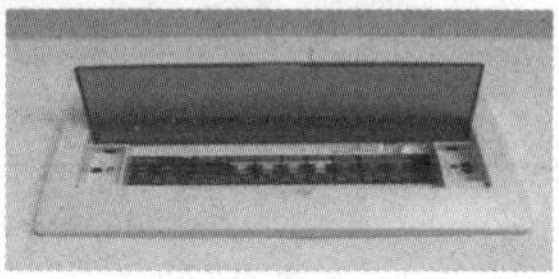

(2)建立预算文件夹

建立预算文件夹的具体操作见表 1.4.7。

2)广联达计价软件的使用方式

广联达计价软件有两种登录方式,具体操作请参照 1.4.2 节中的相应内容。

3.4.3 编制投标预算书

在已经建立的"预算文件体系"上,以学生宿舍 D 栋(单项工程)为例,采用已知"招标工程量清单"(见本书配套教学资源包),编制投标预算书(或招标控制价)。

1)投标预算书编制的假设条件

①本工程是一栋 6 层的学生宿舍,项目所在地是市区;

②承包合同约定人工按市场价 100 元/工日调整;

③物资供应方式均选择乙供,照明开关均按 10 元/个[含税价,税率按 13%计算,折算系数为 $1/(1+13\%) \approx 0.885$]暂估价计入,其他设备和未计价材料暂不计价;

④暂列金额 30 000 元,总承包服务费率按 11.32%选取;

⑤计税采用增值税一般计税法。

2)导入工程量数据

导入工程量数据是编制投标预算书的基础工作,具体操作见表 1.4.8。

3）套用计价定额

套用计价定额是编制投标预算书的基本工作之一，具体操作如表 3.4.6 所示。

表 3.4.6　套用计价定额

步骤	工作	图标	工具→命令	说明
3.1	复制材料	电工硬质塑料管PC-20	分部分项→Ctrl+C	
3.2	选择定额	1　□ 030408002001　项　　　… 定	分部分项→鼠标双击（定）工具栏符号"…"处	
3.3	修改材料	CD1456未计价材料　编码　名称　1　182901300　电工硬质塑料绝缘套管 …	未计价材料→Ctrl+V	修改后宜习惯性点击空格
3.4	依次重复以上操作步骤			
3.5	逐项检查工程量表达式	工程量表达式　53.18　QDL	分部分项→工程量表达式→（定）QDL	此软件必须执行的程序
3.6	补充人材机	补充		区分:设备或未计价材料
3.7	不同计量单位的换算	QDL * 0.001	分部分项→工程量表达式→（定）QDL×0.001	换算系数:0.001 t/kg

4）各项费用计取

各项费用计取既包括计价定额规定的综合系数，也包括费用定额规定的取费，具体操作见表 1.4.10。

5）人材机调价

人材机调价主要是针对人工单价调整和计取设备单价、未计价材料单价，具体操作见表 1.4.11。

6）导出报表

选择报表的依据、选择报表的种类、报表导出等具体内容，请参照 1.4.3 节"6）导出报表"。

习题

1.单项选择题

1)根据《通用安装工程工程量计算规范》(GB 50856—2013)的规定,配电箱的计算规则是( )。

A.按设计图示以数量计算 B.按设计图示以长度计算
C.按设计图示以质量计算 D.按设计图示以面积计算

2)根据《通用安装工程工程量计算规范》(GB 50856—2013)的规定,配管的计算规则是( )。

A.按设计图示以数量计算 B.按设计图示以长度计算
C.按设计图示以质量计算 D.按设计图示以面积计算

3)根据《通用安装工程工程量计算规范》(GB 50856—2013)的规定,电铃的计算规则是( )。

A.按设计图示以数量计算 B.按设计图示以长度计算
C.按设计图示以质量计算 D.按设计图示以面积计算

4)二次搬运费按经验取值,费率是( )。

A.10% B.15.5% C.25.5% D.20%

5)根据《通用安装工程工程量计算规范》(GB 50856—2013)的规定,照明开关的计算规则是( )。

A.按设计图示以数量计算 B.按设计图示以长度计算
C.按设计图示以质量计算 D.按设计图示以面积计算

2.多项选择题

1)根据《通用安装工程工程量计算规范》(GB 50856—2013)的规定,以下哪些情况需要增设接线盒?( )

A.管长度每超过 30 m,无弯曲
B.管长度每超过 10 m,有 2 个弯曲
C.管长度每超过 15 m,有 2 个弯曲
D.管长度每超过 8 m,有 3 个弯曲
E.管长度每超过 6 m,有 3 个弯曲

2)根据《通用安装工程工程量计算规范》(GB 50856—2013)的规定,以下哪些属于普通灯具( )。

A.壁灯 B.方形吸顶灯 C.座灯头 D.防水灯
E.防水吊灯

3)根据《通用安装工程工程量计算规范》(GB 50856—2013)的规定,以下哪些工程量是按照设计图示数量计算?( )

A.壁灯　　　　　　　B.插座　　　　　　　C.配管　　　　　　　D.防水灯
E.配线

4)根据《通用安装工程工程量计算规范》(GB 50856—2013)的规定,以下哪些工程量是以 m 为单位的?(　　)

A.配线　　　　　　　B.插座　　　　　　　C.配管　　　　　　　D.防水灯
E.线槽

3.5　电气照明系统 BIM 建模实务

3.5.1　电气照明系统 BIM 建模前应知

1)以 CAD 为基础建立 BIM 模型

详见"1.5.1　防雷及接地系统 BIM 建模前应知"中的相应内容。

2)BIM(建筑信息模型)建模的常用软件

详见"1.5.1　防雷及接地系统 BIM 建模前应知"中的相应内容。

3)首推鲁班预算软件(免费版)的理由

详见"1.5.1　防雷及接地系统 BIM 建模前应知"中的相应内容。

4)建模操作前已知的"三张表"

建模前请下载以下三张参数表(见本书配套教学资源包)作为后续学习的基础:
①电气照明系统"BIM 建模楼层设置参数表"(详见电子文件表 3.5.1);
②电气照明系统"BIM 建模系统编号设置参数表"(详见电子文件表 3.5.2);
③电气照明系统"BIM 建模构件属性定义参数表"(详见电子文件表 3.5.3)。

3.5.2　电气照明系统鲁班 BIM 建模

下面以学生宿舍 D 栋电气照明系统为例进行介绍。

1)新建子分部工程文件夹

打开鲁班安装软件,建立电气照明系统文件夹,确定相关专业,这是建模的第一步,具体操作见表 1.5.1,主要区别是工程名称按相应的专业命名。

2)选择基点

同一单项工程每一层平面图均选择同一个基点,需以每一层都有的点为基点,一般可以选择轴线交点/电梯间或者竖向管井等,此处每层平面图以中部楼梯间右下角外墙交点为基点,如图 3.5.1 所示。

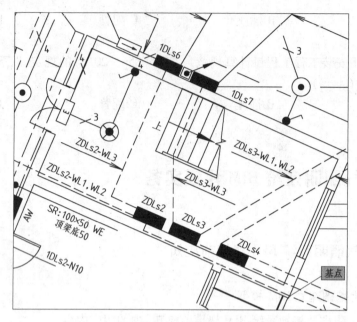

图 3.5.1　基点是中部楼梯间右下角外墙交点

3) 导入 CAD 施工图

①方法一:采用此方法需要结合天正建筑软件,其优点是不需要事先对施工图进行处理,具体操作见表 1.5.3。

②方法二:在实务中,如果遇到设计方将多专业或多楼栋绘制在同一个施工图中,则必须将需要的施工图另存为一个单独的子分部工程文件,然后才能按照表 1.5.4 所示的程序进行操作。

4) 系统编号管理

系统编号是建模过程中一个非常重要的参数,也是今后模型使用时分类提取数据的基础。设立系统编号的具体操作如表 3.5.1 所示。

表 3.5.1　系统编号管理

步骤	工作	图标	工具→命令	说明
3.1	工具		工具→系统编号	
3.2	系统编号	系统编号	系统编号→系统编号管理	

续表

步骤	工作	图标	工具→命令	说明
3.3	一级编码	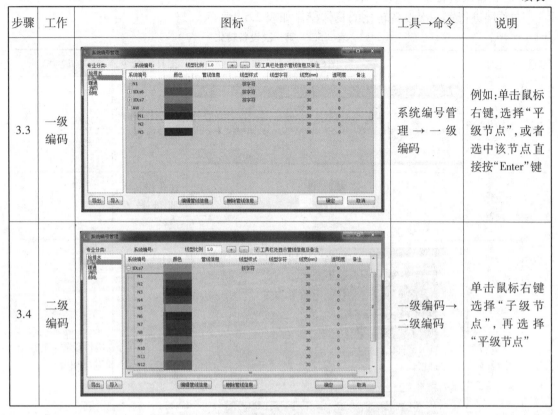	系统编号管理→一级编码	例如:单击鼠标右键,选择"平级节点",或者选中该节点直接按"Enter"键
3.4	二级编码		一级编码→二级编码	单击鼠标右键选择"子级节点",再选择"平级节点"

系统编号管理编辑完成效果,如图3.5.2所示。

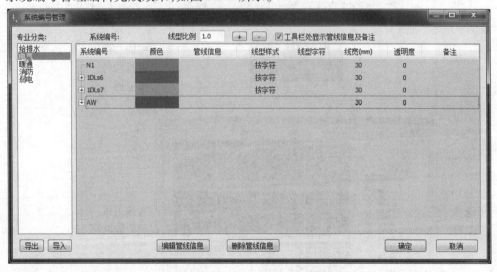

图3.5.2　系统编号管理编辑完成效果图

5)转化设备

对于点状设备,常使用CAD转化的方式,在建立模型的同时,完成其构件属性定义。

（1）在首层进行第一次设备转化

在首层进行第一次设备转化的具体操作如表 3.5.2 所示。

表 3.5.2 第一次设备转化

步骤	工作	图标	工具→命令	说明
4.1	转化	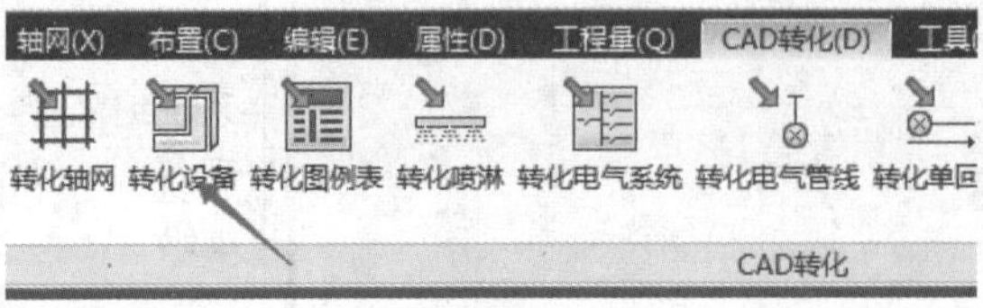 轴网(X) 布置(C) 编辑(E) 属性(D) 工程量(Q) CAD转化(D) 工具 转化轴网 转化设备 转化图例表 转化喷淋 转化电气系统 转化电气管线 转化单回 CAD转化	CAD 转化→ 转化设备	左键点击
4.2	转化设备	 布置(C) 转化设备	转化设备→ 批 量 转 化设备	
4.3	批量转化设备	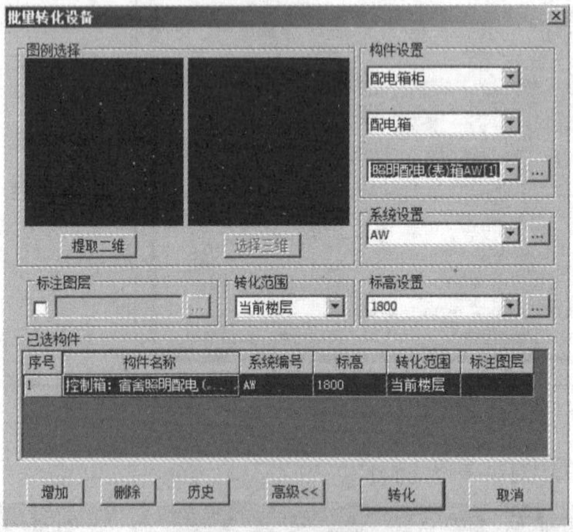	批量转化设备 → 类别设置	构件设置:配电箱柜/配电箱
4.4	提取二维	 提取二维	提取二维→ 选择构件→ 指定插入点	
4.5	选择三维	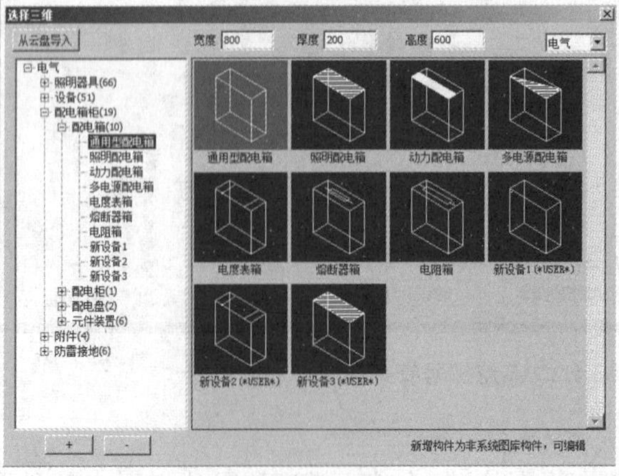	选择三维→ 照明配电箱	

续表

步骤	工作	图标	工具→命令	说明
4.6	更正名称	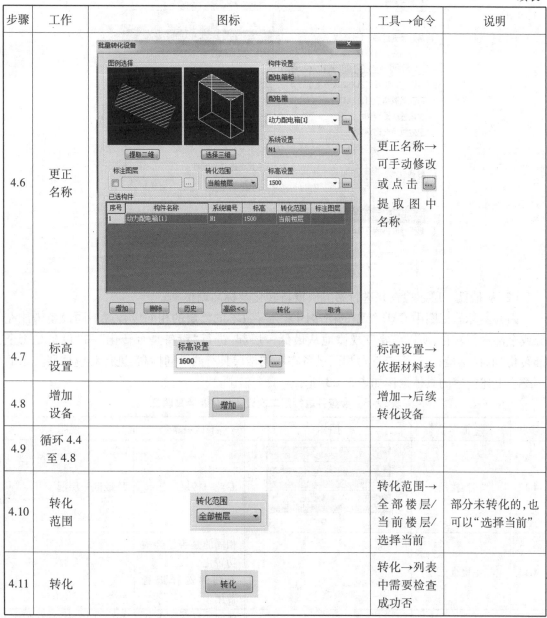	更正名称→可手动修改或点击 ... 提取图中名称	
4.7	标高设置	标高设置 1600 ...	标高设置→依据材料表	
4.8	增加设备	增加	增加→后续转化设备	
4.9	循环 4.4 至 4.8			
4.10	转化范围	转化范围 全部楼层	转化范围→全部楼层/当前楼层/选择当前	部分未转化的,也可以"选择当前"
4.11	转化	转化	转化→列表中需要检查成功否	

　　电气照明系统配电箱采用此法转化,主要涉及一层的 1DLs6 和 1DLs7 以及标准层的 AW 配电箱。配电箱转化完成即可进行属性修改。

　　同样,照明器具也采用此方法转化,需要注意在步骤"4.3 批量转化设备"中,需要选择的类别是照明器具/点状灯具或开关或插座或壁装灯具,其中安全出口指示灯和单面疏散指示灯归入壁装灯具中;在步骤"4.5 选择三维"中也根据具体情况分别选择,最后分类如图 3.5.3 所示。

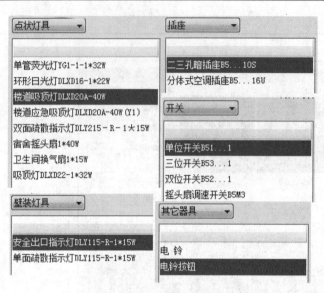

图 3.5.3　照明器具选择的类别

（2）从最低一层起检查并进行第二次设备转化及标高调整

因为实际施工图中 CAD 绘制的诸多因素会导致不同楼层的相同设备或不同设备未能充分或全部进行转化，所以需要有规律地从最低一层起，进行"设备是否转化"和"设备是否全部转化"的详细检查；还需要针对相同设备在不同楼层具有的不同标高，进行对应楼层关系的调整。上述内容的具体操作如表 3.5.3 所示。

表 3.5.3　检查并进行第二次设备转化及标高调整

步骤	工作	图标	工具→命令	说明
4.12	转换楼层	电气 2 层 配电箱柜 配电箱 1DLs6 1DLs7 AW	专业→楼层	从最低一层起
4.13	检查		相同的是否已经成功转化 不同的选择进行转化	
4.14	补充转化设备		按照表 3.5.2 中步骤 4.9 操作	相同的构件,在名称后加后缀[ ]
4.15	转化范围	转化范围 当前楼层	转化范围→当前楼层/选择当前	转化单一构件时,采用"选择当前"
4.16	高度调整	↕h 高度调整	编辑→高度调整	取消"高度随属性一起调整"选项
4.17	相同增加	♻ 复制	编辑→复制	

本工程电气照明系统涉及高度调整主要集中在楼梯间部位的开关和灯具,以二层楼梯间为例,需要调整部分如图 3.5.4 所示。

图 3.5.4　二层楼梯间休息平台处灯具和开关调整高度示意图

6) 属性定义

（1）已转换设备（构件）的属性定义

对于已经成功转换的设备（构件），需要到属性定义工具中进行参数设置，具体操作如表 3.5.4 所示。

照明器具的属性定义采用相同的方法进行设置。

表 3.5.4　成功转换的设备（构件）属性定义

步骤	工作	图标	工具→命令	说明
5.1	属性定义		属性→属性定义	
5.2	删除原构件		属性定义→删除原构件	
5.3	修改参数		调整参数→1DLs6 和 1DLs7	

（2）非转化构件（管线等）的属性定义

对于设备之间连接的管线，其构件一般无法采用转化方式实现，常常需要先进行构件属性定义（也就是清单的立项工作），具体操作如表 3.5.5 所示。

表 3.5.5　非转化类构件的属性定义

步骤	工作	图标	工具→命令	说明
6.1	属性定义	属性(D)	属性→属性定义	
6.2	线槽	照明器具　设备　配电箱柜　管线　电缆桥架　构件列表　规则设置　桥架　清单　金属线槽：SR50*100　金属线槽：SR100*50	电缆桥架→桥架	重新命名，并删除不用的构件
6.3	配管	照明器具　设备　配电箱柜　管线　构件列表　规则　导管　PC-16　PC-20　SC-20　金属波纹管：Φ20　塑料软管：Φ16	管线→导管	重新命名，并删除不用的构件
6.4	配线	照明器具　设备　配电箱柜　管线　构件列表　照明导线　BV-2.5　ZR-BV-2.5	管线→照明导线	重新命名，并删除不用的构件
6.5	配管配线	照明器具　设备　配电箱柜　管线　构件列表　导线·导管　2*BV-2.5+PC-16　2*BV-2.5+塑料软管：Φ16　2*ZR-BV-2.5+SC-20　3*BV-2.5+PC-16　3*ZR-BV-2.5+SC-20　4*BV-2.5+PC-20　4*ZR-BV-2.5+SC-20　4*ZR-BV-2.5+金属波纹管：Φ20　5*ZR-BV-2.5+SC-20	管线→导线、导管	重新命名，并删除不用的构件

续表

步骤	工作	图标	工具→命令	说明
6.6	接线盒	照明器具　设备　配电箱柜　管线　电缆桥架　**附件** 构件列表　规则设置 接线盒 清单/ 接线盒：金属转线盒86H50（带盖） 接线盒：塑料转线盒86SH50（带盖）	附件 → 接线盒	
6.7	沟槽	照明器具　设备　配电箱柜　**管线** 构件列表 线槽 凿槽：人工砖l墙剔槽30*16 凿槽：人工砖l墙剔槽35*25	管线→线槽	

7) 首层线槽布置

首层线槽布置的具体操作如表 3.5.6 所示。

表 3.5.6　线槽布置

步骤	工作	图标	工具→命令	说明
7.1	水平线槽	电缆桥架 3 水平桥架 →0	电缆桥架 3 →水平桥架	SR-50×100
7.2	垂直线槽（连接配电箱与水平桥架）	电缆桥架 3 水平桥架 →0 垂直桥架 ←1 垂直桥架 ○工程相对标高 ◉楼层相对标高 起点标高：2000　mm 终点标高：2150　mm ☑自动旋转	电缆桥架 3 →垂直桥架	楼层相对标高 SR-100×50 命令行输入 A，旋转−23.5
7.3	跨层线槽	电缆桥架 3 水平桥架 →0 垂直桥架 ←1 垂直桥架 ◉工程相对标高 ○楼层相对标高 起点标高：2150　mm 终点标高：19650　mm ☑自动旋转	电缆桥架 3 →垂直桥架	工程相对标高 标高为 2 150 ~ 19 650 或者终点标高输入"7f − 300" 因为是跨层构件，所以显示红色

8)管线的布置

从 1DLs6 和 1DLs7 出来的回路分为两部分进行布置:一部分是从配电箱出来进入线槽连到第一个转线盒的线路,该部分的操作详见竖向管线的布置;另一部分是从转线盒连接到各个照明器具开关插座等,该部分的操作如表 3.5.7 所示。

表 3.5.7 首层平面管线的布置

步骤	工作	图标	工具→命令	说明
8.1	布置接线盒	附件 5 -┼-布置接线盒 -	命令栏提示:指定插入点	楼层相对标高:3 300 鼠标左键单击需要布置接线盒的位置即可完成布置
8.2	布置 1DLs6 的 N1 回路	选择布管线 系统编号 N1 敷设方式与标高 敷设方式:ACC (3300)-吊顶暗敷 □自定义标高值 □直角连接 楼层相对标高(mm):1650 灯具竖向管线 ☑管线:金属软管-φ15 ☑规格同水平管线 竖向根数:○单根 ●多根 插入点偏移距离(mm):10	导管导线→选择布管线	系统编号:1DLs6/N1 第一段配管配线:4×ZR-BV-2.5+SC-20
8.3	敷设方式	敷设方式与标高 敷设方式:ACC (3300)-吊顶暗敷	敷设方式:ACC,吊顶暗敷	
8.4	管线敷设起点	命令:_xzgx 选择第一个对象[选择第一个点(D)]<回车结束>	命令栏提示:选择第一个对象	第一个金属接线盒
8.5	管线敷设中间	选择第一个对象[选择第一个点(D)]<回车结束> 选择下一对象[指定下一点(D)/回退(U)]:	命令栏提示:选择下一个对象	单面疏散指示灯上方的金属接线盒
8.6	管线敷设终点		单击鼠标右键确认	单面疏散指示灯
8.7	循环步骤 8.4 至 8.6(改变导管导线)完成 N1 平面线路			需要切换导管导线,可以在导线导管栏直接选择需要的导管导线进行绘制

步骤	工作	图标	工具→命令	说明
8.8	N1 特殊部位处理	工厂灯:金属转线盒DL-D20A-40W	此处可以采用选择布管线,也可以采用垂直管线的布置方式	此处因实际工艺要求需要采用"4×ZR-BV-2.5＋金属波纹管-20"来连接金属接线盒和楼道应急吸顶灯
8.9	布置首层 N1 回路人工砖墙剔槽	导管导线 2 任意布管线 选择布管线 多线布置 ↑2 垂直管线 ↓3	导管导线→垂直管线	
8.10	显示控制	构件显示　打开指定图层　隐藏指定图层　显示控制	显示控制→构件显示	为方便绘制其他回路,将 N1 隐藏起来
8.11	布置 1DLs6 的 N7 回路		循环步骤 8.1 至 8.9 布置 N7 回路	N7 为普通照明,接线盒为塑料接线盒,且连接接线盒和楼道吸顶灯之间的配管配线采用"2×BV-2.5+塑料软管-16"
8.12	完成 1DLs6 的 N10 回路			电铃回路;塑料接线盒,且电铃→电铃按钮之间的线路比较长,需在线路中间增加接线盒,可布置在距墙 10 cm 处
8.12.1	布置接线盒	附件 5 布置接线盒	附件 5→布置接线盒	
8.12.2	选择布管线	导管导线 2 任意布管线 选择布管线	导管导线 2→选择布管线	

续表

步骤	工作	图标	工具→命令	说明
8.12.3	布置首层 N10 回路 人工砖墙 剔槽	导管导线 2 ⌐ 任意布管线 － ⌐ 选择布管线 ← ≡ 多线布置 ↑2 ↓ 垂直管线 ↓3	导管导线 2→ 垂直管线	
8.13	布置 1DLs7 的 N1/N7/ N10 回路			

(1)平面管线的布置

①首层平面管线的布置。在布置回路之前先布置接线盒,应急照明部分采用金属接线盒,普通照明部分采用塑料接线盒。N1 回路接线盒位置示意图如图 3.5.5 所示。

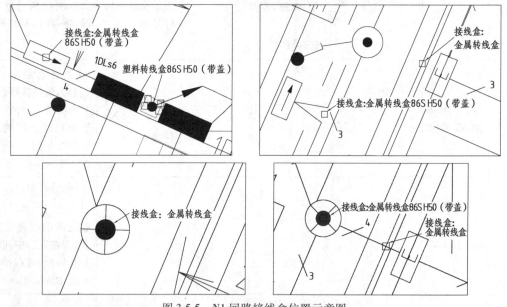

图 3.5.5　N1 回路接线盒位置示意图

②其他楼层平面管线的布置。其他楼层平面管线布置的特殊处理,具体操作如表 3.5.8 所示。

表 3.5.8　其他楼层平面管线布置的特殊处理

步骤	工作	图标	工具→命令	说明
8.14	二层	楼梯间部位处理		

续表

步骤	工作	图标	工具→命令	说明
8.14.1	金属接线盒→第一个楼道应急吸顶灯	导管导线 2 ↓—任意布管线 — ↓⊙ 选择布管线 ←	导管导线 2→选择布管线	系统编号:1DLs6-N2 导管导线:4×ZR-BV-2.5+SC-20
8.14.2	第一个楼道应急吸顶灯→单位开关	导管导线 2 ↓—任意布管线 — ↓⊙ 选择布管线 ←	导管导线 2→选择布管线	系统编号:1DLs6-N2 导管导线:5×ZR-BV-2.5+SC-20
8.14.3	单位开关→单面疏散指示灯	导管导线 2 ↓—任意布管线 — ↓⊙ 选择布管线 ←	导管导线 2→选择布管线	
8.14.4	单面疏散指示灯→第二个楼道应急吸顶灯	导管导线 2 ↓—任意布管线 — 请选择布置方式 方式选择 ○起点自动生成竖向管线(1) ○终点自动生成竖向管线(2) ◉生成斜管线(3) ← 确定　取消 敷设方式: WC WC——墙内暗敷	导管导线→任意布管线	梯板的管线在第二个点处标高改为1 650 mm
8.14.5	第二个楼道应急吸顶灯→第二个单位开关	导管导线 2 ↓—任意布管线 — ↓⊙ 选择布管线 ←	导管导线 2→选择布管线	
8.15	3~6层	见表 3.5.9 标准楼层平面管线整体复制粘贴的方法		
8.16	屋顶层			
8.16.1	高度调整	↑h **高度调整**	编辑→高度调整	

续表

步骤	工作	图标	工具→命令	说明
8.16.2	垂直管线	导管导线 2 ↓⟋任意布管线 - ↓⟲选择布管线 ┄ ═多线布置 ↑2 ↓⎮垂直管线 ↓3	屋顶层楼梯间为 N6 回路,从 6 层引上来,故需要在图中开关处垂直布管线	特殊部位
8.16.3	屋顶层楼梯间其他部位	重复步骤 8.1 至 8.9 完成绘制		
8.17	标准宿舍间	重复步骤 8.1 至 8.9 完成绘制		

③标准层平面管线的复制粘贴。根据学生宿舍 D 栋的电气施工图可知,该工程 2~6 层属于标准层,因此在构建模型时,可将 2 层绘制好的管线和附件整体复制粘贴到 3~6 层,具体操作如表 3.5.9 所示。

表 3.5.9　标准楼层平面管线整体复制粘贴的方法

步骤	工作	图标	工具→命令	说明
8.18	3 层复制粘贴			
8.18.1	显示控制	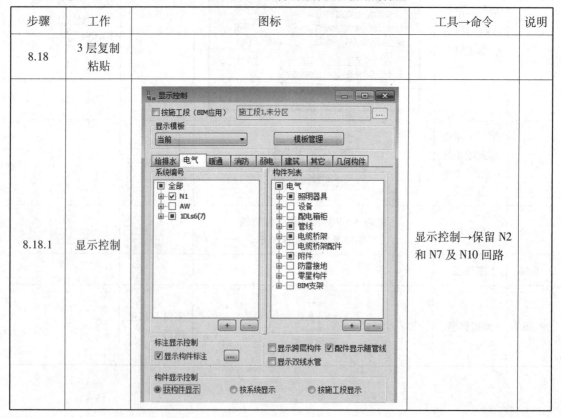	显示控制→保留 N2 和 N7 及 N10 回路	

步骤	工作	图标	工具→命令	说明
8.18.2	带基点复制	最近的输入　▶ 剪切 复制　Ctrl+C 带基点复制　Ctrl+B 粘贴　Ctrl+V 属性定义... CTRL+Y　F1 名称更换　F5 格式刷　F7 高度调整... 显示控制　Ctrl+E 打开指定图层 隐藏指定图层 三维显示　▶ 三维动态观察 平面显示	框选→右键带基点复制;命令栏:指定基点:0,0,0;单击鼠标右键确定	
8.18.3	粘贴	重复命令 最近的输入　▶ 剪切 复制　Ctrl+C 带基点复制　Ctrl+B 粘贴　Ctrl+V 属性定义... CTRL+Y　F1 名称更换　F5 格式刷　F7 高度调整... 显示控制　Ctrl+E 打开指定图层 隐藏指定图层 三维显示　▶ 三维动态观察 平面显示	切换到3层,鼠标右键单击粘贴,命令栏指定插入点:0,0,0,按回车,完成3层粘贴。继续完成4~6层的粘贴	
8.19	修改系统编号	重复步骤8.19完成所有回路系统编号的修改		
8.19.1	显示控制	构件显示　打开指定图层　隐藏指定图层 显示控制	显示控制只保留1DLs6的N2回路	
8.19.2	修改系统编号	01— 02— 系统编号修改	单击"系统编号修改",框选整个回路;单击鼠标右键,弹出"选择系统编号"对话框;选择N3回路,单击"确定"按钮	
8.20	4~6层系统编号的修改	重复步骤8.19完成4~6层平面管线系统编号的修改		

（2）竖向管线的布置

竖向管线的布置是指从配电箱至各楼层公共部分应急照明/普通照明及电铃之间的管线布置,具体操作如表3.5.10所示。

表3.5.10　竖向管线的布置

步骤	工作	图标	工具→命令	说明
9.1	显示控制	构件显示 打开指定图层 隐藏指定图层 显示控制		
9.2	跨层配线	电缆桥架 3 跨配引线 ✓6	电缆桥架 3→跨配引线	
9.3	跨层桥架	命令：kpyx 选择跨层桥架	命令栏提示：选择跨层桥架	左键单击红色SR100×50
9.4	选择电缆引入端	命令：kpyx 选择跨层桥架 选择需引入电缆的桥架[选择电缆引入端(F)]:	命令栏提示：选择引入电缆桥架	
9.5	指定桥架引出点的标高	选择跨层桥架 选择需引入电缆的桥架[选择电缆引入端(F)]: 指定桥架引出点的标高(楼层相对标高 2000 - 2150): 2000	命令栏提示：指定桥架引出点的标高	输入：2000
9.6	选择设备（引出设备1DLs6）	选择设备[指定下一点(D)]	命令栏提示：选择设备	
9.7	选择楼层（选择引出端）	跨层配线引线 配线引线信息 楼层 系统编号 配线引线信息 水平标高 1 电缆引入桥架端 2000 点此选择引出端 复制回路 删除回路 高级 可切换楼层选择引出端	命令栏提示：可切换楼层选择引入端（点此选择引出端）	
9.8	选择引出电缆的桥架	选择需引出电缆的桥架[选择电缆引出端(F)]:	点击红色跨层桥架SR100×50	
9.9	指定引出点标高	指定桥架引出点的标高(楼层相对标高 2000 - 3300):3000	N1—N6回路：3000；N7—N10回路：3100	

步骤	工作	图标	工具→命令	说明
9.10	选择(工艺)接线盒	**选择设备[指定下一点(D)]**	命令栏提示:选择设备	金属接线盒
9.11	选择配线引线(配管)		配线引线→已选构件(配线)/配管信息(配管)应急回路:4×ZR-BV-2.5+金属波纹管φ20;普通回路:2×BV-2.5+塑料软管φ16	相同的可采用右键复制管线/粘贴管线
9.12	1DLs6的N7回路连接1层和2层的处理	循环步骤9.2至9.11,不同之处见9.12.1和9.12.2		
9.12.1	显示控制			
9.12.2	跨层配线		电缆桥架3→跨配引线	
9.12.3	跨层桥架	命令:_kpyx 选择跨层桥架	命令栏提示:选择跨层桥架	鼠标左键单击红色SR100×50
9.12.4	选择电缆引入端	命令:kpyx 选择跨层桥架 选择需引入电缆的桥架[选择电缆引入端(F)]:	命令栏提示:选择需引入电缆的桥架	红色跨层桥架SR100×50
9.12.5	指定桥架引出点的标高	指定桥架引出点的标高(楼层相对标高	命令栏提示:指定桥架引出点的标高:3100	

续表

步骤	工作	图标	工具→命令	说明
9.12.6	选择设备 (引出一层 N7塑料 转线盒)	<u>选择设备[指定下一点(D)]</u>	命令栏提示: 选择设备	
9.12.7	选择楼层 (选择引出端)	跨层配线引线 配线引线信息 楼层 系统编号 配线引线信息 水平标高 1　　电缆引入桥架端　3100 　　　点此选择引出端	命令栏提示: 可切换楼层选 择引入端(点 此选择引出 端) 切换到第2层	
9.12.8	选择需 引出电缆的 桥架	选择需引出电缆的桥架[选择电缆引出端(F)]:	命令栏提示: 选择需引出电 缆的桥架	红色跨层 桥架
9.12.9	指定桥架 引出点的 标高	指定桥架引出点的标高(楼层相对标高 0 - 3300):3100	命令栏提示: 指定桥架引出 点的标高	3100
9.12.10	选择(工艺) 接线盒	<u>选择设备[指定下一点(D)]</u>	命令栏提示: 选择设备	2层的N7 回路出线 的接线盒
9.12.11	选择配线 引线(配管)	跨层配线引线对话框	选择完成,单 击"确定"按钮	

续表

步骤	工作	图标	工具→命令	说明
9.12.12	完成其他连接两层的部分	循环以上过程完成 1DLs6 的 N8—N9 和 1DLs7 的 N7—N9		

9)汇总计算与形成工程量表

（1）汇总计算和形成系统表并导出

以上建模步骤完成以后，宜对照施工图再次进行检查，确认无误后即可进行工程量计算，形成系统表并导出，具体操作见表 1.5.9。

（2）工程量表的整理及形成

通过建模获得的工程量是不全面、不规范的，不能直接采用，还必须按照《通用安装工程工程量计算规范》（GB 50856—2013）和《重庆市通用安装工程计价定额》（CQAZDE—2018）对工程预（结）算编制立项与工程量计算的要求进行整理，具体操作如表 3.5.11 所示。

表 3.5.11　工程量表的整理及形成

步骤	工作	图标	工具→命令	说明
11.7	另建工程量表	电气照明系统工程量表 .xls	另存为→工程量表	
11.8	更改表名	查找和选择	查找→替换	
11.9	合并相同项	=10+G14	单击鼠标右键→隐藏（相同项）	
11.10	区别配线的敷设方式	导线型号：BV 耐燃等级：普通 导线规格（mm²）：2.5 线芯：铜芯 芯数：单芯 结构：砖、混凝土结构 布线方式：线槽配线　BV-2.5〈桥架内〉（跨层）	布线方式→线槽配线	
11.11	修正名称	35　凿槽：φ25管人工砖墙沟槽-25		修改不宜在软件中准确命名名称的项目

续表

步骤	工作	图标						工具→命令	说明
11.12	增加附件类项目	39	接线盒:金属灯头盒86H50	型号:86H50	类型:暗装灯头盒、接线盒	构件数量	只	增加开关盒/插座盒/灯头盒	
		40	接线盒:金属开关盒86H50	型号:86H50	类型:暗装灯头盒、接线盒	构件数量	只		
		41	接线盒:塑料灯头盒86SH50	型号:86SH50	类型:暗装灯头盒、接线盒	构件数量	只		
		42	接线盒:塑料开关、插座盒86SH50	型号:86SH50	类型:暗装灯头盒、接线盒	构件数量	只		
11.13	重新编排序号								隐藏与编排序号宜同步进行

实训任务

电气照明系统鲁班 BIM 建模实训任务

任务 1:采用某办公楼施工图完成本子分部工程的建模任务。

任务 2:采用某医院施工图独立完成本子分部工程除首层以外其他楼层的建模任务。

3.5.3 电气照明系统广联达 BIM 建模

1)打开软件

鼠标左键双击或右键单击打开广联达 BIM 安装算量 GQI2015 快捷图标。

2)新建工程

①进入"欢迎使用 GQI2015"界面,单击"新建向导",进入"新建工程"对话框,输入相应内容,单击"创建工程",如图 3.5.6 所示。

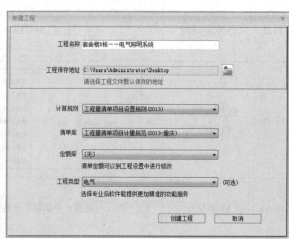

图 3.5.6　新建工程

②界面切换:WIN 7 转换为 XP 和 XP 转换为 WIN 7 的操作同"2.6.3　供电系统广联达 BIM 建模"中的相应内容。

3)楼层设置

左键单击"楼层设置",根据工程情况,首层层高改为 3.3 m;然后单击"插入楼层",完成楼层输入,如图 3.5.7 和图 3.5.8 所示。此处所建"系统层"只是为了方便建模而设置。

图 3.5.7　单击楼层设置

	编码	楼层名称	层高 (m)	首层	底标高 (m)	相同层数	板厚 (mm)	建筑面积 (m2)
1	325	系统层	3.3	☐	1069.2	1	120	
2	308~324	标准层4-17	3.3	☐	1013.1	17	120	
3	208~307	标准层3-100	3.3	☐	683.1	100	120	
4	108~207	标准层2-100	3.3	☐	353.1	100	120	
5	8~107	标准层1-100	3.3	☐	23.1	100	120	
6	7	屋顶层	3.3	☐	19.8	1	120	
7	6	第6层	3.3	☐	16.5	1	120	
8	5	第5层	3.3	☐	13.2	1	120	
9	4	第4层	3.3	☐	9.9	1	120	
10	3	第3层	3.3	☐	6.6	1	120	
11	2	第2层	3.3	☐	3.3	1	120	
12	1	首层	3.3	☑	0	1	120	
13	0	基础层	3	☐	-3	1	500	

1、如果标记为首层,则标记层为首层,相邻楼层的编码自动变化,基础层的编码不变;
2、基础层和标准层不能设置为首层;设置首层标志后,楼层编码自动变化。
编码为正数的为地上层,编码为负数的为地下层,基础层编码为0,不可改变。

图 3.5.8　楼层设置

4)图纸管理

单击"图纸管理"→"添加图纸",选择图纸所在位置并打开,即可导入图纸,如图 2.6.8 所示。

单击"分割定位图纸",根据提示栏提示,鼠标左键点选定位点(定位点的选择同鲁班 BIM 建模中的基点),单击鼠标右键确认;拉框选择要分割的图纸,单击鼠标右键确认;弹出"请输入图纸名称"对话框,名称可以手动输入,也可以点击图纸名称右侧小按钮来识别 CAD 图中的图纸名称,"楼层选择"选择相对应的楼层,如图 3.5.9 所示。标准层的图纸放在标准楼层的第一层即可。单击"生成分配图纸",即可将图纸匹配到相对应楼层,如图 3.5.10 所示。

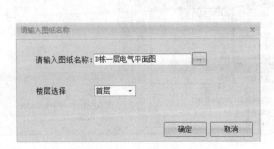

图 3.5.9　定位点的确定及图纸名称的输入

	图纸名称	图纸比例	对应楼层	楼层编号
1	☐ 学生宿舍D栋电施_t3	1:1		
2	— D栋一层电气平面图	1:1	首层	1
3	— D栋二-六层电气平面图	1:1	第2层	2
4	— D栋屋顶防雷平面图	1:1	屋顶层	7
5	— 宿舍电气大样图	1:1	标准层1-100	8~107
6	— 配电设备类	1:1	系统图层	325.1
7	— 配电箱系统图	1:1	系统图层	325.2

图纸管理 (添加图纸 / 分割定位图纸 / 删除图纸 / 生成分配图纸)

图 3.5.10 生成分配图纸

5)构件定义(系统图层)

(1)系统图

单击"系统图"→"提取配电箱",左键点选配电箱名称及尺寸信息,修改配电箱的属性;单击"系统图",左键拉框选择所需要的内容;单击"回路编号"右边按钮,框选 CAD 图中的回路编号,修改完成,单击"确定"按钮,如图 3.5.11 至图 3.5.13 所示。

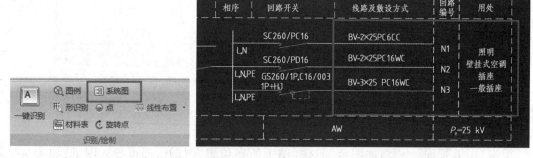

图 3.5.11 单击"系统图"　　　　　　图 3.5.12 读系统图框选范围示意

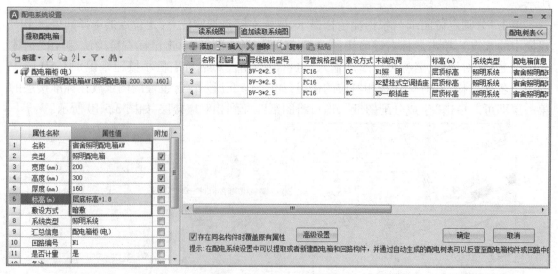

图 3.5.13 配电系统设置

（2）材料表

导航栏切换到"绘图输入"，楼层切换到"系统层"，单击"材料表"，框选灯具插接件类，如图 3.5.14 所示；单击鼠标右键确定，弹出如图 3.5.15 所示对话框，多余列单击"删除列"，修改构件标高等信息，修改完成单击"确定"按钮，如图 3.5.15 所示。材料表新建照明灯具及开关插座，如图 3.5.16 所示。

01	安全出口标志灯	DLY115-R-1×15W		20	个	门沿上0.2 m明装
02	单面 疏散方向标志灯	DLY115-R-1×15W		65	个	距地0.5 m嵌装
03	双面 疏散方向标志灯	DLY215-R-1×15W		5	个	管吊高2.5 m
04	楼道应急吸顶灯	DLXD20A-40W(Y1)		111	个	吸 顶
05	楼道吸顶灯	DLXD20A-40W		140	个	吸 顶
06	单管荧光灯	YG1-1-1×32W		634	个	吸 顶
07	双管荧光灯	YG1-1-2×32W		0	个	吸 顶
08	吸顶灯	DLXD22-1×32W		317	个	吸 顶
09	环形日光灯	DLXD16-1×22W		317	个	吸 顶
10	卫生间换气扇	1×15W 型号甲方自定		317	个	距地2.3 m嵌墙
11	宿舍摇头扇	1×40W 型号甲方自定		317	个	吸 顶
12	单位开关	B51/1		166	个	距地1.3 m暗装
13	双位开关	B52/1		323	个	距地1.3 m暗装

图 3.5.14 材料表及框选范围

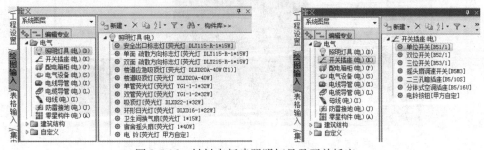

图 3.5.15 修改完成图

图 3.5.16 材料表新建照明灯具及开关插座

（3）自行定义的构件

本工程涉及的分线盒，可以在零星构件（电）中新建并修改属性，如图3.5.17所示。

图3.5.17　新建分线盒

6）点式构件的识别

（1）识别点式构件

单击"图例"，鼠标左键点选或框选要识别的图例（CAD中是块则可以点选或框选，否则必须框选），单击鼠标右键确定；弹出"选择要识别成的构件"对话框，选择要识别的构件；单击"选择楼层"，选择所需楼层，单击"确定"按钮。循环此过程完成照明灯具、开关插座以及配电箱的识别，如图3.5.18所示。

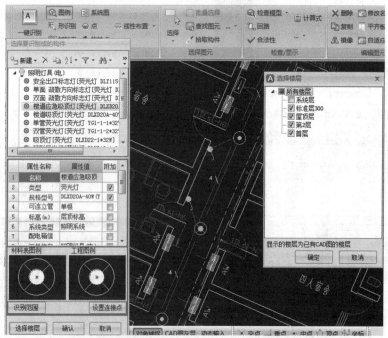

图3.5.18　识别点式构件（以楼道应急吸顶灯为例）

（2）点式构件的属性修改

选中已经识别的灯具，属性中对标高进行调整，如图 3.5.19 所示。其他点式构件按实际情况修改即可。

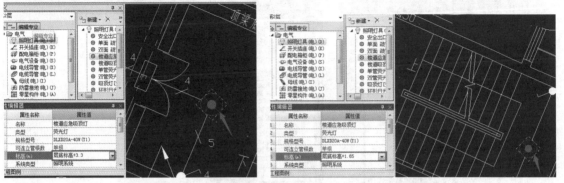

图 3.5.19　点式构件属性修改（以楼道应急吸顶灯为例）

7）绘制点式构件

分线盒采用点画法绘制，如图 3.5.20 所示。

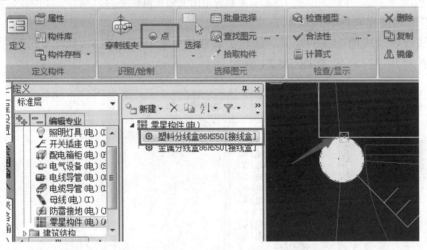

图 3.5.20　布置分线盒

8）测量型的图形绘制

（1）标准间的图形绘制

①标准间的绘制。绘制标准间的管线有多种命令，这里主要讲解直线和布置立管。两个构件之间采用"直线"命令，若存在高差可以自动生成立管，三位开关和分线盒之间则采用"布置立管"命令绘制，如图 3.5.21 所示。

图 3.5.21　标准间管线绘制

②标准间的复制。标准间绘制完成后,可以复制到其他楼层。首先单击"批量选择",然后单击"复制选定图元到其他楼层"即可完成复制,如图 3.5.22 所示。

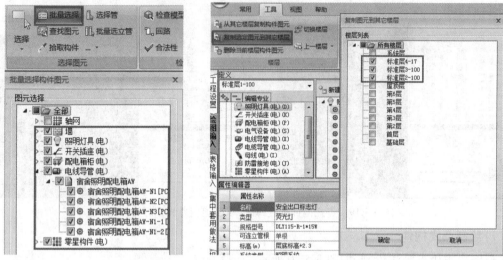

图 3.5.22　复制选定图元到其他楼层

(2)走道和楼梯间的管线绘制

①金属线槽及线槽配线的定义。新建金属线槽并对其进行定义,如图 3.5.23 所示。新建线槽配线并对其进行定义,如图 3.5.24 所示。

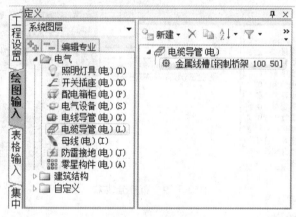

图 3.5.23　金属线槽定义

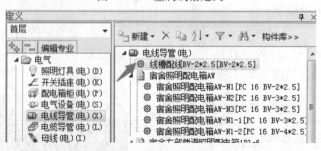

图 3.5.24　金属线槽配线定义

②金属线槽的绘制。金属线槽的绘制类似管线绘制,采用"直线"命令绘制水平线槽,竖向线槽则采用"布置立管"命令绘制,如图 3.5.25 所示。

图 3.5.25 金属线槽的绘制

③平面管线绘制。"绘图输入"模块的基本操作同标准间的测量型构件的绘制,采用"直线"和"布置立管"命令绘制。

④配电箱放射线路 N1—N6 回路(竖向)的绘制。N1—N6 回路可以采用"设置起点"和"选择起点"的方式绘制。以 1DLs6 的 N1 回路为例,采用"直线"命令从金属接线盒中心到竖向跨层桥架绘制"金属软管配线 D20——ZR-BV-4×2.5",选择"显示线性图元方向",选中该配管配线,修改其属性,如图 3.5.26 所示。

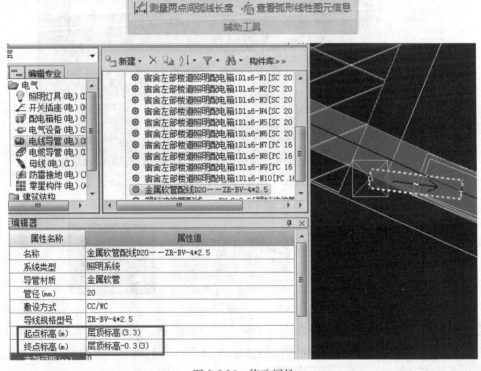

图 3.5.26 修改属性

单击"设置起点",单击与配电箱相连的竖向桥架,弹出"设置起点位置"对话框,单击"终点标高",再单击"确定"按钮,起点位置设置完成,如图 3.5.27 所示。

单击"选择起点",鼠标左键选择配管,单击鼠标右键确认,弹出"选择起点"对话框,单击1DLs6,再单击"确定"按钮,选择完成,如图 3.5.28 所示。完成后配管配线显示黄色,单击"显

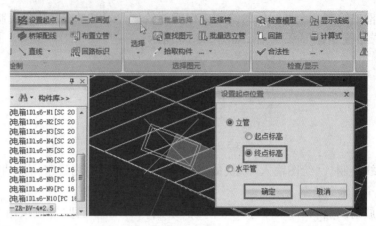

图 3.5.27　设置起点

示线缆"→"动态观察",可以三维显示该部分线缆路径,如图 3.5.29 所示。其他回路采用同样方法完成,只是选择起点时需要选择一层的起点。

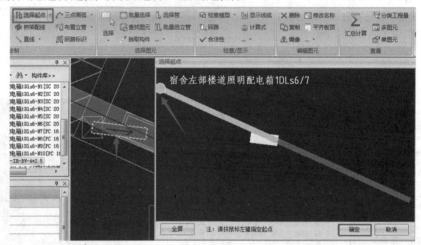

图 3.5.28　选择起点

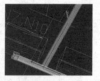

图 3.5.29　三维显示路径

⑤配电箱放射线路的链接式回路 N7—N9(竖向)的绘制。从配电箱出来连接到 1 层、3 层、5 层的塑料分线盒的操作同"配电箱放射线路 N1—N6 回路(竖向)的绘制"。以 N7 为例,从首层出来连到 2 层,则需要采用"桥架配线"方式进行,如图 3.5.30 所示。

图 3.5.30　桥架配线

9) 工程量的汇总计算

（1）"绘图输入"模块的工程量汇总

单击"汇总计算"即可完成工程量计算，如图 3.5.31 所示。

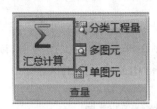

图 3.5.31　汇总计算

（2）"表格输入"模块增加（长度类）非图算项目

单击"表格输入"→"添加类型"，勾选"电线导管"，确定后单击"添加"，如图 3.5.32 所示；手动输入工程量表达式，如图 3.5.33 所示。

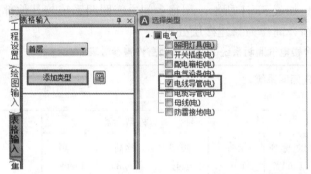

图 3.5.32　表格输入

	系统类型	配电箱编号	回路编号	名称	材质	规格型号(mm)	敷设方	工程量表达式(单位: m)	
1	◇ 照明系统			凿槽: 人工砖墙剔槽30*16				((3.3-2.0)*2+(3.3-2.3)+(3.3-2.2)+(1.8-0)+(0.3-0)*8)*317+(3.3-0.3-1.3)*(10*6+2+1*5)	2935
2	◇ 照明系统			凿槽: 人工砖墙剔槽35*25				(3.3-1.3)*2*317+(3.3-0.3-2.3)*(2+3*6)+(3.3-0.3-0.5)*(8*6+1)+(3.3-0.3-1.3)*11+(3.3-1.3)*3+(3.3+0.5)*3*5+(1.65+0.35)*3*5+(3.3+3.3+0.35)*3	1537

图 3.5.33　手动输入

（3）在"集中套用做法"模块中形成项目工程量清单

单击"汇总计算"，选择全部楼层，计算完成；单击"自动套用清单"或"匹配项目特征"，未自动套用清单的项目单击"选择清单"，双击选中清单项即可添加，如图 3.5.34 所示。

图 3.5.34　套用做法

（4）整理工程量表

详见 3.5.2 节"8）汇总计算与形成工程量表"中的相应内容。

3.6　电气照明系统识图实践

电气照明施工图需要配合建筑施工图和结构施工图进行阅读。识图的成果是为后期的软件建模算量做准备的,因此本节以学生宿舍 D 栋 CAD 施工图为例,以建立电气照明系统"BIM 建模构件属性定义参数表"为目标,来进行相关施工图的阅读。

3.6.1　识读宿舍楼电气照明系统建筑楼层信息

宿舍楼建筑信息详见"1.6.1　防雷接地系统识图实践"。结合建筑施工图、结构施工图和电气施工图中电气照明施工图的阅读,针对电气照明系统的特点,为方便后期 BIM 建模中模型的构建,获得宿舍楼楼层信息,如表 3.6.1 所示。因宿舍间电气照明系统与其他部分没有竖向关系,为方便建模,将 317 间宿舍间作为新建楼层处理。

表 3.6.1　宿舍楼电气照明系统 BIM 建模楼层设置参数表

工程及子分部名称:学生宿舍 D 栋电气照明系统 基点:中部楼梯间左下角				编制人:		编制时间:	
序号	施工图参数			模型参数			备注
	楼层表述	绝对标高(m)	相对标高(m)	层高(mm)	楼层表述	标高(mm)	层高(mm)	
1	道路(基础)	318.00	−5.0	5 000	0	−5 000	5 000	
2	1 层电气平面	323.00	0.00	3 300	1	0	3 300	
3	2~6 层电气平面		3.3	3 300	2	3 300	3 300	
4	2~6 层电气平面		6.6	3 300	3	6 600	3 300	
5	2~6 层电气平面		9.9	3 300	4	9 900	3 300	
6	2~6 层电气平面		13.2	3 300	5	13 200	3 300	
7	2~6 层电气平面		16.5	3 300	6	16 500	3 300	
8	屋顶防雷平面		19.8	3 300	7	19 800	5 000	
9					8 324	24 800	3 300	标准间 317

3.6.2　识读宿舍楼电气照明系统控制设备与低压电器

1)配电箱

宿舍楼工程电气照明系统配电箱主要有 1DLs6、1DLs7 和 AW 3 个。通过阅读电气照明施工图、建筑施工图,获取配电箱的材质、规格、安装敷设方式等信息,汇总如表 3.6.2 所示。

表 3.6.2　宿舍楼电气照明系统配电箱图纸阅读信息

阅读目标	图纸来源	图纸示意	释义
1DLs6（1DLs7）配电箱	电气施工图——主要设备材料表、配电箱系统图、设计总说明	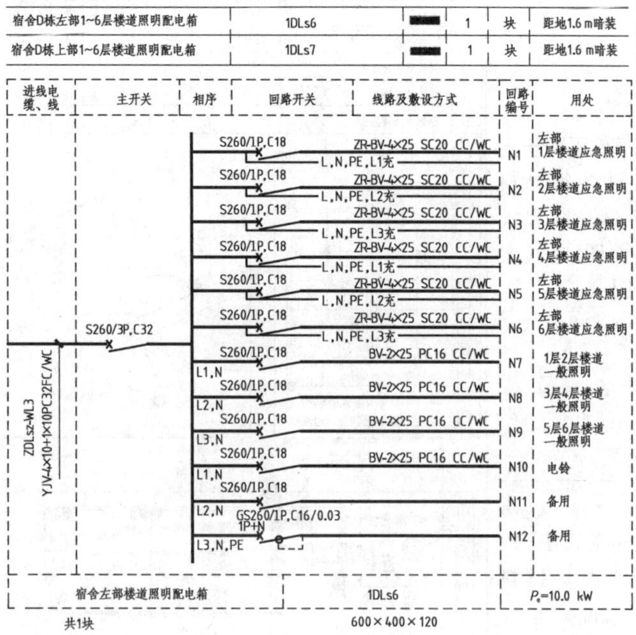	尺寸：600 mm×400 mm×120 mm 安装方式：距地 1.6 m 暗装 用途：宿舍左部楼道照明配电箱 回路信息：12 个回路
AW配电箱	电气施工图——主要设备材料表、配电箱系统图、设计总说明	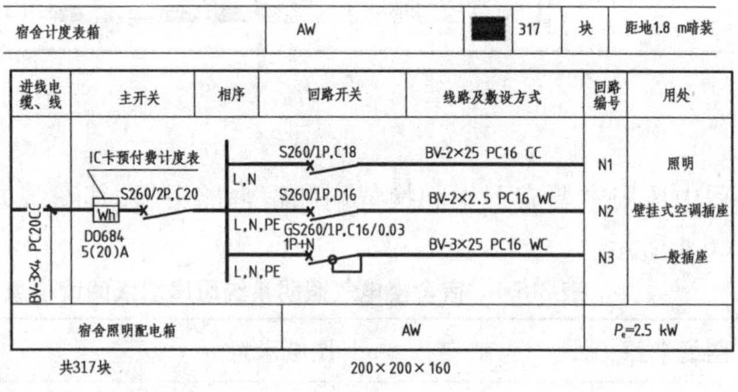	尺寸：200 mm×300 mm×160 mm 安装方式：距地 1.8 m 暗装 用途：宿舍照明配电箱 回路信息：3 个回路

2）开关、插座

开关、插座的安装方式、型号、安装高度等信息，汇总如表 3.6.3 所示。

表 3.6.3　宿舍楼电气照明系统开关、插座图纸阅读信息

阅读目标	图纸来源	图纸示意	释义
单控单位开关	电气施工图——主要设备材料表、总说明、电气平面图、电气大样图	12　单位开关　B51/1　166　个　距地1.3 m暗装 13　双位开关　B52/1　323　个　距地1.3 m暗装 14　三位开关　B53/1　317　个　距地1.3 m暗装 15　摇头扇调速开关　B5M3　317　个　距地1.3 m暗装 16　二三孔暗插座　B5/10S　1 585　个　距地0.3 m暗装 17　分体式空调插座　B5/16U　317　组　距地1.3 m暗装	型号:单相单控单位 B51/1 安装方式:暗装 安装高度:1300/-350(2~6 层楼梯间休息平台处)
单控双位开关			型号:单相单控双位 B52/1 安装方式:暗装 安装高度:1 300 mm
单控三位开关			型号:单相单控三位 B53/1 安装方式:暗装 安装高度:1 300 mm
单相二三孔暗插座	电气施工图——主要设备材料表、总说明、电气平面图、电气大样图		型号:单相五孔 B5/10S 安装方式:暗装 安装高度:300 mm
分体式空调插座			型号:单相三孔 B5/16U 安装方式:暗装 安装高度:2 200 mm

3)风扇

宿舍楼工程中风扇主要有卫生间换气扇和宿舍摇头扇,其安装方式、型号、安装高度等信息,汇总如表 3.6.4 所示。

表 3.6.4　宿舍楼电气照明系统风扇图纸阅读信息

阅读目标	图纸来源	图纸示意	释义
卫生间换气扇	电气施工图——主要设备材料表、配电箱系统图、设计总说明、电气大样图	10　卫生间换气扇　1×15 W　型号甲方自定　317　个　距地2.3 m嵌墙 11　宿舍摇头扇　1×40 W　型号甲方自定　317　个　吸顶	使用部位:卫生间 安装方式:嵌墙式 安装高度:2 300 mm 型号:1×15 W
宿舍摇头扇及调速开关			使用部位:宿舍间 安装方式:吸顶式 安装高度:3 300 mm 型号:1×40 W

4) 小电器

宿舍楼工程小电器主要有电铃和电铃按钮,其安装方式、型号、安装高度等信息,汇总如表 3.6.5 所示。

表 3.6.5 宿舍楼电气照明系统小电器图纸阅读信息

阅读目标	图纸来源	图纸示意	释义
电铃	电气施工图——主要设备材料表、配电箱系统图、设计总说明、电气平面图		安装部位:走廊 安装方式:明装 安装高度:2 400 mm
电铃按钮			安装部位:走廊 安装方式:明装 安装高度:1 300 mm

3.6.3 识读宿舍楼电气照明系统配管配线

1) 金属线槽

宿舍楼工程中配电箱 1DLs6 和 1DLs7 之间有竖向金属线槽 SR100×50,由图纸可知,首层层高为 3.300 m,配电箱安装高度为 1 600 mm,因现场施工工艺,配电箱和竖向线槽之间从上方连接,在靠近顶板处采用软管及接线盒过渡连接暗敷管,其构造如图 3.6.1 和图 3.6.2 所示。

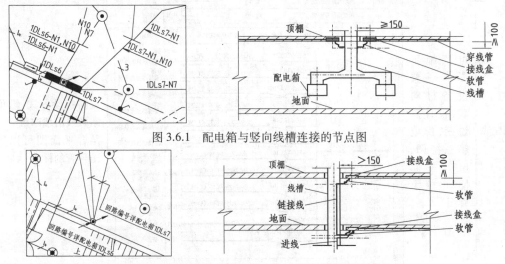

图 3.6.1 配电箱与竖向线槽连接的节点图

图 3.6.2 竖向线槽出线处节点构造及"链接式线路"关系

根据图纸及实际施工工艺要求,金属线槽的安装方式、安装高度等信息,汇总如表 3.6.6 所示。

表 3.6.6　宿舍楼电气照明系统金属线槽图纸阅读信息

阅读目标	图纸来源	图纸示意	释义
线槽	电气施工图——主要设备材料表、设计总说明、电气大样图	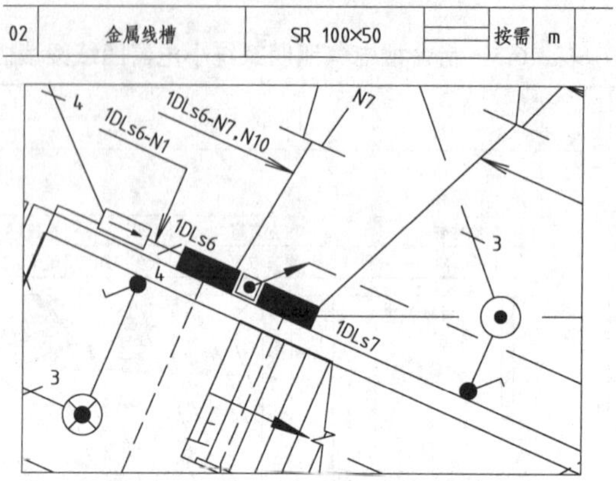	名称:SR100×50 材质:金属线槽

2) 宿舍房间内的导管导线

(1)导管

导管导线图纸阅读信息见表 3.6.7 和电气照明系统"BIM 建模构件属性定义参数表"(电子文件表 3.5.3,见本书配套教学资源包),其中 AW 系统的三维模型和导管的阅读详见 3.2.5 节,而 1DLs6(7)系统的导管导线的阅读详见表 3.6.7。

表 3.6.7　宿舍楼电气照明系统导管导线图纸阅读信息

阅读目标	图纸来源	图纸示意	释义
导管导线	电气施工图——主要设备材料表、设计总说明、配电箱系统图、电气平面图、电气大样图	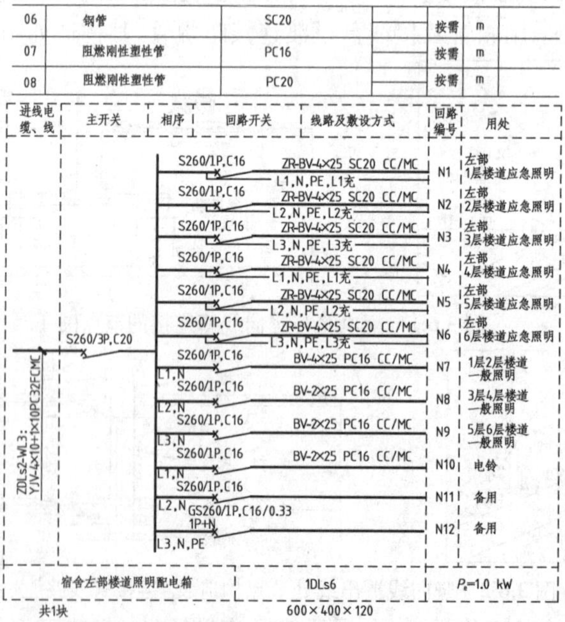	线路敷设方式:沿顶暗敷或沿墙暗敷 结合平面图可以得出导管的标高

（2）导线

对于 AW 系统的导线，需要注意配线的基本原则是零线不进入开关，火线直接由配电箱沿最短配管距离进入开关，然后由开关出来的控制线控制各个灯具或用电设备。配线超过 2 根的要在平面图中标示清楚。故 AW 系统配管中配线布置方式详见图 3.6.3，由图可知，火线由配电箱出来，经过配管路径进入三位开关和双位开关，火线在各个配管中各 1 根；零线由配电箱出来进入各个灯具，零线在各个配管中各 1 根；从开关出来的控制线分别控制对应的灯具和风扇。

配管中配线布置如表 3.6.8 所示。表中数据和平面图中各个配管中的配线根数不一致，按施工布置的配线根数没有超过 4 根，而原设计的配线方式有 5 根，因此图中配线方式更经济、方便。

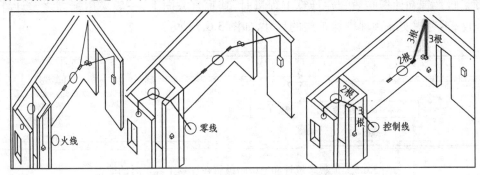

图 3.6.3　宿舍间 N1 回路配线布置图

表 3.6.8　宿舍间 N1 回路配线布置

部位	配线根数			总根数
	火线	零线	控制线	
配电箱→第一个荧光灯	1	1	0	2
第一个荧光灯→双位开关	1	0	3	4
第一个荧光灯→摇头扇	1	1	2	4
摇头扇→第二个荧光灯	1	1	1	3
第二个荧光灯→接线盒	1	1	0	2
接线盒→三位开关	1	0	3	4
接线盒→吸顶灯	0	1	1	2
接线盒→环形日光灯	0	1	2	3
环形日光灯→排气扇	0	1	1	2

N2,N3 回路配管中的配线全都是 3 根线，分别是火线、地线、零线。

其他公共区域的配管配线信息详见电子文件表 3.5.3"BIM 建模构件属性定义参数表"（见本书配套教学资源包）。

3）走道顶板暗敷管和地板暗敷管的关系

（1）顶板暗敷管与吊顶安装灯具"软管"过渡的关系

在走道中顶板暗敷管与吊顶安装灯具"软管"过渡的关系，如图 3.6.4 所示。

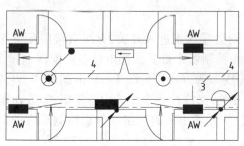 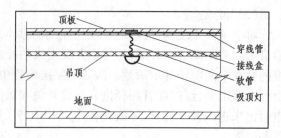

图 3.6.4 顶板暗敷管与吊顶安装灯具"软管"过渡的关系

(2)顶板暗敷管和地板暗敷管在计算工程量时的简化

顶板暗敷管和地板暗敷管在计算工程量时,其垂直方向上,一般采用标高之差计算竖向管线长度,不考虑实际预埋中保护层的尺寸,如图 3.6.5 所示。

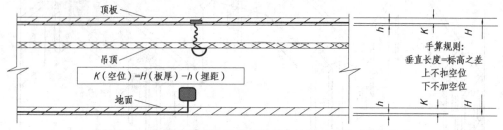

图 3.6.5 顶板暗敷管和地板暗敷管在计算工程量时的简化

3.6.4 识读宿舍楼电气照明系统照明灯具

宿舍楼电气照明系统的照明灯具的安装方式、规格、安装高度等信息,汇总如表 3.6.9 所示。由建筑施工图可知,宿舍房间和楼梯间顶棚做法为白色高级涂料,而走廊为吊顶,吊顶高度为 2 700 mm,故宿舍房间和公共区域的吸顶灯安装高度不同。

表 3.6.9 宿舍楼电气照明系统照明灯具图纸阅读信息

阅读目标	图纸来源	图纸示意	释义
单管荧光灯	电气施工图——主要设备材料表、设计总说明、电气大样图建筑施工图——材料及装修一览表	06 单管荧光灯 YG1-1-1-2×32 W 634 个 吸顶 / 07 双管荧光灯 YG1-1-1-2×32 W 0 个 吸顶 / 08 吸顶灯 DLXD22-1×32 W 317 个 吸顶 / 09 环形日光灯 DLXD16-1×22 W 317 个 吸顶	使用部位:宿舍房间 安装方式:吸顶 安装高度:3 300 mm 型号:YG1-1-1×32 W
环形日光灯		天棚 白色高级涂料 西南 04J515,P12,P03 楼梯间,户内所有房间,阳台 / 天棚 矿棉板吊顶 西南 04J515,P14,P10 走廊,高度2.7 m	使用部位:宿舍卫生间 安装方式:吸顶 安装高度:3 300 mm 型号:DLXD16-1×22 W
吸顶灯		四人宿舍 N1 N2 N3 K	使用部位:宿舍阳台 安装方式:吸顶 安装高度:3 300 mm 型号:DLXD22-1×32 W

阅读目标	图纸来源	图纸示意	释义
楼道吸顶灯	电气施工图——主要设备材料表、设计总说明、电气平面图建筑施工图——材料及装修一览表	04 楼道应急吸顶灯 DLXD20 A-40 W|Y1| ⊗ 111 个 吸顶 05 楼道吸顶灯 DLXD20 A-40 W 140 个 吸顶 天棚 白色高级涂料 西南 04J515,P12,P03 楼梯间,户内所有房间,阳台 天棚 矿棉板吊顶 西南 04J515,P14,P10 走廊,高度2.7 m	使用部位:走廊 安装方式:吸顶 安装高度:2 700 m 型号:DLXD20A-40 W
应急吸顶灯			使用部位:走廊、楼梯间 安装方式:吸顶 安装高度:2 700 mm(走廊)/3 300 mm(楼梯间楼板处)/1 650 mm(2~6 层楼梯间休息平台处) 型号:DLXD20A-40W|Y1|
双面疏散标志灯	电气施工图——主要设备材料表、设计总说明、电气平面图	02 单面 疏散方向标志灯 DLY115-R-1×15 W ▭ 65 个 距地0.5 m嵌装 03 双面 疏散方向标志灯 DLY215-R-1×15 W ▭ 5 个 管吊高2.5 m	使用部位:走廊 安装方式:管吊 安装高度:2 500 mm 型 号:DLY215-R-1×15 W
单面疏散标志灯			使用部位:走廊 安装方式:嵌墙式 安装高度:500 mm 型 号:DLY115-R-1×15 W
安全出口标志灯	电气施工图——主要设备材料表、设计总说明建筑施工图——门窗明细表、平面图	安全出口标志灯 DLY115-R-1×15 W ▣ 20 个 门沿上0.2 m明装 类型 设计编号 洞口尺寸 数量 备注 FM1521 1500×2100 23 乙级防火门	使用部位:走廊、楼梯间 安装方式:明装 安装高度:门沿上200 mm,即2 300 mm 型 号:DLY115-R-1×15 W

3.6.5 识读宿舍楼楼梯间 3 个典型部位的布线关系

1)楼梯间底层的布线关系

楼梯间底层的布线关系如图 3.6.6 所示。

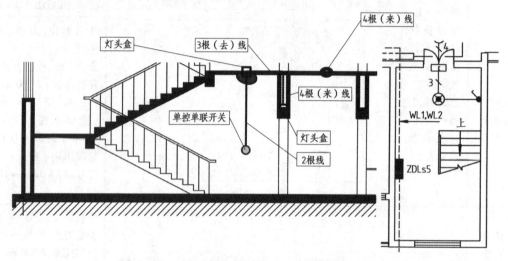

图 3.6.6 楼梯间底层的布线关系

2)楼梯间中间层的布线关系

楼梯间中间层的布线关系如图 3.6.7 所示。

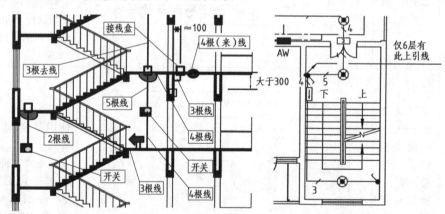

图 3.6.7 楼梯间中间层的布线关系

3)楼梯间顶层的布线关系

楼梯间顶层的布线关系如图 3.6.8 所示。

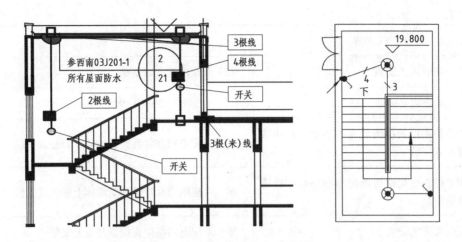

图 3.6.8 楼梯间顶层的布线关系

3.7 电气照明系统识图理论

准确阅读电气照明系统施工图,必须掌握设计总说明中引述的标准图集以及施工工艺,其中图集是相关建筑安装构造做法,是国家建筑设计标准做法。电气照明系统常用的标准图集有:《常用低压配电设备安装》(04D702-1)、《常用灯具》(96D702-2)、《特殊灯具安装》(03D702-3)、《线槽配线安装》(96D301-1)、《钢导管配线安装》(03D301-3)等。本节根据电气照明系统施工图的组成,结合上述图集以及常用做法,进行各部分典型节点大样的讲解。

3.7.1 电气照明系统典型节点大样

1)配电箱安装典型节点大样

配电箱安装典型节点大样见标准图集《常用低压配电设备安装》(04D702-1),如表 3.7.1 所示。

表3.7.1

表 3.7.1 配电箱安装典型节点大样标准图集摘录

名称	页码	摘要
配电箱悬挂式安装之一	18	配电箱在砖墙上用预埋螺栓安装
配电箱悬挂式安装之二	19	配电箱在砖墙上用预埋螺栓安装
配电箱悬挂式安装之三	27	配电箱在砖墙上用支架安装
配电箱悬挂式安装之四	27	配电箱在轻质墙上安装

续表

名称	页码	摘要
配电箱嵌入式安装	22	配电箱嵌墙安装
配电箱在多孔砖墙安装	23	配电箱在多孔砖墙安装
配电箱在框架结构填充小型空心砌块墙悬挂式安装	25	配电箱在特殊建筑墙体上悬挂式安装
配电箱在框架结构填充小型空心砌块墙嵌墙安装	26	配电箱在特殊建筑墙体上嵌入式安装
配电箱落地安装之一	50	配电箱落地在槽钢基础上安装
配电箱落地安装之二	51	配电箱落地在角钢基础上安装
照明配电箱外型尺寸	87	照明配电箱规格尺寸

2) 照明灯具安装典型节点大样

照明灯具安装典型节点大样见标准图集《常用灯具安装》(96D702-2),如表 3.7.2 所示。

表3.7.2

表 3.7.2　照明灯具安装典型节点大样标准图集摘录

名称	页码	摘要
工厂灯安装之一	12	工厂罩灯吊杆安装
工厂灯安装之二	13	工厂罩灯吸顶安装
荧光灯安装之一	35	荧光灯在吊顶上吸顶安装
荧光灯安装之二	36	荧光灯在吊顶上吸顶安装
装饰灯安装之一	47	疏散标志灯安装
装饰灯安装之二	49	应急疏散标志灯安装
装饰灯安装之三	50	应急疏散标志灯安装
装饰灯安装之四	51	蓄光自发光疏散标牌、疏散指示带安装
装饰灯安装之五	53	地面疏散标志安装

3) 应急照明的四类布线关系

表 3.7.3　应急照明的四类布线关系

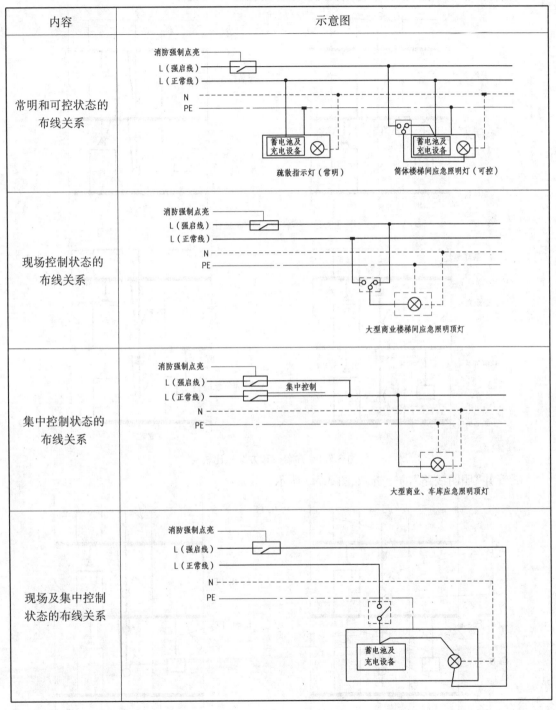

内容	示意图
常明和可控状态的布线关系	疏散指示灯（常明）　筒体楼梯间应急照明灯（可控）
现场控制状态的布线关系	大型商业楼梯间应急照明顶灯
集中控制状态的布线关系	大型商业、车库应急照明顶灯
现场及集中控制状态的布线关系	

4)管井"照明线路"关系

①管井"照明线路"的方案比较,如图 3.7.1 和图 3.7.2 所示。

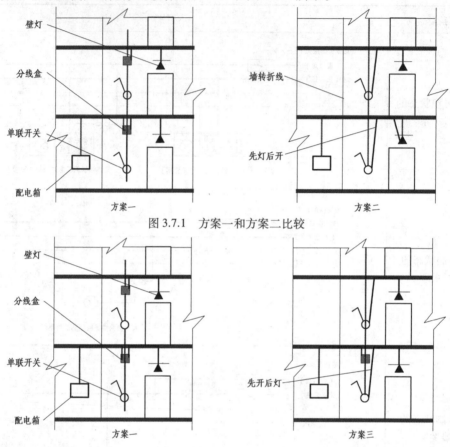

图 3.7.1 方案一和方案二比较

图 3.7.2 方案一和方案三比较

②管井"照明线路"的分析,如图 3.7.3 所示。

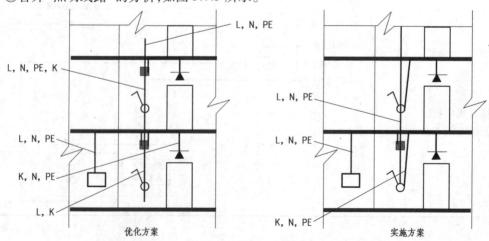

图 3.7.3 管井"照明线路"的分析

3.7.2　电气照明系统施工图常用的文字标注

1）配电设备常用的文字标注

主要表达方式有：

① $\dfrac{\text{设备型号}}{\text{设备编号设备功率}}$，例如：$\dfrac{\text{XL-3-2}}{\text{3AL30}}$。

②设备编号-设备型号-设备功率。

例如：3AL-XL-3-2-30。

表示：编号 3AL，型号 XL-3-2，功率 30 kW 的照明配电箱。

2）配电线路常用的文字标注

配电线路常用的文字标注：线路编号或用途符号-导线型号（导线根数×导线截面）敷设方式/敷设部位。

电气照明系统常用的导线敷设方式及导线敷设部位的标注，如表 3.7.4 所示。

表 3.7.4　常用的导线敷设方式及导线敷设部位的标注

	名称	符号		名称	符号
导线敷设方式	焊接钢管	SC	导线敷设部位	暗敷在顶棚内	CC
	电线管	MT		沿天棚敷设	CE
	硬塑料管	PC		吊顶内敷设	SCE
	金属软管	CP		地面下暗敷	FC
	塑料线槽	PR		沿墙明敷	WE
	金属线槽	MR		沿墙暗敷	WC

例如：WL2-ZR-BV（5×35）SC80/WE。

表示：照明线路 WL2，导线型号 ZR-BV，导线根数 5，导线截面面积 35 mm^2，敷设方式为穿焊接钢管 80 mm，敷设部位为沿墙明敷设。

3）照明灯具常用的文字标注

照明灯具标注方式为：$\text{a-b}\dfrac{c\times d\times L}{e}f$

其中：a——灯具数量；

b——灯具型号；

c——照明灯具的灯泡数；

d——灯泡安装容量；

e——灯泡安装高度 m，"—"表示吸顶安装；

f——安装方式；

L——光源种类。

常用的光源种类及安装方式如表 3.7.5 所示。

表 3.7.5　常用的光源种类及安装方式

光源种类	名称	符号	安装方式	名称	符号
	白炽灯	IN		链吊	C
	荧光灯	FL		管吊	P
	汞灯	Hg		线吊	WP
	钠灯	NA		嵌入	R
	碘灯	I		壁装	W

例如:$4-YG2-2\dfrac{2\times36\times FL}{2.5}C$。

表示:4 盏,型号 YG2-2,灯泡数 2,功率 36 W,链吊安装,高度 2.5 m,光源种类为荧光灯的照明灯具。

3.7.3　电气照明系统材料相关知识

①电气配管配线常用材料如图 3.7.4 所示。

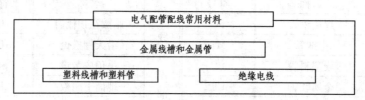

图 3.7.4　电气配管配线常用材料

②金属管的分类如图 2.3.24 所示。

③配管材料参数如图 3.7.5 所示。

JDG电线管参数

规格	$\phi16$	$\phi20$	$\phi25$	$\phi32$	$\phi40$	$\phi50$
外径	16	20	25	32	40	50
外径公差	0 −0.30	0 −0.30	0 −0.30	0 −0.30	0 −0.40	0 −0.40
壁厚	1.60	1.60	1.60	1.60	1.60	1.60
壁厚公差	±0.15	±0.15	±0.15	±0.15	±0.15	±0.15
长度	4000	4000	4000	4000	4000	4000

KBG电线管参数

规格	$\phi16$	$\phi20$	$\phi25$	$\phi32$	$\phi40$
外径	16	20	25	32	40
外径公差	0 −0.30	0 −0.30	0 −0.30	0 −0.30	0 −0.40
壁厚	1.00	1.20	1.20	1.20	1.20
壁厚公差	±0.08	±0.10	±0.10	±0.10	±0.10
长度	4000	4000	4000	4000	4000

图 3.7.5　配管材料参数

④常用塑料电线材料实例如图 3.7.6 所示。

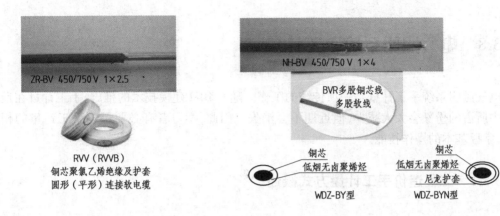

图 3.7.6　常用塑料电线材料实例

习题

1.单项选择题

1)在导线敷设方式中,表示穿焊接钢管的是( )。

A.SC　　　　　　　B.PT　　　　　　　C.PC　　　　　　　D.SR

2)在导线敷设方式中,表示穿硬塑料管的是( )。

A.SC　　　　　　　B.PT　　　　　　　C.PC　　　　　　　D.SR

3)常见敷设部位中,FC 是指( )。

A.暗敷在顶棚内　　　　　　　　　　B.沿天棚敷设

C.吊顶内敷设　　　　　　　　　　　D.暗敷设在地面内

2.多项选择题

1)在导线敷设部位中,表示暗敷的是( )。

A.CC　　　　　　　B.CE　　　　　　　C.FC　　　　　　　D.WE

E.WC

2)在导线敷设部位中,表示明敷的是( )。

A.CC　　　　　　　B.CE　　　　　　　C.FC　　　　　　　D.WE

E.WC

3)下列有关"BV(4×2.5)SC20 CC/WC"的说法,正确的是( )。

A.4 根截面面积为 2.5 mm² 的铜芯导线、聚乙烯绝缘层

B.4 根截面面积为 2 mm² 的铜芯导线、聚乙烯绝缘层

C.电线穿直径 20 mm 焊接钢管

D.沿顶板和墙暗敷

E.沿顶板和墙明敷

3.8　电气照明系统手工计量

电气照明系统手工计量是一项传统的工作。随着 BIM 建模技术的推广,手工计量在造价活动中所占的份额会大大减少,但近期不会消失。因此,学习者有必要了解手工计量的相关知识,掌握基本的操作技能。

3.8.1　工程造价手工计量方式概述

1)工程造价的手工计量方式

详见"1.8.1　工程造价手工计量方式概述"的相应内容。

2)安装工程造价工程量手工计算表

手工计量宜采用规范的计算表格,如表 3.8.1 所示。

表 3.8.1　安装工程造价工程量手工计算表(示例)

工程名称:学生宿舍 D 栋　　　　　　　　　　　　　　子分部工程名称:电气照明系统

项目序号	部位序号	编号/部位	项目名称/计算式	系数	单位	工程量	备注
1			控制箱:宿舍照明配电(表)箱 AW		台	317	
	①	标准房间	1×317			317	
2			荧光灯:单管荧光灯 YG1-1-1×32 W		只	634.00	
	①	标准房间	(1+1)×317			634.00	
3			荧光灯:环形日光灯 DLXD16-1×22 W		只	317.00	
	①	标准房间	1×317			317.00	
4			普通灯具:半圆球吸顶灯 DLXD22-1×32 W		只	317.00	
	①	标准房间	1×317			317.00	
5			风扇:宿舍摇头扇 1×40 W 及调速开关		台	317.00	
	①	标准房间	1×317			317.00	
6			风扇:卫生间换气扇 1×15 W		台	317.00	
	①	标准房间	1×317			317.00	

3.8.2　安装工程手工计量的程序和技巧

1) 以科学的识图程序为前提

(1) 安装工程识图的主要程序

详见"1.8.2　安装工程手工计量的程序和技巧"中的相应内容。

(2) 识读系统图和平面图的技巧

① 宜以"流向"为主线,确定"系统的起点";

② 电气照明系统应以配电箱等为起点,随着线路的走向引到各用电器具;

③ 按照工艺要求确定管线的路径、敷设方式、敷设部位。

2) 立项的技巧

① 从点状设备(配电箱,灯具、开关、插座等)开始进行;

② 分回路从配电箱开始先确定保护管(或槽)的项目,同时确定线路的项目;

③ 对应灯具、开关、插座等确定接线盒;

④ 再考虑规范要求增加的接线盒;

⑤ 确定铁构件(支架)项目。

3) 计量的技巧

① 依据已经确立清单项目的顺序依次进行;

② 区分不同楼层作为部位的第一层级关系;

③ 先数"个数",然后按照"配电箱系统图"分回路计算配管,依据配管计算电缆(或电线)长度及附加长度;

④ 使用具有汇总统计功能的计量软件。

3.8.3　电气照明系统在 BIM 建模后的手工计量

1) 针对不宜在 BIM 建模中表达的项目

采用 BIM 技术建模,从提高工作效率的角度出发,并不需要将工程造价涉及的所有定额子目全部建立,因此需要采用手工计量的方式补充必要的项目。电气照明系统常见的需要采用手工计量的项目如下:

① 接线盒:灯具、开关、插座对应的接线盒;

② 支架:按照线路路径长度平均计算的支架副数和质量。

2) 特殊部位的立项及核算

① 铜接线端子的计算;

② 超高部位的核算。

3.9 电气照明系统招标工程量清单编制

本节以学生宿舍 D 栋已经形成的 BIM 模型工程量表为基础,按照《通用安装工程工程量计算规范》(GB 50856—2013)的规定,编制电气照明系统招标工程量清单。

3.9.1 建立预算文件体系

建立预算文件体系是招标工程量清单编制的基础工作,操作程序可参照 3.4.2 节中的相应内容,主要区别是新建项目时选择"新建招标项目"。

3.9.2 编辑工程量清单

1)建立分部和子分部,添加清单项目

建立清单项目就是依据"电气照明系统工程量表"的数据,按照《通用安装工程工程量计算规范》(GB 50856—2013)的规定,进行相应的编辑工作。操作可分成以下两个阶段:

(1)添加项目及工程量

添加项目及工程量的具体操作如表 3.9.1 所示。

表 3.9.1　添加项目及工程量

步骤	工作	图标	工具→命令	说明
1.1	建立分部	类别　　名称 整个项目 部　电气设备安装工程	下拉菜单→选择安装工程→电气设备安装工程	
1.2	建立子分部	编码　类别　　名称 整个项目 B1 C　部　电气设备安装工程 B2　部　电气照明系统 1　项　自动提示:请输入清单简称	单击鼠标右键增加子分部,输入"电气照明系统"	
1.3	添加项目	查询	查询→查询清单	
1.4	选择项目	查询 清单指引　清单　定额　人材机 工程量清单项目计量规范(2013·重庆) 搜索 安装工程 　机械设备安装工程 　热力设备安装工程 　静置设备与工艺金属结构制作 　电气设备安装工程 　　变压器安装 　　配电装置安装 　　母线安装 　　控制设备及低压电器安装 　　蓄电池安装 　　电机检查接线及调试 　　滑触线装置安装 　　电缆安装 　　防雷及接地装置 　　10kV以下架空配电线路 　　配管、配线 　　照明器具安装	查询→清单→安装工程→电气设备安装工程→照明器具安装→项目	

续表

步骤	工作	图标	工具→命令	说明
1.5	修改名称	编辑[名称] 工厂灯：应急灯DLXD20A-40W│Y1│	名称→选中→复制→粘贴(表格数据)	
1.6	修改工程量	编辑工程量表达式 105.00	工程量表达式→选中→复制→粘贴(表格数据)	
1.7	逐项重复 以上操作			

（2）编辑项目特征和工作内容

编辑项目特征是编制招标工程量清单中具有一定难度的工作。做好此工作,必须要掌握清单计价的理论,并且熟悉施工图设计要求和理解施工工艺。工作内容是依据项目特征进行选择的,具体操作如表 3.9.2 所示。

表 3.9.2　编辑项目特征和工作内容

步骤	工作	图标	工具→命令	说明
2.1	选择特征 命令	特征及内容　工程量明细　反 特征值	名称→特征及内容	
2.2	编辑项目 特征	标准换算　换算信息　安装费用　特征及内容 　　特征　　特征值　　输出 1　名称　　应急灯　　☑ 2　型号　　DLXD20A-40W│Y1│　☑ 3　规格　　　　　　　□ 4　安装形式　吸顶式　　☑	特征值→名称/规格等	
2.3	编辑工作 内容	工作内容　　输出 1　本体安装　　☑	特征值→输出(选择)	
2.4	逐项重复 以上操作			
2.5	清单排序	清单排序 ○ 重排流水码 ◉ 清单排序 ○ 保存清单顺序	整理清单→清单排序	

2）导出报表

选择报表的依据、选择报表的种类、报表导出的具体内容,请参照 1.9.2 节中的相应内容。

3.10 电气照明系统 BIM 建模实训

BIM 建模实训是在完成前述内容的学习后,本着强化 BIM 建模技能而安排的一个环节。

3.10.1 BIM 建模实训的目的与任务

1) BIM 建模实训的目的

BIM 建模实训的目的是让学习者从"逆向学习"转变为"顺向工作",具体内容详见 1.10.1 节"1) BIM 建模实训的目的"。

2) BIM 建模实训的任务

将顺向工作法中难度较大的"立项与计量"环节作为实训任务,如图 1.10.3 所示。

3.10.2 BIM 建模实训的方案

1) BIM 建模实训的工作程序

BIM 建模实训的工作程序如图 1.10.4 所示。

2) 整理基础数据的结果

整理基础数据就是需要形成三张参数表,如图 1.10.5 所示。

3) 形成的工程量表应符合规范要求

形成的工程量表的数据质量,应符合《通用安装工程工程量计算规范》(GB 50856—2013)项目特征描述的要求,并满足《重庆市通用安装工程计价定额》(CQAZDE—2018)计价定额子目的需要。

在时间允许的条件下,宜通过编辑"招标工程量表"进行验证。

3.10.3 电气照明系统 BIM 建模实训的关注点

1) 实训内容

采用某办公楼进行实训。实训已知条件如下:
①依据施工图布置的方式展开实训,不校正设计失误;
②图纸中未明确事项详见工程答疑文件。

2) 实训前提示

①1 层办公门厅的项目考虑超高因素;
②1 层值班室顶对应的是楼梯间(坡度面);
③统一采用①/Ⓐ轴线交点作为建模基点。

第4章 弱电工程

4.1 室内电话和电视系统

4.1.1 初识电话和电视系统

1) 通信系统概述

电话和电视是通信系统的一部分,通信系统有四大发展阶段。

(1) 通信系统发展的第一阶段

1837 年,摩尔斯发明有线电报,开始了电通信阶段;

1843 年,亚历山大·本取得电传打字电报的专利;

1864 年,麦克斯韦创立了电磁辐射理论,并被当时的赫兹证明,促使了后来无线通信的出现;

1876 年,贝尔利用电磁感应原理发明了电话;

1879 年,第一个专用人工电话交换系统投入运行;

1880 年,第一个付费电话系统运营;

1892 年,加拿大政府开始规定电话速率;

1896 年,马可尼发明无线电报。

(2) 通信系统发展的第二阶段

1907 年,电子管问世,通信进入电子信息时代;

1915 年,横贯大陆电话开通,实现越洋语音连接;

1918 年,调幅无线电广播、超外差式接收机问世;

1925 年,开通三路明线载波电话,开始多路通信;

1936 年,调频无线电广播开播;

1937 年,雷沃斯发明脉冲编码调制,奠定了数字通信基础;

1938 年,电视广播开播;

20世纪40年代"二战"期间,雷达与微波通信得到发展;

1946年,第一台数字电子计算机问世;

1947年,晶体管在贝尔实验室问世,为通信器件的进步创造了条件。

(3)通信系统发展的第三阶段

1948年,香农提出信息论,建立了通信统计理论;

1950年,时分多路通信应用于电话系统;

1951年,直拨长途电话开通;

1956年,敷设越洋通信电缆;

1957年,发射第一颗人造地球卫星;

1958年,发射第一颗通信卫星;

1962年,发射第一颗同步通信卫星,开通国际卫星电话,脉冲编码调试进入实用阶段;

20世纪60年代,彩色电视问世,阿波罗宇宙飞船登月,数字传输理论与技术得到迅速发展,计算机网络开始出现;

1965年,电视电话业务开通;

20世纪70年代,商用卫星通信、程控数字交换机、光纤通信系统投入使用,一些公司制定计算机体系网络结构。

(4)通信系统发展的第四阶段

20世纪80年代,蜂窝电话系统开通,各种无线通信和数据移动通信技术不断涌现;光纤通信得到迅速普遍的应用;国际互联网和多媒体通信技术得到极大发展。

1997年,68个国家签订国际协议,互相开放电信市场。

进入21世纪,迎来了通信革命,即"数据/计算机"通信结合现代通信阶段:

a. 计算机通信,指两台或多台"自治"的计算机之间的数据交换;

b. 数据通信,指不能"自治"的各种数据设备之间的数据交换;

c. 数据/计算机通信是计算机科学与通信技术相结合的产物,是计算机以及各种数据设备之间经由数据通路(专线或通信网络)所进行的数据交换。

(5)现代建筑通信系统的组成(图4.1.1)

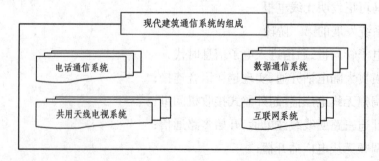

图4.1.1　现代建筑通信系统的组成

2)电话系统

（1）电话系统的组成（图4.1.2）

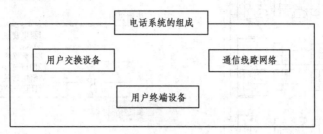

图4.1.2 电话系统的组成

（2）建筑物电话系统框图（图4.1.3）

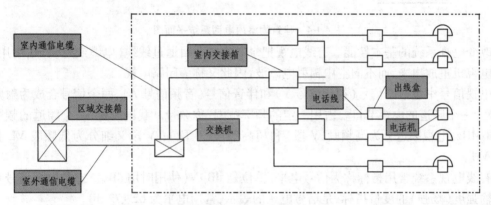

图4.1.3 建筑物电话系统框图

（3）建筑物电话系统常用设备材料

①电话交换机:有着特殊用途的交换机。电话交换机由许多电话机共用外线组成,所有的电话都可以直接利用机器上的控制指示灯来掌握整个电话交换系统的工作状况。

②电话交接箱:也称为电话分线箱,其实就是一个端子箱,总的进线数量与出线数量之和应相等或出线数量少于进线数量。它用于安装在需要分线的位置。一般建筑物的电话交接箱常暗装于楼道中,高层建筑的电话交接箱常设在弱电竖井中。

③用户出线盒:就是常讲的电话插座。它有两种类型,一是无插座型(中间留了一孔);二是插座型。

④电话电缆:其实就是包含了众多双绞线的电缆。室内常用HYV铜芯聚乙烯绝缘聚氯乙烯护套电话电缆。

⑤电话线:常用 RVB 型塑料并行软导线或 RVS 型双绞线,规格为 $2×0.2～0.5\ mm^2$。

（4）建筑物室内电话系统平面图（图4.1.4）

3)有线电视系统

（1）有线电视系统的基础知识

有线电视(Cable Television,CATV)也称为电缆电视,是由无线电视发展而来的,最初出现于1950年的美国宾夕法尼亚州。有线电视仍保留了无线电视的广播制式和信号调制方式,

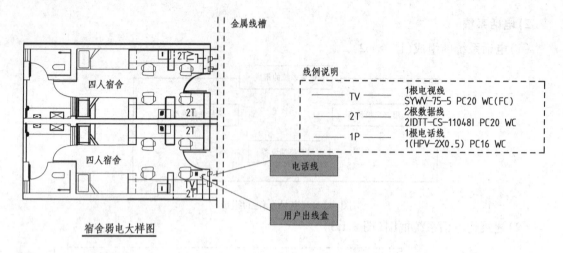

图 4.1.4 建筑物室内电话系统平面图

并未改变电视系统的基本性能。有线电视把录制好的节目通过线缆(电缆或光缆)送给用户,再用电视机重放出来,而不向空中辐射电磁波,因此又称为闭路电视。

电视信号中包括图信号(视频信号 V)和伴音信号(音频信号 A),两个信号合成为射频信号 RF。一个频道的电视节目要占用一定的频率范围,称频带。我国规定,一个频道的频带宽度为8 MHz。电视频道分为高频段(V 段)和超高频段(U 段);V 段又细分为低频段 VL 和高频段 VH。

有线电视系统常用指标称为信号电平,单位是 dBμV(使用时用 dB)。它是电视信号在空间传输强度(场强)的度量指标,是信号电压的表示,常用电平为 62~72 dB。

(2)建筑物内有线电视系统的组成

建筑物内有线电视系统通常由干线放大器、分配器、分支器、用户终端盒、负载电阻和电视线路组成,如图4.1.5 所示。

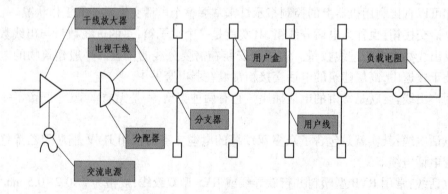

图 4.1.5 建筑物内有线电视系统框图

(3)有线电视系统常用设备材料

①放大器:因电视信号传输过程存在衰减现象,所以需要将信号电平提高到一定水平,就需要使用放大器。放大器的参数有两个:一个是增益,一般为 20~40 dB;另一个是最高输出电平,一般为 90~120 dB。放在混合器后面作为系统放大器的称为主放大器,放在楼栋的称

为线路放大器。放大器需要配套使用交流电源。

②分配器:用于并联式分支后续线路的器件。它的衰减量一个支路接近 2 dB,类推二分配接近 4 dB,三分配接近 6 dB。

③分支器:是实现线路信号分开的器件。它与分配器不同之处在于是串接在干线中,从干线上分出几个分支线路,干线还要继续传输。分支器的衰减有两项指标:一是接入损失(插入损失)= 主路输入电平－主路输出电平,一般在 0.3~4 dB;二是分支损失(耦合损失)= 主路输入电平－支路输出电平,一般在 7~35 dB。因此,一般线路前端分支常用分配器,中间分支常用分支器。

④负载电阻:75 Ω 负载电阻接在支路末端,用来防止线路末端产生的反射波干扰。

⑤射频同轴电缆:电视干线或用户线采用 75 Ω 射频同轴电缆,因其常用于 CATV 网,故称为 CATV 电缆,传输带宽可达 1 GHz。目前常用 CATV 电缆的传输带宽为 750 MHz。常用的型号有 SYV 聚乙烯绝缘聚氯乙烯护套射频同轴电缆、SYFV 和 SYWV 物理发泡聚乙烯绝缘聚PVC 护套射频同轴电缆等。

(4)建筑物内有线电视系统平面图(图 4.1.6)

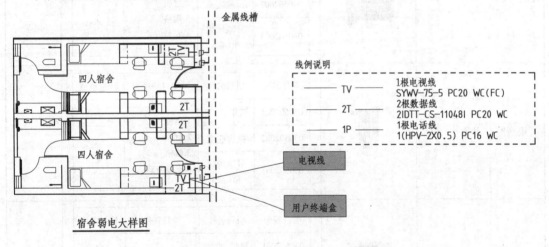

图 4.1.6　建筑物内有线电视系统平面图

4.1.2　电话系统预(结)算的典型项目

电话系统的定额子目,"计数型的项目"在《重庆市通用安装工程计价定额》(CQAZDE—2018)第五册《建筑智能化安装工程》中"B 综合布线系统工程",而配管类"计量型的项目"需要归入第四册《电气设备安装工程》中"L 配管、配线工程"相应定额子目。

电话系统的清单项目,"计数型的项目"在《通用安装工程工程量计算规范》(GB 50856—2013)"E 建筑智能化工程"中的"E.2 综合布线系统工程",而配管类"计量型的项目"需要归入"D 电气设备安装工程"中"D.11 配管、配线"相应清单项目。

建筑物内电话系统常用的典型项目详见表 4.1.1。

表4.1.1

表 4.1.1　建筑物内电话系统常用的典型项目

定额项目	章节编号	定额页码	图片	对应清单				说明
				项目编码	项目名称	项目特征	计量单位	
交换机	A.9.1	22		030501012	交换机	1.名称 2.功能 3.层数	台 (套)	
				030501013	网络服务器	1.名称 2.类别 3.规格		
				项目编码	项目名称	项目特征	计量单位	
机柜、机架	B.1	33		030502001	机柜、机架	1.名称 2.材质 3.规格 4.安装方式	台	
				030502002	抗震底座		个	
				030502003	分线接线箱(盒)			
				项目编码	项目名称	项目特征	计量单位	
抗震底座	B.2	33		030502001	机柜、机架	1.名称 2.材质 3.规格 4.安装方式	台	
				030502002	抗震底座		个	
				030502003	分线接线箱(盒)			
				项目编码	项目名称	项目特征	计量单位	
分线接线箱(盒)	B.3	34		030502001	机柜、机架	1.名称 2.材质 3.规格 4.安装方式	台	
				030502002	抗震底座		个	
				030502003	分线接线箱(盒)			
				项目编码	项目名称	项目特征	计量单位	
大对数电缆	B.6	35		030502005	双绞线缆	1.名称 2.规格 3.线缆对数 4.敷设方式	m	
				030502006	大对数电缆			
				030502007	光缆			

续表

定额项目	章节编号	定额页码	图片	对应清单				说明
双绞线缆	B.5	35		项目编码	项目名称	项目特征	计量单位	
				030502005	双绞线缆	1.名称 2.规格 3.线缆对数 4.敷设方式	m	
				030502006	大对数电缆			
				030502007	光缆			
电话出线口	B.4	34		项目编码	项目名称	项目特征	计量单位	
				030502004	电视、电话插座	1.名称 2.安装方式 3.底盒材质、规格	个	
跳线	B.9	39		项目编码	项目名称	项目特征	计量单位	
				030502009	跳线	1.名称 2.类别 3.规格	条	
测试	B.17	47		项目编码	项目名称	项目特征	计量单位	
				030502019	双绞线缆测试	1.测试类别 2.测试内容	链路（点、芯）	
				030502020	光纤测试			

4.1.3 电视系统预（结）算的典型项目

电视系统的定额子目，"计数型的项目"在《重庆市通用安装工程计价定额》（CQAZDE—2018）第五册《建筑智能化安装工程》中"D 有线电视、卫星接收系统工程"，而配管类"计量型的项目"需要归入第四册《电气设备安装工程》中"L 配管、配线工程"相应定额子目。

电视系统的清单项目，"计数型的项目"在《通用安装工程工程量计算规范》（GB 50856—2013）"E 建筑智能化工程"中的"E.5 有线电视、卫星接收系统工程"，而配管类"计量型的项目"需要归入"D 电气设备安装工程"中"D.11 配管、配线"相应清单项目。

建筑物内电视系统常用的典型项目详见表 4.1.2。

表4.1.2

表 4.1.2　建筑物内电视系统常用的典型项目

定额项目	章节编号	定额页码	图片	对应清单				说明
线路放大器	D6.3	92		项目编码	项目名称	项目特征	计量单位	
				030505012	干线设备	1.名称 2.功能 3.安装位置	个	
调试放大器	D6.4	94		项目编码	项目名称	项目特征	计量单位	
				030505012	干线设备	1.名称 2.功能 3.安装位置	个	
供电器	D6.3	93		项目编码	项目名称	项目特征	计量单位	
				030505012	干线设备	1.名称 2.功能 3.安装位置	个	
调试供电器	D6.4	94		项目编码	项目名称	项目特征	计量单位	
				030505012	干线设备	1.名称 2.功能 3.安装位置	个	
射频同轴电缆	B.18	47		项目编码	项目名称	项目特征	计量单位	
				030505005	射频同轴电缆	1.名称 2.规格 3.敷设方式	m	
				030505006	同轴电缆接头	1.规格 2.方式	个	
同轴电缆接头	D6.3	93		项目编码	项目名称	项目特征	计量单位	
				030505005	射频同轴电缆	1.名称 2.规格 3.敷设方式	m	
				030505006	同轴电缆接头	1.规格 2.方式	个	

定额项目	章节编号	定额页码	图片	对应清单				说明
安装楼栋放大器	D7.1	95		项目编码	项目名称	项目特征	计量单位	
				030505013	分配网络	1.名称 2.功能 3.规格 4.安装方式	个	
楼栋放大器和用户终端调试	D7.1	98		项目编码	项目名称	项目特征	计量单位	
				030505014	终端调试	1.名称 2.功能		
分配器、分支器、终端电阻	D7.1	95		项目编码	项目名称	项目特征	计量单位	
				030505013	分配网络	1.名称 2.功能 3.规格 4.安装方式	个	
电视出线口	B.4	34		项目编码	项目名称	项目特征	计量单位	
				030502004	电视、电话插座	1.名称 2.安装方式 3.底盒材质、规格	个	

4.2 综合布线系统

4.2.1 综合布线系统概述

1)智能建筑分部工程概述

20 世纪 80 年代,以现代"四大高新技术"(计算机、控制、通信及图像显示)的集成为基础,按建筑物的"4 个基本要素"(结构、系统、服务和管理及相互间的内在联系),对相应的控制系统进行精心的智能化集成设计,并通过集成实施,获得了一个新的有机综合性的智能大建筑。这个智能大建筑除具备自寻优、自适应、自组织、自学习、自协调、自修复及自判断等能力外,还向人们提供一个安全、高效、舒适、便利的具有"思维智慧"的建筑物,它就是"智能建筑 IB"。

一般来讲,智能建筑IB指的是对楼宇自动化(BA)、通信自动化(CA)、办公自动化(OA)子系统进行智能化集成的实施,俗称"3A"系统。"3A"系统包含综合布线、楼宇自控、楼宇对讲、防盗报警、门禁监控、火警消防、公共广播、有线电视、停车管理、多媒体显示、远程会议等系统,如图4.2.1所示。它们既相互关联,又各具特点,专业性和独立性都很强。

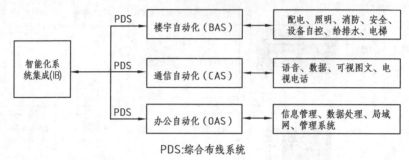

PDS:综合布线系统

图4.2.1　智能化系统集成(IB)组成

涉及智能建筑的质量控制规范是《智能建筑工程质量验收规范》(GB 50339—2013)。《建筑工程施工质量验收统一标准》(GB 50300—2013)中智能建筑工程的构成,如图4.2.2(a)所示,本节主要介绍综合布线系统和电视电话系统;《通用安装工程工程量计算规范》(GB 50856—2013)中建筑智能化工程的构成,如图4.2.2(b)所示。

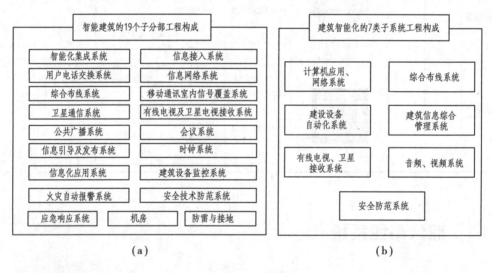

图4.2.2　智能建筑系统构成

2)综合布线系统

综合布线系统(Premises Distribution System,PDS)是用具有各种功能的标准化接口,通过各种线缆,将设备、体系相互连接起来,综合集成为一个既模块化又智能化,能满足智能建筑集成系统的既经济又易维护的一种优越性很高的信息传输系统,其灵活性、可行性极高,可独立、可兼容、可扩展。

综合布线系统主要由电缆(光缆)、配件架、电话插座、信息插座等组成,如图4.2.3所示。其具有以下特点:

①兼容性:自身独立,与应用系统无关,可适用于多种应用系统。

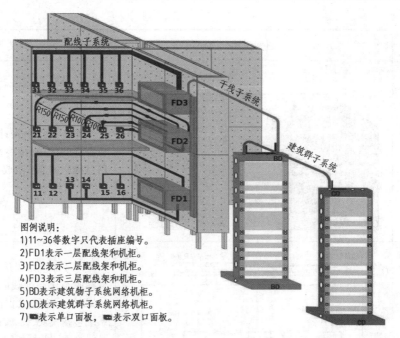

图例说明:
1)11~36等数字只代表插座编号。
2)FD1表示一层配线架和机柜。
3)FD2表示二层配线架和机柜。
4)FD3表示三层配线架和机柜。
5)BD表示建筑物子系统网络机柜。
6)CD表示建筑群子系统网络机柜。
7)■表示单口面板,■表示双口面板。

图4.2.3　综合布线系统结构组成

②开放性:符合国际标准的设备都能连接,不需要重新布线。

③灵活性:采用标准的传输线缆和相关连接硬件,模块化设计,通道具备通用性。

④可靠性:高品质的材料和组合压接的方式,构成一套高标准信息传输通道,经综合测试后,保证了其电气性能。

⑤经济性:随着时间的推移,综合布线系统是不断增值的,而传统的布线方式是不断减值的。

综合布线系统组成如表4.2.1所示。

表4.2.1　综合布线系统组成

组成部分	图例说明	释义
综合布线系统原理流程图		综合布线系统包括工作区子系统、配线子系统、管理子系统、垂直干线子系统、设备间子系统、进线间子系统和建筑群子系统。综合布线由不同系列和规格的部件组成,其中包括传输介质、相关连接硬件以及电气保护设备等,故每个系统均有相应的传输介质和连接件组成

续表

组成部分	图例说明	释义
工作区子系统	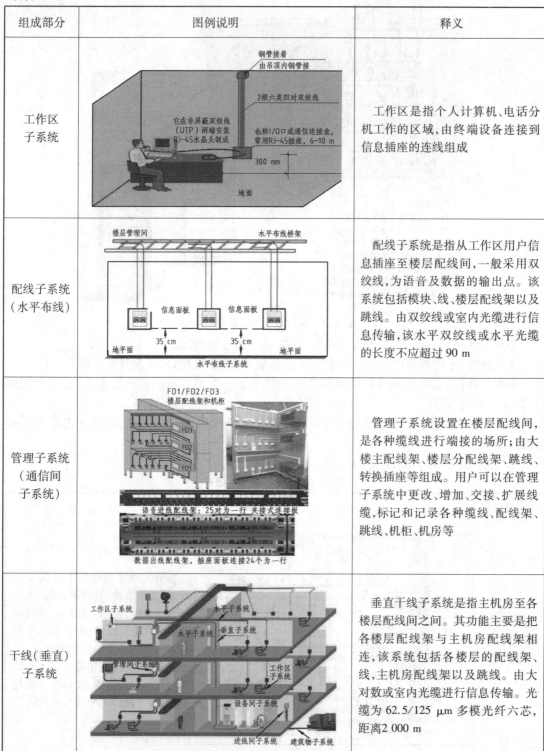	工作区是指个人计算机、电话分机工作的区域，由终端设备连接到信息插座的连线组成
配线子系统（水平布线）		配线子系统是指从工作区用户信息插座至楼层配线间，一般采用双绞线，为语音及数据的输出点。该系统包括模块、线、楼层配线架以及跳线。由双绞线或室内光缆进行信息传输，该水平双绞线或水平光缆的长度不应超过90 m
管理子系统（通信间子系统）		管理子系统设置在楼层配线间，是各种缆线进行端接的场所；由大楼主配线架、楼层分配线架、跳线、转换插座等组成。用户可以在管理子系统中更改、增加、交接、扩展线缆，标记和记录各种缆线、配线架、跳线、机柜、机房等
干线(垂直)子系统		垂直干线子系统是指主机房至各楼层配线间之间。其功能主要是把各楼层配线架与主机房配线架相连，该系统包括各楼层的配线架、线，主机房配线架以及跳线。由大对数或室内光缆进行信息传输。光缆为 62.5/125 μm 多模光纤六芯，距离2 000 m

续表

组成部分	图例说明	释义
设备间、建筑群子系统	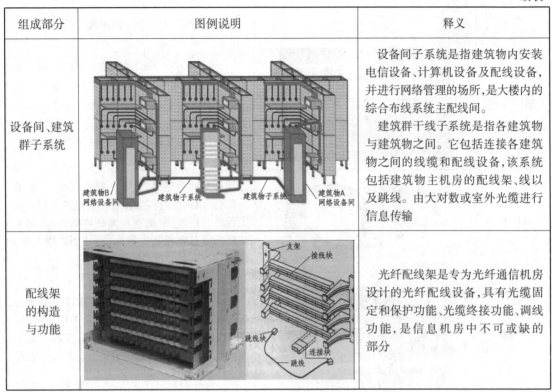	设备间子系统是指建筑物内安装电信设备、计算机设备及配线设备,并进行网络管理的场所,是大楼内的综合布线系统主配线间。 建筑群干线子系统是指各建筑物与建筑物之间。它包括连接各建筑物之间的线缆和配线设备,该系统包括建筑物主机房的配线架、线以及跳线。由大对数或室外光缆进行信息传输
配线架的构造与功能		光纤配线架是专为光纤通信机房设计的光纤配线设备,具有光缆固定和保护功能、光缆终接功能、调线功能,是信息机房中不可或缺的部分

4.2.2 综合布线系统常见的设施

1)光纤传输常用设施

①光纤传输常用设施如表4.2.2所示。

表4.2.2 光纤传输常用设施

名称	图片	施工图(CAD)图例及说明
光缆		光缆可按不同维度分类。按传输距离分为长途光缆、市话光缆、海底光缆、用户光缆;按光纤的种类分为单模和多模;按光纤芯数多少分为单芯、双芯、四芯、六芯、八芯、十二芯、二十四芯光缆等;按敷设方式分为管道光缆、直埋光缆、架空光缆和水底光缆

续表

名称	图片	施工图(CAD)图例及说明
光纤终端盒		光纤终端盒是一条光缆的终接头,它的一头是光缆,另一头是光纤,相当于把一条光缆拆分成单条光纤的设备,安装在墙上的用户光缆终端盒。它的功能是提供光纤与光纤的熔接、光纤与尾纤的熔接以及光连接器的交接
尾纤		尾纤又称为尾线,只有一端有连接头,而另一端是一根光缆纤芯的断头,通过熔接与其他光缆纤芯相连,常出现在光纤终端盒内,用于连接光缆与光纤收发器(之间还用到耦合器、跳线等)
光纤适配器		光纤适配器两端可插入不同接口类型的光纤连接器,实现 FC. SC. ST、LC. MTRJ、MPO、E2000 等不同接口间的转换,广泛应用于光纤配线架(ODF)、光纤通信设备、仪器等,性能超群,稳定可靠
光纤跳线		光纤跳线用作从设备到光纤布线链路的跳接线,有较厚的保护层,一般用于光端机和终端盒之间的连接
交换式集线器		目前集线器和交换机之间的界限已变得非常模糊。交换式集线器是一种网络开关,也称为交换器,由于和电话交换机对出入线的选择有相似的原理,因此也有人译为交换机,但出入线数比较小,一般在 8～24。交换式集线器可以同时接收多个端口信息,并可以同时将这些信息发向多个目标地址对应的端口。交换式集线器还可以将从一个端口接收的信息发向多个端口

续表

名称	图片	施工图（CAD）图例及说明
配线架	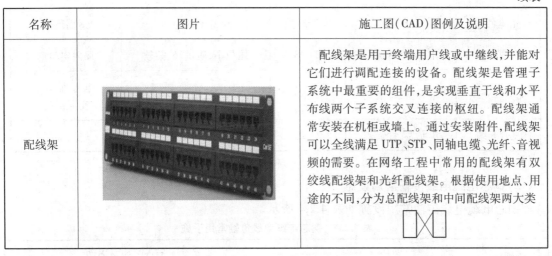	配线架是用于终端用户线或中继线，并能对它们进行调配连接的设备。配线架是管理子系统中最重要的组件，是实现垂直干线和水平布线两个子系统交叉连接的枢纽。配线架通常安装在机柜或墙上。通过安装附件，配线架可以全线满足 UTP、STP、同轴电缆、光纤、音视频的需要。在网络工程中常用的配线架有双绞线配线架和光纤配线架。根据使用地点、用途的不同，分为总配线架和中间配线架两大类

②光缆的型号及意义如图 4.2.4 所示。

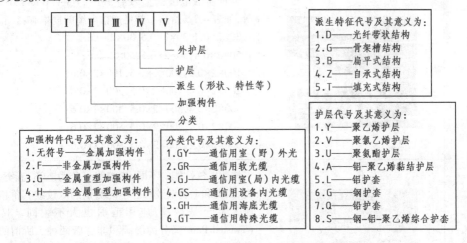

图 4.2.4　光缆的型号及意义

③光缆的适用范围如表 4.2.3 所示。

表 4.2.3　光缆的适用范围

光缆名称	结构	光纤纤数	基本性能	适用范围
中继光缆	层绞式、带状型、单元型、松套管式	<<10 10~20	低损耗、宽带宽	市内、城市间、长途
海底光缆	层绞式	6~24	低损耗、宽带宽、高机械性能、高可靠性	海底
用户光缆	单元型、带状型	<<200 2~2 000	高密度、宽带宽、中低损耗	计算机网络、光纤到户

续表

光缆名称	结构	光纤纤数	基本性能	适用范围
局内光缆	单元型、带状型	2~28	体积小、质量轻、柔软	局内实验室
无金属光缆	单元型、骨架式	2~30	低损耗	电力、石化、交通部门
复合光缆	单元型、骨架式	2~20	低损耗	电力部门

2)铜芯电缆电线传输常用设施

铜芯电缆电线传输常用设施如表4.2.4所示。

表4.2.4 铜芯电缆电线传输常用设施

名称	图片	施工图(CAD)图例及说明
通信电缆		常见通信电缆的型号有 HYV,HYA,HYAT,HYAT23 等,如表4.2.5所示。常见通信电缆的规格有: 30×2×0.4,30×2×0.5,30×2×0.6; 50×2×0.4,50×2×0.5,50×2×0.6; 100×2×0.4,100×2×0.5,100×2×0.6; 200×2×0.4,200×2×0.5,200×2×0.6; 300×2×0.4,300×2×0.5,300×2×0.6; 400×2×0.4,400×2×0.5,500×2×0.6; 600×2×0.4,700×2×0.5,800×2×0.6
网络线		按照电气性能的不同,双绞线可分为三类、五类、超五类、六类和七类双绞线。不同类别的双绞线其价格相差较大甚至是悬殊,应用范围也大不相同。双绞线(Twisted Pair)又分为屏蔽和非屏蔽两种。所谓的屏蔽是指网线内部信号线的外面包裹着一层金属网,在屏蔽层外面才是绝缘外皮,屏蔽层可以有效地隔离外界电磁信号的干扰。五类线的标识是CAT5,超五类线的标识是CAT5E,六类线的标识是CAT6
网络跳线(帽)		网络跳线是控制线路板上电流流动的小开关。它的作用是调整设备上不同电信号的通断关系,并以此调节设备的工作状态,如确定主板电压、驱动器的主从关系等。网络跳线基本由两个部分组成,一部分是固定在主板、硬盘等设备上的,由两根或两根以上金属跳针组成;另一部分是跳线帽,这是一个可以活动的部件,外层是绝缘塑料,内层是导电材料,可以插在跳线针上面,将两根跳线针连接起来

续表

名称	图片	施工图（CAD）图例及说明
电话线（双绞线）		电话线常见规格有二芯和四芯,线径分别有 0.4 和 0.5,部分地区有 0.8 和 1.0。 HSYV2×2×0.5。S 表示双绞,2×2 表示 2 对（四芯）双绞,0.5 表示单支 0.5 mm 直径的导体。在现代办公通信中,很多进口通信终端都是四芯电话线,在综合布线时,考虑用户 2~5 年的发展情况来布线才能解决用户的实际需求。两芯标准的电话水晶头是 RJ32,分别称为 A 线、B 线,没有正负极的区别
信息插座		TO
电话插座		TP

表 4.2.5　通信电缆的型号

单元一	单元二	单元三	单元四	单元五
类别	绝缘	内护层	特征	外护层
H——市内通信电缆	Y——实心聚烯烃绝缘	A——涂塑铝带粘接屏蔽聚乙烯护套	T——石油膏填充	23——双层防腐钢带绕包销装聚乙烯外被层
HP——配线电缆	YF——泡沫聚烯烃绝缘	S——铝、钢双层金属带屏蔽聚乙烯护套	G——高频隔离	33——单层细钢丝铠装聚乙烯外被层
HJ——局用电缆	YP——泡沫/实心皮聚烯烃绝缘	V——聚氯乙烯护套	C——自承式	43——单层粗钢丝铠装聚乙烯外被层
				53——单层钢带皱纹纵包铠装聚乙烯外被层
				553——双层钢带皱纹纵包铠装聚乙烯外被层

3)识读综合布线工程图

图 4.2.5 为某学校的 2#综合楼弱电施工图局部,下面依据系统图和平面图以及图纸说明学习综合布线的组成。

依据数据网络系统图可知,该学校的网络机房(设备间子系统)引出信息数据干线两条(干线子系统),其中一条 4×OTM-4(4 根 OTM-4 的光纤)引至 2#综合楼,3 个楼层管理子系统通过配线子系统(水平布线——超五类线 CAT5E 网络线)引至每个楼层的网络插座。识读时应重点关注施工图中相关图例说明,如网络插座、网络机柜等。

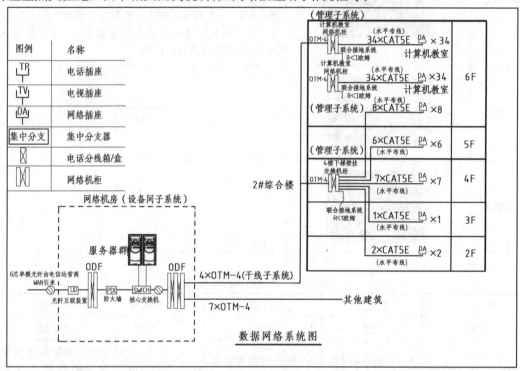

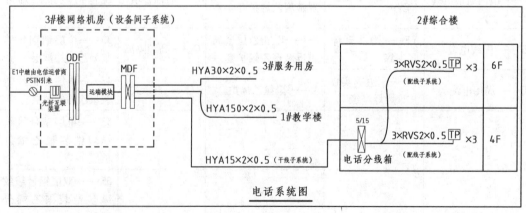

图 4.2.5　综合布线系统图(局部)

电话系统图和数据网络系统图相仿,其组成大致一样。该学校的 3#网络机房(设备间子系统)引出信息数据干线 3 条铜芯通信电缆(干线子系统),其中一条 HYA15×2×0.5 引至 2#

综合楼,再通过电话分线箱分到 4,6 层管理子系统,再通过配线子系统(水平布线)3×RVS2×0.5(3 根电话线)引至每个楼层的 3 个电话插座。识读时应重点关注施工图中相关图例说明,如电话插座、网络机柜等。

4.2.3　工程验收规范对综合布线系统的规定

《综合布线系统工程验收规范》(GB/T 50312—2016)对综合布线系统的相关规定如下。

1)器材及测试仪表工具检查

对器材及测试仪表工具检查的相关规定如表 4.2.6 所示。

表4.2.6

表 4.2.6　对器材及测试仪表工具检查的相关规定(摘要)

序号	条码	知识点	页码
1.1	4.0.1	器材检验应符合的规定	6
1.2	4.0.2	型材、管材与铁件的检查应符合的规定	7
1.3	4.0.4	连接件的检查应符合的规定	8
1.4	5.0.3	信息插座模块安装应符合的规定	9
1.5	6.1.1	缆线敷设应符合的规定(弯曲不小于外径的 10 倍)	11

2)保护措施

对保护措施的相关规定如表 4.2.7 所示。

表4.2.7

表 4.2.7　对保护措施的相关规定(摘要)

序号	条码	知识点	页码
2.1	6.1.2	采用预埋槽盒和暗管敷设缆线应符合的规定(如:截面率应为 30%~50%;管径大于 50 mm 管的弯曲半径不应小于 10 倍)	13
2.2	6.2.1	配线子系统缆线敷设保护应符合的规定(如:桥架底部应高于地面并不应小于 2.2 m)	16
2.3	6.2.3	干线子系统缆线敷设保护应符合的规定	17

3)缆线终接和工程电气测试

对缆线终接和工程电气测试的相关规定如表 4.2.8 所示。

表4.2.8

序号	条码	知识点	页码
3.1	7.0.1	缆线终接应符合的规定	18
3.2	8.0.1	综合布线工程电气测试应包括电缆布线系统电气性能测试及光纤布线系统性能测试	21

4.2.4 与综合布线系统相关的定额分项

综合布线系统计价定额来自《重庆市通用安装工程计价定额》(CQAZDE—2018)第五册《建筑智能化安装工程》。详见下面相关引述。

1)综合布线系统定额计价说明

B 综合布线系统工程(030502)

说明

一、本章计价定额包括机柜、机架,抗震底座,分线接线箱(盒),电视、电话插座,双绞线缆,光缆,光纤束、光缆外护套,跳线,配线架,跳线架,信息插座,光纤连接,光缆终端盒,布放尾纤,线管理器,测试,视频同轴电缆,系统调试、试运行,成套电话线缆箱等。

二、本章不包括的内容:钢管、PVC管、桥架、线槽敷设工程、管道工程、杆路工程、设备基础工程和埋式光缆的挖填土工程,若发生时执行第四册《电气设备安装工程》及其他专业相关项目。

三、本章双绞线布放及配线架、跳线架等的安装、打接等计价定额是按超五类非屏蔽布线系统编制的,高于超五类的布线工程所用计价定额子目人工乘以系数1.1,屏蔽系统人工乘以系数1.2。

四、在已建天棚内敷设线缆时,所用计价定额子目人工乘以系数1.5。

2)综合布线系统工程量计算规则

B 综合布线系统工程(030502)

工程量计算规则

一、双绞线缆、光缆、同轴电缆、电话线敷设、穿放、明敷设,按设计图示长度以"m"计量。电缆敷设按单根延长米计算,如一个架上敷设3根各长100 m的电缆,应按300 m计算,依次类推。电缆附加及预留的长度是电缆敷设长度的组成部分,应计入电缆长度工程量之内。

二、制作跳线以"条"计量,卡接双绞线以"对"计量,跳线架、配线架安装按设计图示数量以"条"计量。

三、安装各类信息插座、过线(路)盒、信息插座底盒(接线盒)、光缆终端盒和跳块打接按设计图示数量以"个"计量。

四、双绞线缆测试以"链路"计量,光纤测试按设计图示数量以"链路"计量。

五、光纤连接按设计图示数量以"芯"(磨制法以"端口")计量。

六、布放尾纤按设计图示数量以"条"计量。

七、成套机柜、机架、抗震底座安装按设计图示数量以"台"计量。

八、系统调试、试运行按设计要求以"系统"计算。

3) 综合布线系统定额计价分项介绍

表4.2.9是综合布线系统工程相关定额子目。

表4.2.9 综合布线系统工程相关定额子目

第五册《建筑智能化工程》	页码	第五册《建筑智能化安装工程》	页码
B 综合布线系统工程(030502)说明	31	B.10 配线架	40
工程量计算规则	32	B.11 跳线架	41
B.1 机柜、机架	33	B.12 信息插座	42
B.2 抗震底座	33	B.13 光纤连接	44
B.3 分线接线箱(盒)	34	B.14 光缆终端盒	45
B.4 电视、电话插座	34	B.15 布放尾纤	46
B.5 双绞线缆	35	B.16 线管理器	46
B.6 大对数电缆	35	B.17 测试	47
B.7 光缆	37	B.18 视频同轴电缆	47
B.8 光纤束、光缆外护套	38	B.19 系统调试、试运行	48
B.9 跳线	39	B.20 成套电话组线箱	48

下面对综合布线系统工程常用定额子目加以解释说明,定额名称和定额编号摘自《重庆市通用安装工程计价定额》(CQAZDE—2018)第五册《建筑智能化安装工程》。

①B.1 机柜、机架(清单编码:030502001)定额子目如表4.2.10所示。

表4.2.10 机柜、机架定额子目

定额名称	定额编号	图片
机柜、机架(落地式)	CE0128	
机柜、机架(墙挂式 600×600)	CE0129	

续表

定额名称	定额编号	图片
机柜通风散热装置	CE0130	

②B.2 抗震底座(清单编码:030502002)定额子目如表 4.2.11 所示。

表 4.2.11　抗震底座定额子目

定额名称	定额编号	图片
抗震底座	CE0131	 抗震底座

③B.3 分线接线箱(盒)(清单编码:030502003)定额子目如表 4.2.12 所示。

表 4.2.12　分线接线箱(盒)定额子目

定额名称	定额编号	图片
接线箱(半周长≤700 mm;>700 mm)	CE0132 CE0133	
过线箱(半周长≤200 mm;>200 mm)	CE0134 CE0135	

④B.4 电视、电话插座(清单编码:030502004)定额子目如表 4.2.13 所示。

表 4.2.13　电视、电话插座定额子目

定额名称	定额编号	图片
电话出线口 （普通型） 电话出线口 （插座型单联） 电话出线口 （插座型双联）	CE0136 CE0137 CE0138	
电视插座（明装） 电视插座（暗装）	CE0139 CE0140	

⑤B.5 双绞线缆（清单编码:030502005）定额子目如表 4.2.14 所示。

表 4.2.14　双绞线缆定额子目

定额名称	定额编号	图片
管内穿放（≤4 对）	CE0141	
线槽内穿放（≤4 对）	CE0142	
桥架内穿放（≤4 对）	CE0143	

⑥B.6 大对数电缆（清单编码:030502006）定额子目如表 4.2.15 所示。

表 4.2.15　大对数电缆定额子目

定额名称	定额编号	图片
管内穿放	CE0144 CE0145 CE0146 CE0147	
线槽内穿放	CE0148 CE0149 CE0150 CE0151	
桥架内穿放	CE0152 CE0153 CE0154 CE0155	

⑦B.7 光缆(清单编码:030502007)定额子目如表4.2.16所示。

表4.2.16　光缆定额子目

定额名称	定额编号	图片
管内穿放	CE0156 CE0157 CE0158 CE0159	
线槽内穿放	CE0160 CE0161 CE0162 CE0163	
桥架内穿放	CE0164 CE0165 CE0166 CE0167	

⑧B.10 配线架(清单编码:030502010)定额子目如表4.2.17所示。

表4.2.17　配线架定额子目

定额名称	定额编号	图片
配线架	CE0182 CE0183 CE0184 CE0185	
电子配线架	CE0186 CE0187	

⑨B.11 跳线架(清单编码:030502011)定额子目如表4.2.18所示。

表4.2.18　跳线架定额子目

定额名称	定额编号	图片
跳线架安装打接	CE0188 CE0189 CE0190 CE0191	

⑩B.12 信息插座(清单编码:030502012)定额子目如表4.2.19所示。

表4.2.19　信息插座定额子目

定额名称	定额编号	图片
安装信息插座底盒(接线盒)暗装;砖墙内;混凝土墙内;木地板内;防静电钢质底板	CE0192 CE0193 CE0194 CE0195 CE0196	
光纤信息插口(单口;双口)	CE0200 CE0201	

⑪B.13 光纤连接(清单编码:030502013)定额子目如表4.2.20所示。

表4.2.20　光纤连接定额子目

定额名称	定额编号	图片
光纤连接机械法(单模;多模)	CE0203 CE0204	
光纤连接熔接法(单模;多模)	CE0205 CE0206	
光纤连接磨制法(端口)(单模;多模)	CE0207 CE0208	

⑫B.14 光缆终端盒(清单编码:030502014)定额子目如表4.2.21所示。

表4.2.21　光缆终端盒定额子目

定额名称	定额编号	图片
光缆终端盒	CE0209;CE0210; CE0211;CE0212; CE0213;CE0214	

4.2.5 综合布线系统清单计价项目

《通用安装工程工程量计算规范》(GB 50856—2013)中,综合布线系统工程工程量清单项目设置、项目特征描述的内容、计量单位及工程量计算规则,应按表 4.2.22 的规定执行,表中内容摘自该规范第 64,65 和 66 页。

表 4.2.22 综合布线系统工程(编码:030502)

项目编码	项目名称	项目特征	计量单位	工程量计算规则	工作内容
030502001	机柜、机架	1.名称 2.材质 3.规格 4.安装方式	台	按设计图示数量计算	1.本体安装 2.相关固定件的连接
030502002	抗震底座		个		1.本体安装 2.底盒安装
030502003	分线接线箱(盒)				
030502004	电视、电话插座	1.名称 2.安装方式 3.底盒材质、规格			
030502005	双绞线缆	1.名称 2.规格 3.线缆对数 4.敷设方式	m		1.敷设 2.标记 3.卡接
030502006	大对数电缆				
030502007	光缆				
030502008	光纤束、光缆外护套	1.名称 2.规格 3.安装方式			1.气流吹放 2.标记
030502009	跳线	1.名称 2.类别 3.规格	条		1.插接跳线 2.整理跳线
030502010	配线架	1.名称 2.规格 3.容量		按设计图示数量计算	安装、打接
030502011	跳线架				
030502012	信息插座	1.名称 2.类别 3.规格 4.安装方式 5.底盒材质、规格	个(块)		1.端接模块 2.安装面板

项目编码	项目名称	项目特征	计量单位	工程量计算规则	工作内容
030502013	光纤盒	1.名称 2.类别 3.规格 4.安装方式	个(块)	按设计图示数量计算	1.端接模块 2.安装面板
030502014	光纤连接	1.方法 2.模式	芯(端口)		1.接续 2.测试
030502015	光缆终端盒	光缆芯数	个		
030502016	布放尾纤	1.名称 2.规格 3.安装方式	根		
030502017	线管理器		个		本体安装
030502018	跳块				安装、卡接
03050219	双绞线缆测试	1.测试类别 2.测试内容	链路(点、芯)		测试
03050220	光纤测试				

其他相关问题,应按下列规定处理:

①"建筑智能化工程"适用于建筑室内、外的建筑智能化安装工程。

②土方工程应按《房屋建筑与装饰工程工程量计算规范》(GB 50854—2013)相关项目编码列项。

③开挖路面工程应按《市政工程工程量计算规范》(GB 50857—2013)相关项目编码列项。

④配管工程、线槽、桥架、电气设备、电气器件、接线箱、盒、电线、接地系统、凿(压)槽、打孔、打洞、人孔、手孔、立杆工程,应按《通用安装工程工程量计算规范》(GB 50856—2013)"附录 D 电气设备安装工程"相关项目编码列项。

⑤机架等项目的除锈、刷油,应按《通用安装工程工程量计算规范》(GB 50856—2013)"附录 L 刷油、防腐蚀、绝热工程"相关项目编码列项。

⑥如主项项目工程与需要综合项目工程量不对应,项目特征应描述综合项目的型号、规格、数量。

⑦由国家或地方检测验收部门进行的检测验收,应按《通用安装工程工程量计算规范》(GB 50856—2013)"附录 M 措施项目"相关项目编码列项。

习题

1.单项选择题

1)涉及智能建筑的质量控制规范为(　　)。

A.GB 50300　　　　　　B.GB 50303　　　　　　C.GB 50339　　　　　　D.GB 50312

2)在综合布线系统中,(　　)的功能是用于工作区子系统中线路分支。

A.I/O 口或通信连接盒 　　　　　　　　　　B.配线架

C.RJ-45 水晶头 　　　　　　　　　　　　　D.适配器

3)在综合布线系统中,(　　)的功能是用于管理子系统(通信间子系统)中线路分支。

A.I/O 口或通信连接盒 　　　　　　　　　　B.配线架

C.RJ-45 水晶头 　　　　　　　　　　　　　D.适配器

4)在光纤线路中,一条光缆的终接头采用的是(　　)。

A.光纤终端盒 　　　　　　　　　　　　　　B.尾纤

C.光纤适配器 　　　　　　　　　　　　　　D.交换式集线器

5)《综合布线系统工程验收规范》(GB/T 50312—2016)规定,对绞电缆的预留长度,在设备间是(　　)。

A.3~6 cm　　　　　　B.0.2~2 m　　　　　　C.3~5 m　　　　　　D.1~3 m

6)《综合布线系统工程验收规范》(GB/T 50312—2016)规定,暗管布放 4 对对绞电缆或四芯及以下光缆时,管道的截面利用率应为(　　)。

A.50%~60%　　　　B.40%~50%　　　　C.30%~50%　　　　D.25%~30%

7)《综合布线系统工程验收规范》(GB/T 50312—2016)规定,从金属线槽至信息插座模块接线盒间或金属线槽与金属钢管之间相连接时的缆线宜采用(　　)。

A.金属软管敷设 　　　　　　　　　　　　　B.金属管敷设

C.金属线槽敷设 　　　　　　　　　　　　　D.塑料软管敷设

8)《综合布线系统工程验收规范》(GB/T 50312—2016)规定,干线子系统缆线可以敷设在(　　)中。

A.通风竖井　　　　　B.管道竖井　　　　　C.弱电竖井　　　　　D.强电竖井

9)《综合布线系统工程验收规范》(GB/T 50312—2016)规定,缆线线槽垂直敷设时,固定在建筑物结构体上的间距(　　)。

A.宜大于 2 m　　　　B.宜小于 2 m　　　　C.宜 1.5~3 m　　　　D.宜 1.8 m 以上

10)《综合布线系统工程验收规范》(GB/T 50312—2016)规定,在墙体中暗敷配管时,管径不宜大于(　　)。

A.15 mm　　　　　　B.25 mm　　　　　　C.50 mm　　　　　　D.65 mm

2.多项选择题

1)综合布线系统主要的构成元素有(　　)。

A.电缆(光缆)　　　　　B.放大器　　　　　C.配件架　　　　　D.电话插座

E.信息插座

2)综合布线系统,在水平子系统常采用(　　)进行连接。

A.大对数铜芯电缆　　　　B.HSYV2×2×0.5 双绞线　　　　C.4 对 100 ΩUTP 线

D.4 对 100 ΩSTP 线　　　　E.62.5/125 μm 光纤线

3)满足《综合布线系统工程验收规范》(GB/T 50312—2016)规定的 10 倍外径弯曲关系的项目有(　　)。

A.主干对绞电缆　　　　　B.屏蔽 4 对对绞电缆　　　　　C.主干光缆

D.室外光缆　　　　　　　E.预埋暗管直径大于 50 mm

4)《综合布线系统工程验收规范》(GB/T 50312—2016)规定"光纤与连接器件连接"项目有(　　)方式。

  A.压接铜接线端子   B. 尾纤熔接   C.现场研磨

  D.机械连接   E.光纤终端盒

5)《综合布线系统工程验收规范》(GB/T 50312—2016)规定,缆线桥架或线槽敷设(　　)。

  A.缆线桥架底部应高于地面2.2 m 及以上

  B.缆线桥架底部应高于地面2.4 m 及以上

  C.顶部建筑物楼板不宜小于300 mm

  D.顶部建筑物楼板不宜小于500 mm

  E.与梁或其他障碍物交叉处间的距离不宜小于50 mm

6)《综合布线系统工程验收规范》(GB/T 50312—2016)规定,综合布线工程电气测试包括(　　)。

  A.通电测试   B.电气性能测试   C.严密性测试

  D.光纤系统性能测试 E.可靠性测试

参考文献

[1] 中国建筑科学研究院.建筑工程施工质量验收统一标准:GB 50300—2013[S].北京:中国计划出版社,2013.

[2] 浙江省住房和城乡建设厅.建筑电气工程施工质量验收规范:GB 50303—2015[S].北京:中国计划出版社,2015.

[3] 中国电力企业联合会.电气装置安装工程电气设备交接试验标准:GB 50150—2016[S].北京:中国计划出版社,2016.

[4] 中华人民共和国住房和城乡建设部.1 kV 及以下配线工程施工与验收规范:GB 50575—2010[S].北京:中国计划出版社,2010.

[5] 中华人民共和国住房和城乡建设部.建筑电气照明装置施工与验收规范:GB 50617—2010[S].北京:中国计划出版社,2011.

[6] 全国消防标准化技术委员会火灾探测与报警分技术委员.消防应急照明和疏散指示系统:GB 17945—2010[S].北京:中国标准出版社,2010.

[7] 铁道专业设计研究院.10 kV 及以下变压器室布置及变配电所常用设备构件安装:03D201-4[S].北京:中国建筑标准设计研究院,2003.

[8] 中国核电工程有限公司.蓄电池选用与安装:14D202-1[S].北京:中国建筑标准设计研究院,2014.

[9] 五洲工程设计研究院,全国工程建设标准设计强电专业专家委员会.电力电缆井设计与安装:07SD101-8[S].北京:中国计划出版社,2007.

[10] 机械工业第一设计研究院.封闭式母线及桥架安装:04D701-1~3 [S].北京:中国建筑标准设计研究院,2004.

[11] 中国寰球工程公司.爆炸危险环境电气线路和电气设备安装:12D401-3[S].北京:中国建筑标准设计研究院,2012.

[12] 中国建筑标准设计研究院,中国武胜实业有限公司.预制分支电力电缆安装:00D101-7[S].北京:中国建筑标准设计研究院,2000.

[13] 核工业第二研究设计院.低压双电源切换电路图:99D302-1[S].北京:中国建筑标准设计研究院,1999.

[14] 天津市建筑设计院.空调系统控制:02X201-1[S].北京:中国建筑标准设计研究院,2002.

[15] 悉地(北京)国院建筑设计顾问有限公司,中国建筑设计院有限公司.常用风机控制电路图:16D303-2[S].北京:中国建筑标准设计研究院,2016.

[16] 中国建筑设计院有限公司.常用水泵控制电路图:01D303-3[S].北京:中国建筑标准设计研究院,2001.

[17] 中国昆仑工程公司,全国工程建设标准设计强电专业专家委员会.接地装置安装:

14D504［S］.北京:中国建筑标准设计研究院,2014.

［18］中南建筑设计院股份有限公司.建筑物防雷设施安装:15D501［S］.北京:中国建筑标准设计研究院,2015.

［19］中国航空规划建设发展有限公司,中国建筑标准设计研究院有限公司.等电位联结安装:15D502［S］.北京:中国建筑标准设计研究院,2015.

［20］中国中元国际工程有限公司.利用建筑物金属体做防雷及接地装置安装:15D503［S］.北京:中国建筑标准设计研究院,2015.

［21］吉林省建筑设计院有限公司.常用低压配电设备安装:04D702-1［S］.北京:中国建筑标准设计研究院,2004.

［22］中国航空工业规划设计研究院.常用灯具安装:96D702-2［S］.北京:中国建筑标准设计研究院,1996.

［23］中国建筑设计研究院,中国照明学会咨询工作委员会,北京照明学会设计专业委员会.特殊灯具安装:03D702-3［S］.北京:中国建筑标准设计研究院,2003

［24］机械工业部第一设计研究院.线槽配线安装:96D301-1［S］.北京:中国建筑标准设计研究院,1996.

［25］机械工业部第一设计研究院.硬塑料管配线安装:98D301-2［S］.北京:中国建筑标准设计研究院,1998.

［26］机械工业部第一设计研究院.钢导管配线安装:03D301-3［S］.北京:中国建筑标准设计研究院,2003.

［27］中国歌华有线电视网络股份有限公司,中国建筑标准设计研究院.有线电视系统:03X401-2［S］.北京:中国建筑标准设计研究院,2003.

［28］中国工程建设标准化协会通信专业委员会,中国建筑标准设计研究院.综合布线系统工程设计与施工:08X101-3［S］.北京:中国建筑标准设计研究院,2008.

［29］中华人民共和国住房和城乡建设部.建设工程工程量清单计价规范:GB 50500—2013［S］.北京:中国计划出版社,2013.

［30］中华人民共和国住房和城乡建设部.通用安装工程工程量计算规范:GB 50856—2013［S］.北京:中国计划出版社,2013.

［31］中华人民共和国住房和城乡建设部.房屋建筑与装饰工程工程量计算规范:GB 50854—2013［S］.北京:中国计划出版社,2013.

［32］重庆市建设工程造价管理总站.重庆市建设工程费用定额:CQFYDE—2018［S］.重庆:重庆大学出版社,2018.

［33］重庆市建设工程造价管理总站.重庆市通用安装工程计价定额:CQAZDE—2018［S］.重庆:重庆大学出版社,2018.